U0440462

水资源学

王腊春　史运良　曾春芬　等编

东南大学出版社
·南京·

内 容 提 要

本书根据水资源学的形成与发展过程，在着重介绍水资源学的基本概念、基础理论和研究方法的基础上，侧重从基本理论出发，注重理论知识与实践工作的结合，系统的阐述了水资源的形成过程，世界、中国水资源分布，水资源的开发利用、数量与质量评价，水资源的管理与规划、优化配置，水资源保护，用水与节水技术及水资源管理信息系统构建的基本理论、主要内容和关键流程等理论知识与相关方法。

本书可作为普通高等院校水利类、水资源管理、水资源工程、环境工程、区域规划等相关本科专业的一门基础专业教材，也可供从事水资源管理规划工作及相关专业的科技工作者使用和参考。

图书在版编目(CIP)数据

水资源学/王腊春等编. —南京：东南大学出版社，2014.9

ISBN 978-7-5641-5024-2

Ⅰ.①水… Ⅱ.①王… Ⅲ.①水资源-高等学校-教材 Ⅳ.①TV211

中国版本图书馆 CIP 数据核字(2014)第 121282 号

水资源学

编　　者　王腊春　史运良　曾春芬　等
责任编辑　宋华莉
编辑邮箱　52145104@qq.com

出版发行　东南大学出版社
出 版 人　江建中
社　　址　南京市四牌楼 2 号(邮编:210096)
网　　址　http://www.seupress.com
电子邮箱　press@seupress.com
印　　刷　江苏兴化印刷有限责任公司
开　　本　700 mm×1 000 mm　1/16
印　　张　14.5(彩色 0.5 印张)
字　　数　273 千字
版　　次　2014 年 9 月第 1 版　2014 年 9 月第 1 次印刷
书　　号　ISBN 978-7-5641-5024-2
定　　价　29.00 元

经　　销　全国各地新华书店
发行热线　025-83790519　83791830

(本社图书若有印装质量问题，请直接与营销部联系，电话:025-83791830)

前　　言

水资源是生态-社会-经济系统的核心要素，是基础性自然资源和战略性经济资源。随着全球经济发展和人口迅速增长，对水资源的需求量也急剧增加，水资源问题已引发了一系列的社会经济问题。全球约有8亿人口缺乏清洁的淡水供应和20亿人口缺乏基本卫生的水资源。另一方面，水资源问题更关系到深层次的社会经济问题，如粮食安全问题。因此，水资源已成为全球可持续发展的重要基础，水资源学作为研究地球上人类可利用水资源的科学，在未来全球可持续发展研究中将发挥越来越重要的作用。

《水资源学》作为本科低年级的一门基础专业课程，本教材注意从基本理论出发，注重理论与实践的结合，着重介绍了水资源学的基本概念、基础理论和研究方法，力求使学生掌握水资源学的基础专业知识及理论。基于以上目的，教材主要分三大部分，对水资源学研究涉及的主要内容进行了论述。第一部分，对水资源学的基本概念和学科特点作了阐述，并对全球水资源分布与区域分布进行了总结。第二部分，对水资源学研究涉及的主要内容，分别从水资源开发利用、水资源评价、水资源规划、水资源配置问题、水资源保护、用水与节水等六方面进行论述，分章节分别进行了编写，力求结构清晰、系统。第三部分，对水资源管理和水资源管理信息系统进行梳理，重点介绍了水资源管理和水资源管理信息系统构建的基本理论、主要涉及内容和主要流程。

本教材编写大纲由王腊春、史运良、曾春芬初步确定，经张军以、马小雪、李娜等主要编写人员集体讨论后，最后确定编写大纲。本书总共分十章，王腊春、史运良、曾春芬先期进行了纲要性编写，后期编写分工分别为：第一章、第五章和第十章为张军以；第二章、第三章和第四章为马小雪；第六章、第七章和第九章为李娜；第八章第一、五节、第二、四节、第三节分别由马小雪、张军以、李娜编写；另外，张丽、戴明宏参与了书中部分图表的绘制。全书最后由王腊春、曾春芬通稿审定。

由于本教材涉及众多学科领域，加之编者水平有限，书中错误在所难免，恳请广大读者给予批评指正。

编者

2014年4月

目　录

第一章　水资源学概论

水是生命之源，在地球上一切生命活动都起源于水。水资源是人类生产和生活不可缺少的自然资源，也是生物赖以生存的环境资源。随着人口规模与经济规模的急剧增长，水资源的需求量不断增大。同时人类社会的高度发展对水环境造成了破坏乃至恶化，水资源短缺问题已成为全球性的战略问题。水资源危机的加剧和水环境质量的不断恶化，已成为未来人类可持续发展的主要限制因子之一。因此，针对水资源进行研究，掌握自然环境中水资源的运行、资源化利用、水资源消耗、污染治理及保护等基本问题是实现水资源可持续利用的关键性基础科学问题。

第一节　水资源的概念

人类对水资源的认识已经历了很长时间，并进行了一系列的研究。目前，学术界对水资源的定义尚未达成一致。各国学者从不同的角度对水资源进行了阐述，提出了许多具有重要意义的概念，不断加深了人类对水资源内涵的理解与认识。

一、水资源的概念

水是地球自然界最重要的组成部分，是人类及万物生存发展的基础。水资源可以理解为是人类长期生存、生活和生产活动中所需要的各种自然水，既包括数量和质量的含义，又包括使用价值和经济价值。水资源可以定义为：地球上目前和近期人类可直接或间接利用的水量的总称，是自然资源的一个重要组成部分，是人类生产和生活中不可缺少的资源。

水资源的定义有广义及狭义之分。广义水资源，指地球上水的总体。自然界中的水以固态、液态和气态的形式，存在于地球表面和地球岩石圈、大气圈和生物圈之中。因此，广义的水资源包括：地面水体，指海洋、沼泽、湖泊、冰川等；土壤水及地下水，主要存在于土壤和岩石中；生物水，存在于生物体中；气态水，存在于大气圈中。狭义的水资源，指逐年可以恢复和更新的淡水量，即大陆上由大气降水补给的各种地表、地下淡水的动态量，包括河流、湖泊、地下水、土壤水等。在水资源分析与评价中，常利用河川径流量和积极参与水循环的部分地下水作为水资源量。对于某一个流域或地区而言，水资源的含义则更为具体。广义的水资源就是大气降水，主要由地表水资源、土壤水资源和地下水资源三部分组成。在一定范围内，水资源存在两种主要转化途径：一是降水形成地表径流、壤中流和地下径流构成河川径流；二是以蒸发和散发的形式通过垂直方向回归大气。河川径流一般称之为狭义水资源，主要包括地表径流、壤中流和地下径流。流域水资源的一般组成如图1-1所示。此外，水资源的定义是随着社会的发展而发展变化的，具有一定的时代性，并且出现了从非常广泛外延向逐渐明确内涵的方向演变的趋势。由于出发点不同，相对于特定的研究学科，都从各个学科角度出发，提出了本学科涵义以及研究对象的明确定义。

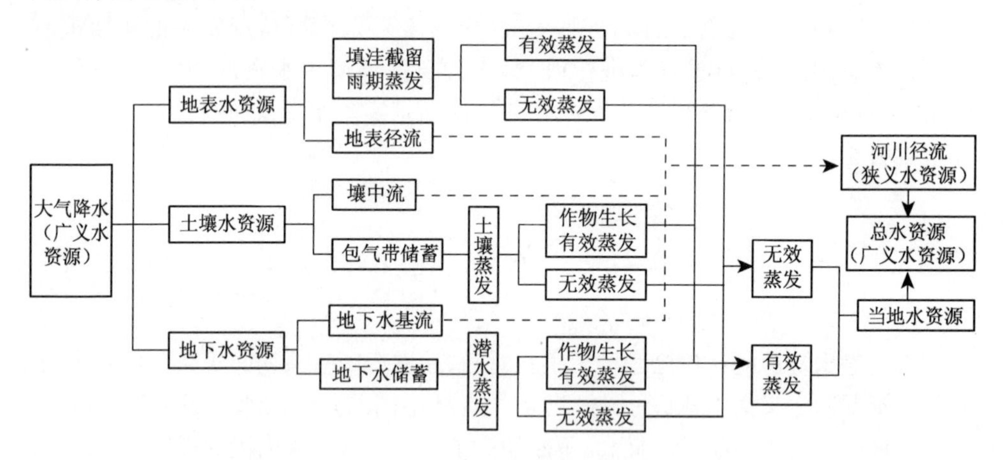

图 1-1 流域水资源组成示意图

资料来源：左其亭，窦明，吴泽宁. 水资源规划与管理[M]. 北京：中国水利水电出版社，2005.

水资源由于自身的特性，其具有自然属性和社会经济属性两方面的属性。

自然属性——自然界天然存在，受自然因素控制，是参与自然界循环与平衡的重要因子。

可利用性——水的类型多，有淡水、微咸水、中咸水、咸水、肥水；各种形态，气、固、液；赋存类型，地下水、地表水等。在自然生态环境和社会经济环境中水的用途广泛，要求不一。

数量与质量兼顾性——在数量上要足够，在质量上满足需要，在一定条件下是可以改变的。

时变性——是否是水资源在很大程度上取决于经济技术条件，今天认为或不能作为水资源的水随着经济技术的发展也可能成为水资源。

二、国外水资源的不同定义

国外水资源的概念是1894年最早由美国国家地质调查局(United States Geological Survey,简称USGS)提出并开始应用的,并于当年设立了世界第一个水资源处(Water Resources Discipline,简称WRD)。1963年,英国通过了《水资源法》,并在《水资源法》中将水资源定义为“具有足够数量的可用水”,即自然界中水的特定部分。1965年,美国通过了“水资源规划法案”,同时成立了水资源理事会(Water Resources Council,简称WRC),此时水资源具有浓厚的行业内涵。1988年,联合国教科文组织(United Nations Educational, Scientific and Cultural Organization,简称UNESCO)和世界气象组织(World Meteorological Organization,简称WMO)共同制订的《水资源评价活动——国家评价手册》,将水资源定义为:作为资源的水应当是可供利用或有可能被利用的,具有足够数量和可用质量,并可适合某地对水的需求且能长期供应的水源。1989年,美国地质调查局水资源处的定义为:水资源为陆面地表水和地下水的总称,未包括海洋水。《不列颠百科全书》中给出:水资源为自然界一切形态(液态、固态和气态)的水,由于《不列颠百科全书》的权威性,该解释曾被广泛引用。

三、国内水资源的不同定义

我国拥有悠久的水资源开发利用历史,在两千多年的实践过程中逐渐形成了具有中国特色的水利科学技术体系,并建设了一系列著名的水利工程,如秦代李冰主持修建了举世闻名的都江堰工程,科学地解决了江水的自动分流、排沙等水文难题,根治了水患,使川西平原成为“天府之国”。隋代开凿的京杭大运河,是世界上开凿最早、最长的运河,对沟通我国南北,促进社会经济发展发挥了巨大的推动作用,是我国古代水资源开发利用、水利工程建设的杰出代表之一。陈家琦和钱正英(2003)认为:广义的水资源是指在地球的水循环中,可供生态环境和人类社会利用的淡水,它的补给来源是大气降水,它的赋存形式是地表水、地下水和土壤水。其中把对生态环境的效用也理解为水资源的价值,但是对其他要素作了较多的限定。随着社会经济的不断发展,水资源概念的内涵将得到不断地发展与丰富。

水资源这个名词在中国出现只是近几十年的事情,“水利资源”和“水力资源”的用法较“水资源”早。水资源定义的不断演化过程,也表明人类在水资源方面的知识和理解是一个不断深化的过程,不同学科对水资源的认识存在学科方面的认知差异。

《中国农业百科全书·水利卷》定义水资源为:可恢复和更新的淡水量。详分为:

永久储量:更替周期长,更新极为缓慢,利用消耗不能超过其恢复能力;

可恢复的储量：参与全球水文循环最为活跃的动态水量，逐年可更新并在较短时间内可保持动态平衡，是人类常利用的水资源。

《中国大百科全书》在不同卷中对水资源作了不同解释：

“大气科学·海洋科学·水文科学卷”中对水资源的定义是“地球表层可供人类利用的水”，包括水量（质量）、水域和水能。

“水利卷”中对水资源的定义为“自然界中各种形态（气态、液态或固态）的天然水”，并把可供人类利用的水作为“供评价的水资源”。

“地理卷”中对水资源的定义是：“地球上目前和近期人类可直接与间接利用的水资源，是自然资源的一个重要组成部分”。随着科学技术的发展，被人类所利用的水逐渐增多。

1）水资源涵义的拓展

当今世界，随着水资源短缺程度的加剧和水资源开发利用技术的发展，人类开发利用水资源水平的提高，以及对水资源认识的不断深化，水资源涵义也在不断拓展。如“洪水资源化”、“污水资源化”、“咸水和海水的利用和淡化”、“农业中的土壤水利用”，以及“人工增雨（雪）”、“雨水集蓄利用”等技术的发展，将进一步拓展水资源的范畴。

2）水资源量组成

一般认为“可供利用”是水资源的主要特征，而不是指地球上一切形态的水。可供利用即水源可靠，数量足够，且可通过自然界水文循环不断更新补充的水，大气降水为补给来源。水资源种类/组成按照其类型可分为海洋水、地下水、土壤水、冰川水、永冻土底冰、湖泊水等（图 1-2）。

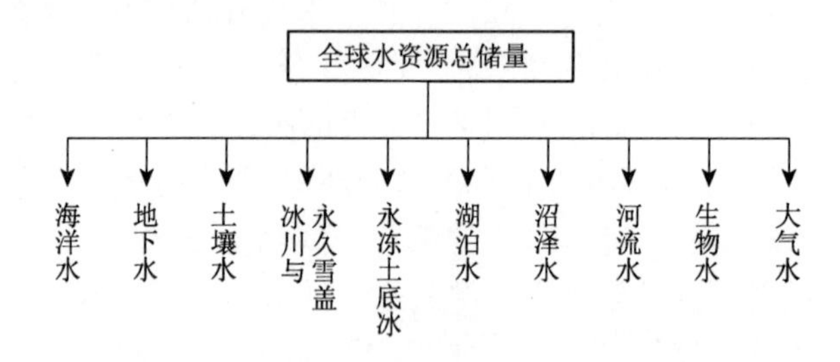

图 1-2 水资源组成示意图

资料来源：自绘

四、关于“蓝水”、“绿水”与“虚拟水”之说

1993 年瑞典水文学家 M. 富肯玛克（Malin Falkenmark）针对雨养农业和粮食安全问题而首次提出了“蓝水”（Blue Water）和“绿水”（Green Water），将降水在陆地生

态系统中分割成“蓝水”和“绿水”两部分。前者为降水中被形成的地表水和地下水部分，是可见的液态水；后者是降水下渗到非饱和土壤层中用于植物生长的水。

中科院院士刘昌明则认为：地球上的淡水资源可分为“蓝水”和“绿水”两部分。“绿水”是分子状态的水和受分子引力约束的水分，包括气态水、土壤颗粒束缚的土壤水，在流域水文循环中由降水转化而来，转化的动力主要是热力作用；“蓝水”是重力赋存或受重力作用而流动的液态水，主要是降水产生和补给的地表水和地下水，它们的流动与转化动力是重力作用。“蓝水”通常是水利工程容易开发的对象，人们称其为“工程水资源”。“绿水”是广泛供给陆生生态系统，主要是绿色植物、作物的使用，并气化为水汽逸散于大气。

“虚拟水”(Virtual Water)概念由 Tong Allan 于 1993 年提出，是指包含在世界粮食贸易中的水资源量，后来延伸到包括隐含于水密集型产品中的水资源量。目前，虚拟水被定义为生产商品和服务所需要的水资源数量。虚拟水不是真实意义上的水，而是以虚拟形式包含在产品中的看不见的水，因此也被称为嵌入水或外生水。由产品贸易引起虚拟水的转移就是虚拟水贸易，而虚拟水战略则是指贫水国家或地区通过贸易方式从富水国家或地区购买水密集型产品，从而获得水和粮食的安全。以往人们对水和粮食安全都习惯于在问题发生的区域范围内寻求解决方案，虚拟水战略从系统的角度出发分析与问题相关的各种影响因素，并从问题发生的范围之外找寻解决问题的应对策略。目前，虚拟水已经成为国际前沿研究领域，诸多学者针对虚拟水的内涵、估算等开展了多方面的理论和实证研究。当前许多国家也正在以虚拟水的形式解决国内水资源短缺问题。

第二节　水资源学研究对象

水资源学在其成长过程中，其研究对象主要可以归结为三个部分：①水资源的形成、演化、运动机理和分布规律。主要研究每年通过全球水文循环不断更新补充的地表水和地下水，包括大气水、降水、地表水、土壤水、地下水相互转化机理和变化以及不同流域的水资源量及其开发潜力。②水资源的合理开发利用。水资源合理开发利用的核心是合理配置，研究水资源评价、水资源供需平衡，目标是使水资源的合理利用能适应社会和经济可持续发展的要求。③水资源与环境、生态系统的关系。研究水资源开发利用与环境、生态系统的协调，变化环境中水资源的变化规律及其对策。

(1) 水资源的形成、演化、运动机理和分布规律研究的主要对象是地球水资源本身。地球上包括大气层、地表和地下一切形态的水，总储量约 13.86 亿 km^3，其中大部分是人类不能直接利用的海洋咸水。与人类生存和发展关系密切的淡水储量不过是水总储量的 2.53%，且其中约有 70%以上是以难以利用的两极和高山冰川以及永冻土中的固态冰的形式存在。与人类社会发展息息相关的主要是通过全球陆地水循环不断更新的地表水(主要包括河川径流、淡水湖泊、沼泽等淡水资源)，这就是目前水资源学的主要研究对象，研究其自身形成、演化、运动过程及人类对其的影响等，从一定意义上讲，水文学是水资源学的基础。

(2) 水资源的合理开发利用。水资源合理开发利用是人类可持续发展概念在水资源问题上的体现。要做到水资源合理开发利用，需注意以下几点：①水资源的开发力度必须加以限定。在当今技术条件下，人类还做不到完全按人的意志调控整个水资源系统并避免产生不良后果。因此，开发利用量一般不得超过水资源系统的补给资源量，即水循环所能提供的可再生水量。②水资源的开发利用应尽可能满足社会经济发展的需要。各种开发利用方案的制订应紧密结合经济规划，不仅应与现时的需水结构、用水结构相协调，而且应为今后的发展和需水、用水结构的调整保留一定的余地。此外，在整个开采规划中，既要保证宏观层次用水目标的实现，又要尽可能照顾到各低层次的局部用水权益。③尽可能避免水资源开发利用所造成的各种环境问题。大规模的水资源开发利用是对天然水资源系统结构的调整，是水量、水质在空间上重新分配的过程。水资源的开发利用不仅要注意水量的科学分配、水质的保护，也要密切注意因水位的变异而带来的不良环境问题。对一些环境脆弱地区，尤其要注意对水位加以控制。④遵循经济最优化、技术可行的原则开发利用水资源。水资源的开发利用既要考虑供水的需要，又要考虑经济效益问题，包括水资源开发工程的投入-产出效率、水的价值，尽可能做到以最小的投入换取最大的经济回报。

(3) 水资源与环境、生态系统的关系。水资源作为全球生态系统中不可或缺的组成部分，在水环境、生态环境保持，维持生态系统正常运转方面具有重要的作用。水资源的开发利用，要注重水资源和环境、生态系统正常需水量的协调，满足人类对水资源需求的前提下，做到不影响乃至改善水资源在水环境和生态系统方面的作用，尽量避免水资源开发利用产生的副作用。正确认识并处理好水资源与环境和生态系统间的关系，协调好水环境健康、生态系统正常运转所需的水资源量，在水资源的开发利用过程中注重水环境、生态系统生态需水量的满足，尽可能减少水资源开发利用带来的环境及生态负效应。

综上所述，水资源学是对水资源利用、管理配置、评价和水资源保护，并为人类社会经济可持续发展提供可持续利用水资源的一门学科，处理好水资源和社会经济发展及环境、生态系统间的关系，以及对水资源实行科学管理和保护、水资源最大效用化利用经验的系统总结所形成的知识体系，水资源科学管理知识的总结升华，是保证水资源的可持续利用，水资源业务开展的重要理论基础之一。

第三节　水资源学与其他学科关系

一、水资源学与水文学

20世纪70年代“水资源”名词大量出现在我国的实践中，是从开展全国性水资源评价工作开始的。当时国际水文科学界讨论的话题以及书刊上见到的国外文献有关水文学方面的文章中水资源方面的内容比重突然大了起来。同时，世界气象组织和联合国教科文组织共同主持了一项国际合作学术计划，即国际水文计划(International Hydrological Programme，简称IHP)，第一阶段IHP-Ⅰ计划(1975—1980)，突出强调了把水文学的意义延伸到与水资源综合利用、水资源保护等有联系的生态、经济和社会各个方面；第二阶段IHP-Ⅱ计划(1981—1983)进一步加强了水文学的水资源方向；而第三阶段IHP-Ⅲ计划(1984—1989)则干脆命名为“在脆弱环境中的水文学和水资源开发”；第四阶段IHP-Ⅳ计划(1990—1995)研究变化环境中的水文与水资源的可持续发展；第五阶段IHP-Ⅴ计划(1996—2001)关注脆弱环境中的水文与水资源发展，其主要内容是：资源过程与管理研究，区域水文水资源研究和知识、信息与技术的转化。国际水文计划第六阶段计划IHP-Ⅵ(2002—2007)主题为“水的相互作用：风险与社会挑战中的系统”，重点研究全球变化与流域系统、大气与陆地、地表水与地下水、淡水与咸水、质与量、水体和生态系统、水与文化、科学与政治等八个方面问题。第七阶段计划IHP-Ⅶ(2008—2013)的框架议题就如何利用现有科学知识来发展新的研究方向和方法，以对环境变化、生态系统和人类活动做出响应，主要议题为①流域和浅层地下水系统对全球变化影响的适应性研究；②加强水资源管理，提高水资源利用的可持续性；③面向可持续性的生态水文学；④淡水与生命支撑系统；面向可持续发展开展水资源保护教育(暂定)。联合国教科文组织国际水文计划作为一个长期的国际水科学研究计划，在不同阶段的研究主题与项目设置，在一定程度上充分反映了国际水文水资源研究的最新发展趋势及方向。现代水文学正在不断加强和水资源学、社会学、管理学的综合协调发展，已成为研究内容、涉及领域广泛的综合学科。

水资源学作为一门人类认识水资源，开发利用水资源、保护水资源及水环境的知识体系，主要属于技术科学的范畴。水文学主要研究地球上水的形成、循环、时空分布、化学和物理性质以及水与环境的相互关系，为人类防治水旱灾害，合理开发和有效利用水资源，不断改善人类生存和发展的环境条件，提供科学依据。水资源学在发展中不断向水文学提出新的要求，水文学也在加强对水资源学服务中得到新的发展。水文学和水资源学在发展中相互促进，在更高层面上相互依存，共同发展。

1）水文学是水资源学的基础

从水文学与水资源学的发展历史和研究内容两个方面来看，水文学是水资源学形成和发展的基础。水资源是维持人类社会存在和发展的主要地球自然资源之一，并具有以下特性：水资源是可以按照人类社会的需要提供的，或有可能提供的相应水量，但这个水量需有一定的可靠来源，且这个来源可以通过自然界水文循环不断得到更新和补充，这是保障人类社会可持续发展的前提；这个水量及其水质都必须能适应人类用水的要求，且无论水量或水质都是可以通过人工控制以保障其可用性。这就是说，并非自然界中一切形态的水都可以作为资源对待，而只有合乎上述条件的地球上的水才是资源的水，才是水资源。水文学恰恰是研究地球上的一切水，包括可作为资源的水的形成、存在、分布、循环、运动等变化规律的学科。研究水资源必先从水资源的水文特性开始，因此水文学是水资源学的基础，而不是水资源学的前身。水文学和水资源学两者独立地沿着各自的途径前进，并在发展中相互促进，以求在更高层次上的相互依存，共同发展。

2）水资源学是水文学服务于人类社会的重要应用

由于水资源问题的日益突出，不断向水文学提出新的要求和问题，水文学为适应这种要求而不断前进。现在在水资源任务的带动下把研究水文循环全过程问题提上了日程，就是说水文学不仅要研究水文现象的陆面过程，还要对陆面和大气界面上的水分和能量的交换问题，陆地水与海洋水的交换问题，海面和大气界面上的水分和能量的交换问题，水在大气中的运动和转化问题等都要进行研究。水文学不能仅侧重研究水在运动、转化中的物理过程，还要研究自然界的水作为溶剂和载体在水文循环中对水中各种化学成分的输移、合成、分解、储散的化学过程。除此之外，在地表生物圈中动植物及其他形态的生物在生长、繁殖、死亡过程中与水的相互作用，以及动植物群在陆面和大气水分及能量交换中的影响等方面，都需要特别加强水在水文循环运动中生物过程的研究。这些问题的提出，使水文学必须以崭新的面目出现，向全球水文学的方向前进。在这种前进中水文学必须坚持为水资源问题服务，这也是水资源水文学比工程水文学前进的一点。

此外，由于水资源开发程度的逐步深化，许多地区已建立起水资源工程体系。通过有效地管理运用建立的水资源工程体系，使其在防洪减灾和发挥水资源各种功能方面带来经济效益，这就对水文学提出新的要求。过去为水工程规划设计服务的水文工作，要逐步过渡到主要为水工程的调度运行服务，水文站网工作也以积累资料为主要目的的定点观测，转变到把地面定点观测与空间和面上的遥感遥测手段结合的对水量和水质的实时监测，并利用现代化通信手段及时将实时信息传递到决策指挥机关，以更好地调度水工程体系，发挥最优效益，或把可能出现的灾害程度降到最低。

二、水资源和水利

在中国，水利是采取各种人工措施对地表水和地下水进行控制、调节、治理、开发、管理和保护，以减轻水旱灾害。水利要通过工程措施和非工程措施发挥利用水资源的作用。水利是已经确立的有关治水业务的综合行业，包括江河整治、防洪治涝、供水兴利、改善人类生存环境等方面的基础工作、前期工作、工程技术、科学管理等方面的全部过程，内容涉及水文学、地质学、地理学、气象学、水力学、材料力学、工程力学、管理科学，以及水工程的勘测、设计、管理运行和水资源保护等方面的业务工作和科学研究。根据中国现行管理体制，在水的利用方面如水利、水电、水产和水运等分属不同部门，不能把一切用水业务都包罗在水利行业范围内，但在水利业务中却需要抓住包括一切利用水的目标在内的水资源综合利用和整治规划，以及水资源的统一管理这两个基本环节，作为综合水利工作的支撑。由此可见，在已经确定水利事业的情况下，水资源业务应是水利综合业务的组成部分，而不是在两者间画等号。水资源工作是以对水资源的综合评价、合理规划、统筹分配、科学调度以及保护水源和水环境等环节为主体，以达到有效并能持续开发利用水资源等目标而进行的。

从中国的实践中可以看出，水利是有关水业务的综合行业，包括江河整治、防洪治涝、供水兴利、改善人类生存环境等方面的基础工作、前期工作、工程技术、科学管理等方面的全过程。水资源业务多属于水利工作中的前期工作和后期的管理工作，而较少涉及水利建设中有关水工建筑物本身的工程技术问题，多涉及水利工作中的“软件”。水资源评价、供需分析、规划等带有基础性质，而对水资源的管理和不同地区间和各用户间的供水分配，又具有上层建筑性质。水资源管理在我国的实践中又不同于水利管理。从一个方面说，水利管理比水资源管理的内容要广，除了防洪治涝等减灾任务的管理外，还包括水资源的调度、分配等功能的管理，以及水利工程和水利体制的管理。在这种情况下水资源管理是水利管理的组成部分。从另一个方面说，在中国由于水的利用分属不同部门，简单用水利管理的名义统管各个方面，是很难行得通的。但用水资源统一管理的名义则是名正言顺的。同时，水利部门自身业务范围和其他利用水部门一起，在同一水平上受到水资源统一管理原则的制约。因此，水资源工作在很多方面已突破了传统水利工作的范畴，从而形成水利事业中一个后起的分支。

三、水资源学与社会科学的联系

水资源学不仅研究水资源的自然属性，还研究水资源的社会属性，在水资源学中应用了大量的社会科学内容。社会经济发展与水资源开发利用有着密切的关系，社会经济的发展不仅需要有水资源作支撑，而且还对水资源系统产生了巨大的压力，社会经济的发展已引发了一系列的水问题、水灾害。人类社会经济活动已成为影响水系统演化的主导力量，现有模型还不能很好地反映。目前，大气环流模型(General Circulation Model，简称 GCM)与陆面流域水文模型结合的陆气耦合模型是研究气候变化的水文水资源效应的有效方法之一，但对社会经济因素影响作用的体现存在不足。因此，加强水资源学与社会科学之间的综合研究，建立融合社会经济发展过程及其社会水循环，基于气候变化-水资源-社会经济-生态耦合框架的复合水文模型，揭示各主要影响因素的综合作用机制，是解决水资源可持续利用与社会经济可持续协调发展的基础性途径之一。

第二章　水资源全球分布与区域分布

第一节　世界水资源

一、地球水圈和全球水储量

1）水圈

水是地球上分布最为广泛的物质之一。它以气态、液态和固态三种形式存在于空中、地表与地下，成为大气水、海水、陆地水，以及存在于所有动植物有机体内的生物水，组成了一个统一的相互联系的水圈。

水圈为地球表层系统的重要组成部分，该系统的大气圈、水圈、岩石圈、生物圈、人类社会圈在空间上交叉分布，难以截然分开，在物质、能量交换以及发生发展过程中相互作用、相互影响。所谓的水圈是由地球地壳表层、表面和围绕地球的大气层中液态、气态和固态水组成的圈层，它是地球"五圈"（大气圈、水圈、岩石圈、生物圈、人类社会圈）中最活跃的圈层。水圈通过水文循环与其他圈层相互作用，相互联系，使水量与水质不断发生变化。

在水圈内，大部分水以液态形式存在，少部分以水汽形式存在于大气中形成大气水，还有一部分以冰雪等固态形式存在于地球的南北极和陆地的高山上。水圈中的总水量为13.86亿 km^3，地球的表面面积为5.1亿 km^2，其中海洋面积为3.613亿 km^2，约占地球总面积的71%，海洋总水量为13.38亿 km^3，占地球总水量的96.54%（图2-1）。

2）全球水储量

地球上的总水量为13.86亿 km^3，其中海洋水为13.38亿 km^3，占地球总水量的96.54%，折合水深约3 700 m。陆面湖泊、河流、沼泽及人工水库中的总水量仅占地球总水量的0.014%，是与人类最为密切的淡水资源。大陆冰雪总量约占全球总水量的1.74%，为地球上最多的淡水资源，但难以开发利用。土壤和地下水总储量为2 340万 km^3，其中淡水1 053万 km^3，占全球总水量的0.76%，也是淡水资源

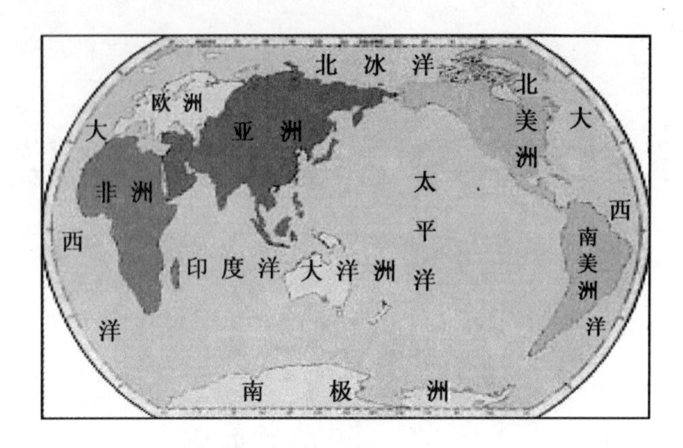

图 2-1　地球上海陆分布图

资料来源：王腊春，史运良，王栋，等. 中国水问题[M]. 南京：东南大学出版社，2007.

的主要来源之一。另外大气总水量仅占全球总水量的 0.000 9%，虽然数量不多，但活动能力却很强。全球生物水量约 0.112 万 km^3。综上可知，在全球13.86亿 km^3 的总水量中，可能为人类利用的水资源只占一小部分(图 2-2，表 2-1)。

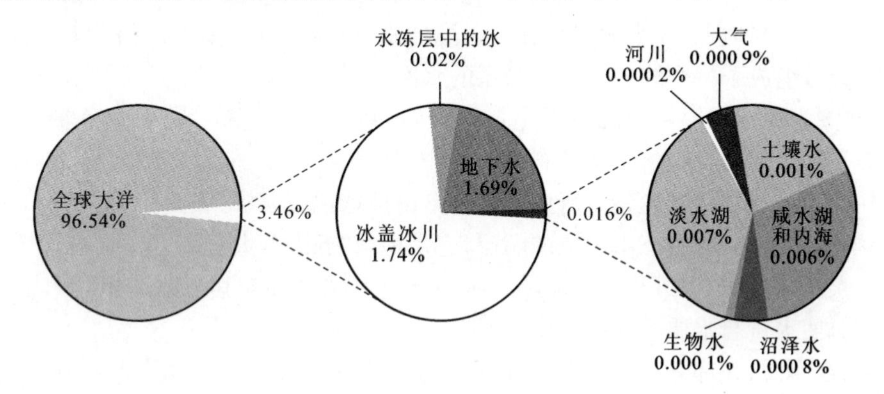

图 2-2　地球上水储量分布

资料来源：王腊春，史运良，王栋，等. 中国水问题[M]. 南京：东南大学出版社，2007.

表 2-1　地球水圈水储量分布

水 体	水储量		咸水		淡水	
	10^3 km^3	%	10^3 km^3	%	10^3 km^3	%
海 洋	1 338 000	96.54	1 338 000	99.04		
冰川与永久积雪	24 064.1	1.74			24 064.1	68.7
地下水	23 400	1.69	12 780	0.95	10 530	30.06
永冻层中的冰	300	0.02			300	0.86
湖泊水	176.4	0.013	85.4	0.006	91	0.26

续表 2-1

水体	水储量		咸水		淡水	
	10^3 km^3	%	10^3 km^3	%	10^3 km^3	%
土壤水	16.5	0.001			16.5	0.047
大气水	12.9	0.000 9			12.9	0.037
沼泽水	11.5	0.000 8			11.5	0.033
河流水	2.12	0.000 2			2.12	0.006
生物水	1.12	0.000 1			1.12	0.003
总计	1 385 984.64	100	1 350 865.4	100	35 029.24	100

资料来源：贺伟程. 世界水资源//中国大百科全书·水利[M]. 北京：中国大百科全书出版社，1992.

二、全球水文循环和水量平衡

1）水文循环

（1）水文循环基本过程

水文循环又称水循环或水分循环，指地球上各种形态的水，在太阳辐射和地球重力等作用下，通过蒸发、蒸腾、水汽输送、凝结降水、下渗及径流（地表和地下）等环节，不断地发生相态转换和周而复始的运动过程。水循环过程可分解为水汽蒸（散）发、水汽输送、凝结降水、水分下渗和地表径流、地下径流等五个环节。它们相互联系又相互影响、相互独立又交叉并存，并在不同环境下，呈现不同组合，形成不同规模与类型的水循环（图 2-3，图 2-4）。

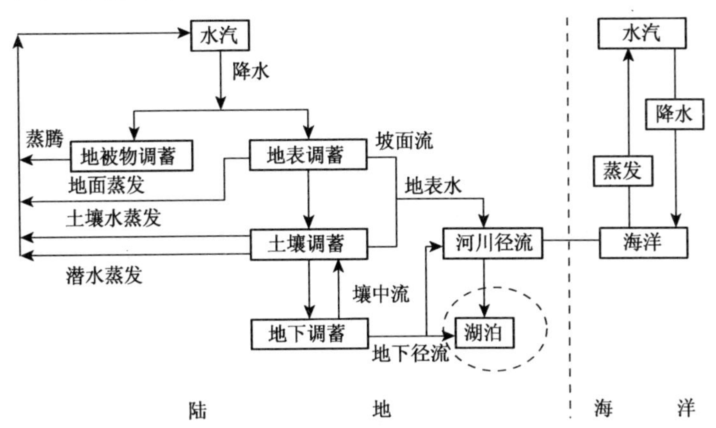

图 2-3a　自然界水循环过程图

资料来源：王腊春，史运良，王栋，等. 中国水问题[M]. 南京：东南大学出版社，2007.

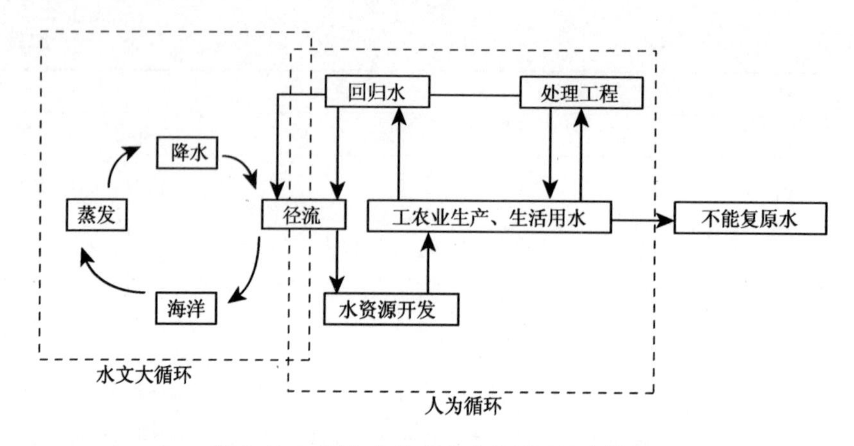

图 2-3b　自然-人为复合水文循环概念简图

资料来源:王开章.现代水资源分析与评价[M].北京:化学工业出版社,2006.

在图 2-3b 中,由于人类经济社会的发展,用水量不断增加地表水体和地下水体经过各类用水使用后一部分消耗于蒸发并返回大气,另一部分则以废污水形式回归于地表或地下水体。由此形成一特殊的水循环,人们称它为水供需侧支循环或社会经济系统中的水循环。

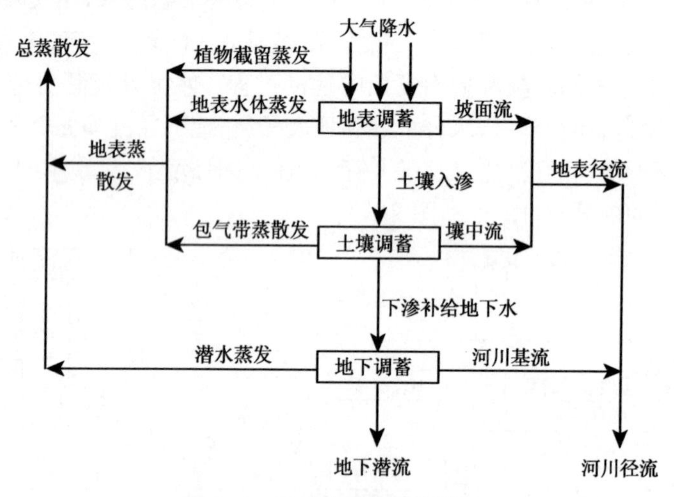

图 2-4　区域水循环概念模型

资料来源:王双银,宋孝玉.水资源评价[M].郑州:黄河水利出版社,2008.

水的循环特性使得人类赖以生存的水资源不断更新,而且直接影响到气候变化和地表形态的改变,对人类生活和生产具有重要意义。

(2) 水循环类型

通常按水循环的不同途径与规模,将全球的水循环区分为大循环(又称外循

环）与小循环（又称内循环）。前者为大尺度海陆之间的水循环，后者为中小尺度局部范围内（海洋或陆地）的水循环。

① 水分大循环是发生于全球海洋与陆地之间的水分交换过程。由海洋上蒸发的水汽，被气流带到大陆上空，遇冷凝结而形成降水。降水至地面后，一部分蒸发直接返回空中，其余部分都经地面和地下注入海洋。由于此水分交换广及全球，故名大循环。大循环的主要特点是，在循环过程中，水分通过蒸发与降水两大基本环节，在空中与海洋，空中与陆地之间进行垂向交换，与此同时，又以水汽输送和径流的形式进行横向交换。

② 水分小循环是指陆地上的水分经蒸发、凝结作用又降落到陆地上，或海洋面蒸发的水汽在空中凝结后，又以降水形式降落在海洋中。前者又可称为内陆小循环，后者称海洋小循环。

(3) 水循环机理

① 水循环服从质量守恒定律，全球总水量不变，此为水量平衡模型的理论基础。从实质上说，水循环是物质与能量的传输、储存和转化过程，而且存在于每一环节。在蒸发环节中，伴随液态水转化为气态水的是热能的消耗，伴随着凝结降水的是潜热的释放，所以蒸发与降水就是地面向大气输送热量的过程。由降水转化为地面与地下径流的过程，则是势能转化为动能的过程。这些动能成为水流的动力，消耗于沿途的冲刷、搬运和堆积，直到注入海洋才消耗殆尽。

② 太阳辐射和地球重力为水循环基本动力。此动力不消失，水循环将永恒存在。水的物理性质，在常温常压条件下液态、气态、固态三相变化的特性是水循环的前提条件；外部环境包括地理纬度、海陆分布、地貌形态等则制约了水循环的路径、规模与强度。

③ 全球水循环是闭合系统，局部水循环是开放系统。因为地球与宇宙空间之间虽亦存在水分交换，但每年交换的水量还不到地球上总贮水量的 1/15 亿，所以可将全球水循环系统近似地视为既无输入，也无输出的一个封闭系统，但对地球内部各大圈层，对海洋、陆地或陆地上某一特定地区，某个水体而言，既有水分输入，又有水分输出，因而是开放系统。

④ 水循环广及整个水圈，并深入大气圈、岩石圈及生物圈。其循环路径并非是单一的，而是通过无数条路线实现循环和相变的，所以水循环系统是由无数不同尺度、不同规模的局部水循环所组合而成的复杂巨系统。

⑤ 水循环赋予水体可再生性，水体更替周期是反映水循环强度的重要指标，水循环为水资源提供了水源，同时表征水资源为可更新资源。

水体的更替周期，是指水体在参与水循环过程中全部水量被交替更新一次所需的时间。以世界大洋为例，总储水量为 13.38 亿 km^3，每年海水总蒸发量为

50.5 万 km^3，以此计算，海水全部更新一次约需要 2 650 年；如果以入海径流量 4.7 万 km^3 为准，则更新一次需要 28 468 年；综合上述两种因素，海洋更新周期为 2500 年。又如世界河流的河床中瞬时贮水量为 2 120 km^3，而其全年输送入海的水量为 4.7 万 km^3，因此一年内河床中水分可更替 22 次，平均每 16 天就更新一次。大气水更替的速度更快，平均循环周期只有 8 天，然而位于极地的冰川，更替速度极为缓慢，循环周期长达万年(表2-2)。

表 2-2 各类水体的更新周期

水 体	更新周期	水 体	更新周期
海 洋	2 500 年	沼 泽	5 年
深层地下水	1 400 年	河 流	16 天
极地冰川和雪盖	9 700 年	土壤水	1 年
高山冰川	1 600 年	大气水	8 天
永冻层中的冰	10 000 年	生物水	几小时
湖 泊	17 年		

资料来源：黄锡荃，李惠明，金伯欣. 水文学[M]. 北京：高等教育出版社，1985.

(4) 水循环的规律与特点

水文循环无始无终，大致沿着海洋(或陆地)→大气→陆地(或海洋)→海洋(或地面)的路径，循环不已，包括许多过程。一般都要经过蒸发、降水(包括凝结过程)、径流形成(包括地表和地下径流以及下渗过程)和大气水分输送四个重要环节(有的小循环运动可能缺少径流部分或径流部分不太明显)，并且有以下几个特点。

① 海洋的蒸发量多于降水量。储存在海洋上空大气中多余的水汽，通过气流输入到大陆上空。海洋因蒸发而消耗的水分，再由大陆上的径流和高空中由陆地输入海洋的水汽加以补偿。

② 大陆降水量多于蒸发量。大陆上因为从空中得到了由海洋输送来的水分，使降水量大于蒸发量。大陆上多余的水分，再由地面及地下汇入海洋。

③ 大陆外流区输入水量与输出水量基本平衡。在大陆上的外流区内，由于通过地面及地下径流把陆地上多余的水量输送到海洋，高空中必然有等量的水分从海洋上空输送到大陆上空。

④ 大陆内流区降水量和蒸发量基本相等。在大陆上的内流区内，就长时间的平均状态而言，降水量基本上和蒸发量相等，成为一个独立的循环系统。它虽然不直接和海洋相通，但借助于大气环流运动，在高空进行水分输送，也可能有地下径流交换，所以仍有相对较少的水量参加了海陆间的内外循环运动。

从以上关于水文循环简单的说明中，可能使人得到一种错觉，认为循环是以恒定的流量稳定地进行运转。其实并非如此，在汛期有时大雨倾盆，江河横溢。在另一时期，循环则相对平静下来，几乎停止了运转。这些情况是由年内不同季节气象条件的变化所造成的，这种不稳定不仅表现在一年内的各季之间，在年际之间也有明显变化。

2）水量平衡

在一定的时域空间内，在水循环、转化过程中，其数量变化遵循质量守恒定律。所谓水量平衡，是指在水循环过程中任一区域（流域）在一定时段内，收入的水量与支出的水量之差等于该区域内的蓄水变量。

水量平衡方程式则是水循环的数学表达式，而且可以根据不同水循环类型，建立不同水量平衡方程。如通用水量平衡方程、全球水量平衡方程、海洋水量平衡方程、陆地水量平衡方程、流域水量平衡方程、水体水量平衡方程等。

（1）流域水量平衡

任一时段闭合流域水量平衡方程为：

$$P = E + R \pm \Delta S \tag{2-1}$$

式中：P——时段降雨量；

E——时段蒸发量；

R——时段径流量；

ΔS——时段流域蓄水变量绝对值。

若取多年平均的情况，流域水量平衡方程为：

$$\Delta S = 0, \quad \overline{P} = \overline{E} + \overline{R} \tag{2-2}$$

式中：$\overline{P}$——流域多年平均降雨量，mm；

$\overline{E}$——流域多年平均蒸发量，mm；

$\overline{R}$——流域多年平均径流量，mm。

（2）全球水量平衡

将全球的陆地作为一个整体，其多年平均的水量平衡方程可由式（2-2）得出：

$$\overline{P} = \overline{E} + \overline{R_t} \tag{2-3}$$

式中：$\overline{P}$——全球陆地多年平均降雨量，mm；

$\overline{E}$——全球陆地多年平均蒸发量，mm；

$\overline{R_t}$——全球陆地入海径流量，mm。

将全球的海洋作为一个整体，其多年平均的水量平衡方程可由式（2-2）得出：

$$\overline{P} = \overline{E} - \overline{R_t} \tag{2-4}$$

式中：$\overline{P}$——全球海洋多年平均降雨量，mm；

$\overline{E}$——全球海洋多年平均蒸发量，mm；

$\overline{R_t}$——全球陆地入海径流量，mm。

将全球的海洋与陆地作为一个整体，其多年平均的水量平衡方程为：

$$\overline{P}=\overline{E} \tag{2-5}$$

式中：$\overline{P}$——全球多年平均降雨量，mm；

$\overline{E}$——全球多年平均蒸发量，mm。

这表明全球的多年平均降水量与其多年平均蒸发量相等。据统计，它们的数值约为 57.7 万 km^3。全球多年平均水量平衡见表 2-3。

表 2-3　全球多年平均水量平衡表

区　域	水　量（万 km^3）		
	降　水	蒸　发	径　流
全球陆地	11.9	7.2	4.7
全球海洋	45.8	50.5	—
全　　球	57.7	57.7	—

资料来源：王腊春，史运良，王栋，等. 中国水问题[M]. 南京：东南大学出版社，2007.

第二节　世界各大洲、各国水资源

一、世界各大洲水资源

最能反映水资源水量和特征的是年降水量和河流的年径流量。年径流量不仅包括降水时产生的地表水，而且还包括地下水的补给，所以世界各国通常采用多年平均径流量来表示水资源量。从各大洲水资源的分布来看，年径流量大洋洲（包括澳大利亚）最多，其次是南美洲，那里大部分地区位于赤道气候区内，水循环十分活跃。欧洲、亚洲和北美洲的降水和径流与世界平均水平相接近。而非洲降水多、蒸发也多，径流量仅为 151 mm。南极洲降水不多但全部降水以冰川形态储存。从人均径流量的角度看，全世界河流径流总量按人平均，每人约合 10 000 m^3。在各大洲中，大洋洲人均径流量最多，其次为南美洲、北美洲、非洲、欧洲、亚洲（表 2-4，表 2-5）。

表 2-4　世界各大洲年降水及年径流分布

洲名	陆地面积($10^3 km^2$)	年降水(mm)	年径流(mm)
亚洲	43 475	741	332
非洲	30 120	740	151
北美和中美	24 200	756	339
南美洲	17 800	1 596	661
欧洲	10 500	790	306
大洋洲(含澳大利亚)	8 950	3 160	1 605
南极洲	1 398	165	165
全球	149 025	798	314

资料来源:中国大百科全书·水利[M].北京:中国大百科全书出版社,1992.

表 2-5　世界各大洲水资源有关统计

洲名	陆地面积($10^3 km^2$)	水资源量($10^3 km^3$)	人口 1995(亿)	人均水资源量($10^3 km^2$)	耕地面积 1993($10^3 km^2$)	单位耕地面积水资源量(m^3/hm^2)
亚洲	43 475	14.41	34.08	4 288	468 661	30 747
非洲	30 120	4.57	7.44	6 142	187 887	24 323
北美和中美	24 200	8.2	4.19	19 570	271 447	30 208
南美洲	17 800	11.76	3.2	36 750	102 767	114 434
欧洲	10 500	3.21	5.16	6 221	136 005	23 602
大洋洲(含澳大利亚)	8 950	2.39	0.29	82 413	51 500	46 407
南极洲	1 398	2.31	—	—	—	—
全球	149 025	46.85	54.36	8 618	1 218 267	38 456

资料来源:人口及耕地面积根据《世界水资源公报》(1994—1995 年)(1996—1997 年)

二、世界各国水资源

中国水资源量为河川径流量加上不和河川径流重复计算的浅层地下水。而国际上习惯用某区域内的多年平均河川径流量代表水资源量。世界上水资源总量最多的 10 个国家分别是:巴西 69 500 亿 m^3,俄罗斯 42 700 亿 m^3,美国 30 560 亿 m^3,印度尼西亚 29 860 亿 m^3,加拿大 29 010 亿 m^3,中国 27 115 亿 m^3,孟加拉国 23 570 亿 m^3,印度 20 850 亿 m^3,委内瑞拉 13 170 亿 m^3,哥伦比亚 10 700 亿 m^3。

水资源总量最少的 10 个国家分别是：科威特 2 亿 m^3，利比亚 6 亿 m^3，新加坡 6 亿 m^3，约旦 17 亿 m^3，阿曼 19 亿 m^3，阿联酋 20 亿 m^3，以色列 22 亿 m^3，毛里求斯 22 亿 m^3，布隆迪 36 亿 m^3，突尼斯 39 亿 m^3。

第三节　中国水资源

中国的水资源总量虽在世界各国中比较靠前，但人均占有水资源量却只有世界平均水平的 1/4，因而水资源问题十分严峻，成为经济社会发展中的重要制约因素之一。

一、自然环境基本特征

1）纬度跨度大

中国边界顶端位置为：北起黑龙江省漠河以北的黑龙江主航道的中心线（北纬 53°31′），南到南海南沙群岛的曾母暗沙（北纬 4°15′），西起新疆维吾尔自治区乌恰县以西的帕米尔高原（东经 73°附近），东至黑龙江省抚远县境内黑龙江与乌苏里江主航道汇合处（东经 135°多）。南北相距 5 500 km，跨纬度 49°15′；东西相距 5 200 km，跨经度约 62°。东西两端的时差约为 4 h。

2）海陆位置

领土面积约 960 万 km^2，我国位于世界上最大的大陆——亚欧大陆的东部，西部与许多国家接壤。东部濒临世界上最大的大洋——太平洋，有众多的岛屿和港湾，是一个海陆兼备的国家。

3）独特地形地貌

中国地势西高东低，呈阶梯状分布。青藏高原构成第一级阶梯，第二级阶梯为青藏高原以北及川东，海拔 1 000～2 000 m，第三级阶梯为大兴安岭、太行山、巫山及云贵高原东缘以东，直至海滨，丘陵与平原交错分布，大部分山丘海拔在 1 000 m 以下（图 2-5）。

我国地形复杂，高原、山地和丘陵占有很大比重。青藏高原雄踞我国西部，高原上耸立着许多著名的高大山系，位于中尼边境的珠穆朗玛峰，海拔8 848.13 m，是世界第一高峰。海拔在 3 000 m 以上的高山高原，占国土面积的 25%。我国东部有广阔的平原，其间也散布着许多中山、低山和丘陵。在自然地域分异中，水平地带与垂直地带犬牙交错。不同水平地带内的山地各具不同的垂直带结构，从而加深了我国自然条件的复杂性和多样性，使我国自然地域分异具有世界罕见的独特性。

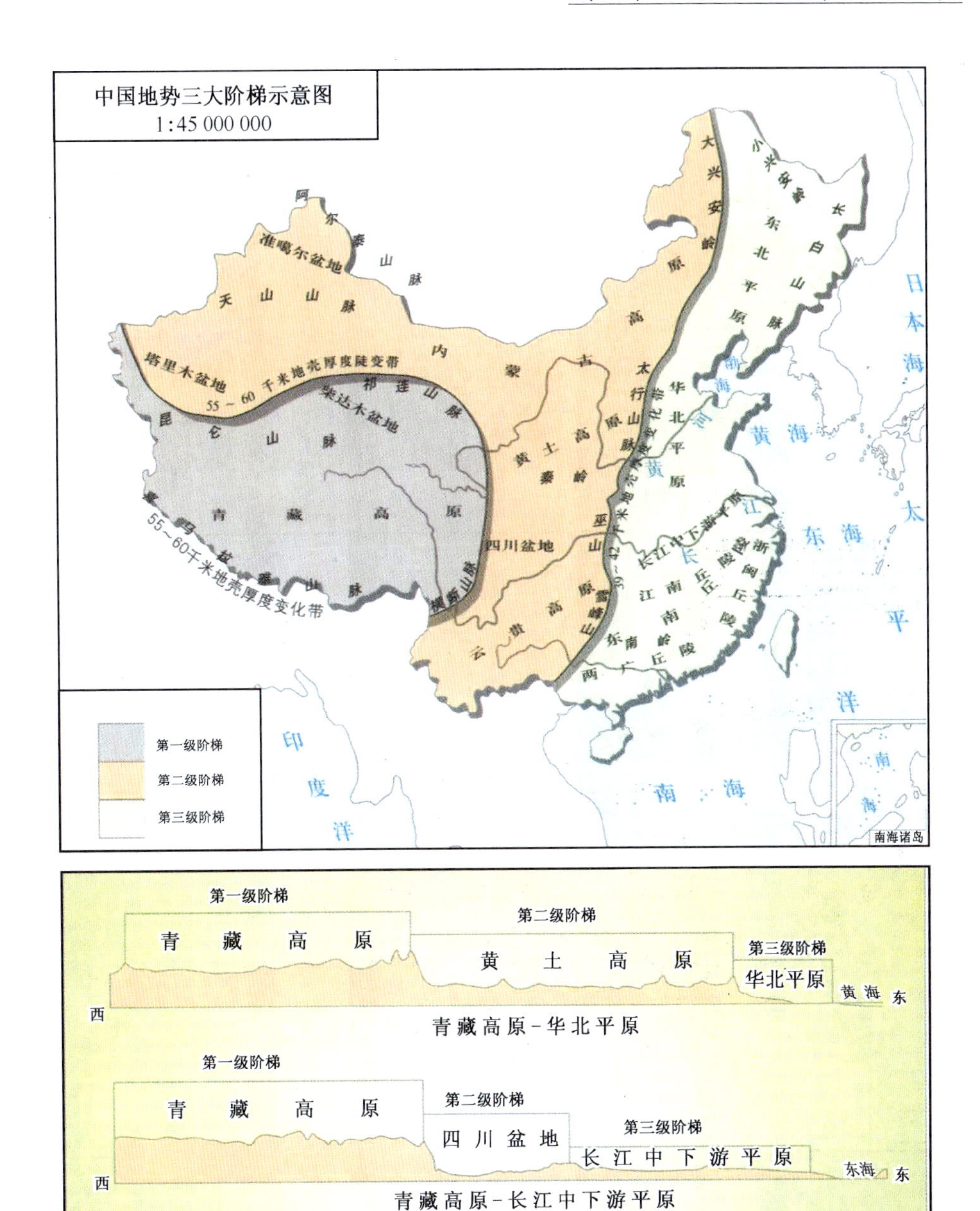

图 2-5　中国地势及主要山系示意图

资料来源：刘明光. 中国自然地理图集[M]. 北京：中国地图出版社，2010.

4）气候变化复杂多样

我国的气候具有季风气候明显、雨热同期、复杂多样等特征。

（1）气候基本特征

① 夏季：全国大部分地区盛行东南和西南季风，来自太平洋上空的东南季风和来自印度洋及我国南海上空的西南季风为我国上空带来了丰富水汽，受其影响，我国大部地区进入了雨季；西北内陆地区因远离海洋和受高山及高原阻挡，季风难以深入，降水偏少，为干旱和半干旱区。

② 冬季：我国大部分地区受来自欧亚大陆的冷气流控制，全国盛行西北风，来自西伯利亚的寒流可长驱直入长江以南，北方雨雪稀少，寒冷干燥，南方雨水也较少。

③ 东部季风区在年内受西太平洋副热带高压脊线的西伸、东退、北进和南撤的影响，南北雨季也随之变化（图 2-6）。

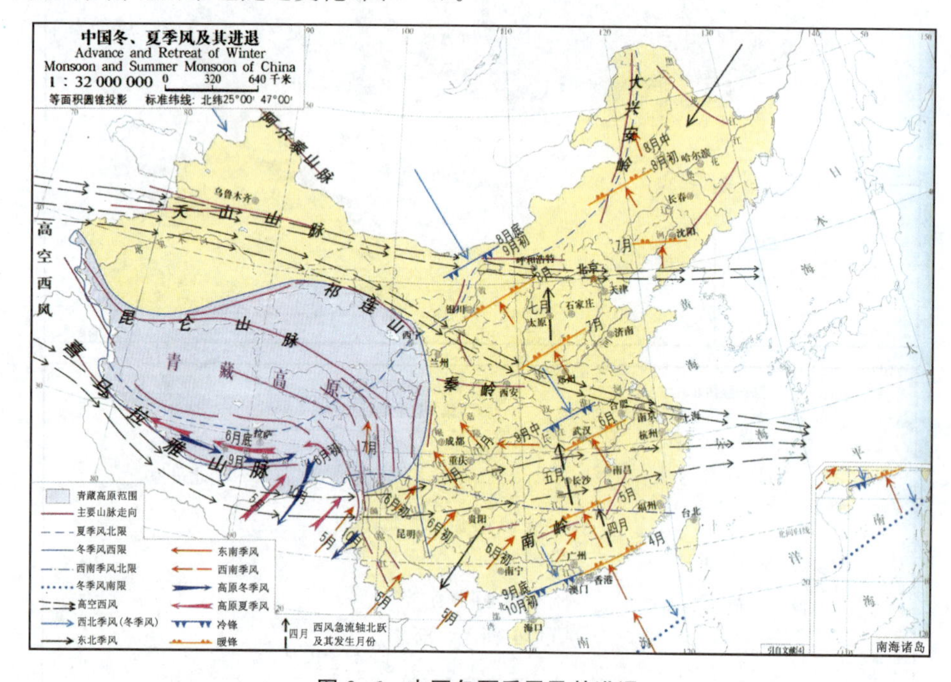

图 2-6 中国冬夏季风及其进退

资料来源：王静爱，左伟. 中国地理图集[M]. 北京：中国地图出版社，2010.

（2）水汽输送

① 水汽是凝云降水的基本条件。我国大陆边界上空平均年输入水汽总量为 182 154 亿 m^3，水汽总输出量为 158 397 亿 m^3，水汽净输入量为 23 757 亿 m^3，占总输入量的 13%。

② 我国大陆上空水汽主要从南边界输入，东边界输出。前者输入量占全国总

输入量的42%，后者输出量占总输出量的68%。

③ 我国大陆上空的水汽主要由经向输入，由纬向输出。前者输入量占全国总输入量的59.3%，后者输出量占总输出量的69.6%。这表明经向环流是我国水汽输入的主要机制。

④ 水汽输送量的年际变化，呈现丰枯变化，但变幅不大，各边界的年输入量的最大值与最小值之比值为1.3～1.6。

(3) 水文循环

水循环是地球上最重要的物质循环之一，在水循环的过程中，使各个圈层相互联系起来，并使他们进行水量和能量交换，由于水循环运动、使得大气降水、地表水、土壤水、地下水之间相互转化，使水资源形成不断地更新的统一系统。

① 降水。降水是水资源的最主要来源，地区降水量与水汽输入量、天气系统及地形等相关。全国多年平均降水总量为61 889亿 m^3，折合年降水深648 mm，仅为全球陆面平均年降水深的81%，或亚洲陆面平均年降水深的88%。

· 年降水量空间分布：东南向西北递减。多年平均降水量800 mm、400 mm和200 mm等值线，为我国降水分布区的重要分界线。前为湿润区与半湿润区分界线，中为半湿润区与半干旱区的分界线，后为半干旱区与干旱区的分界线(图2-7)。

· 降水量的年内分配：降水受东南季风和西南季风的影响，雨季随东南季风和西南季风的进退而变化。年内分配不均是造成我国水旱灾害频发的主要原因之一。

长江以南地区，雨季一般为3～8月或4～9月，汛期连续最大四个月雨量约占全年雨量的50%～60%。

华北和东北地区，雨季为6～9月，汛期连续最大四个月降水量可占全年降水量的70%～80%，为年内分配最为不均匀地区。

· 降水量的年际变化：中国降水量的年际变化大于世界同纬度的年际变化。国内各地区历年最大年降水深和历年最小降水深之比值：西北地区大于8，华北地区为4～6，东北地区为3～4，南方为2～3，西南地区小于2。降水量年际变化大，同样加剧水旱灾害频繁发生。

② 蒸发。以蒸发能力(水面蒸发量)表示。年蒸发能力各地差异较大，在400～2 600 mm之间。年蒸发能力小于800 mm为低值区，东北和中部山区。年蒸发能力为800～1 200 mm为中值区，东北、华北平原、长江流域大部、东南沿海山区和青藏高原部分地区。年蒸发能力大于1 200 mm为高值区，西北高原和盆地，青藏高原高值区和南方沿海高值区、云南大部高值区。

多年平均年蒸发能力和多年平均年降水量之比值，即为干旱指数或干燥度。据此，全国可分为干旱区(干旱指数>7.0)、半干旱区(3.0～7.0)、半湿润区(1.0～3.0)、湿润区(0.5～1.0)和十分湿润区(<0.5)(图2-8)。

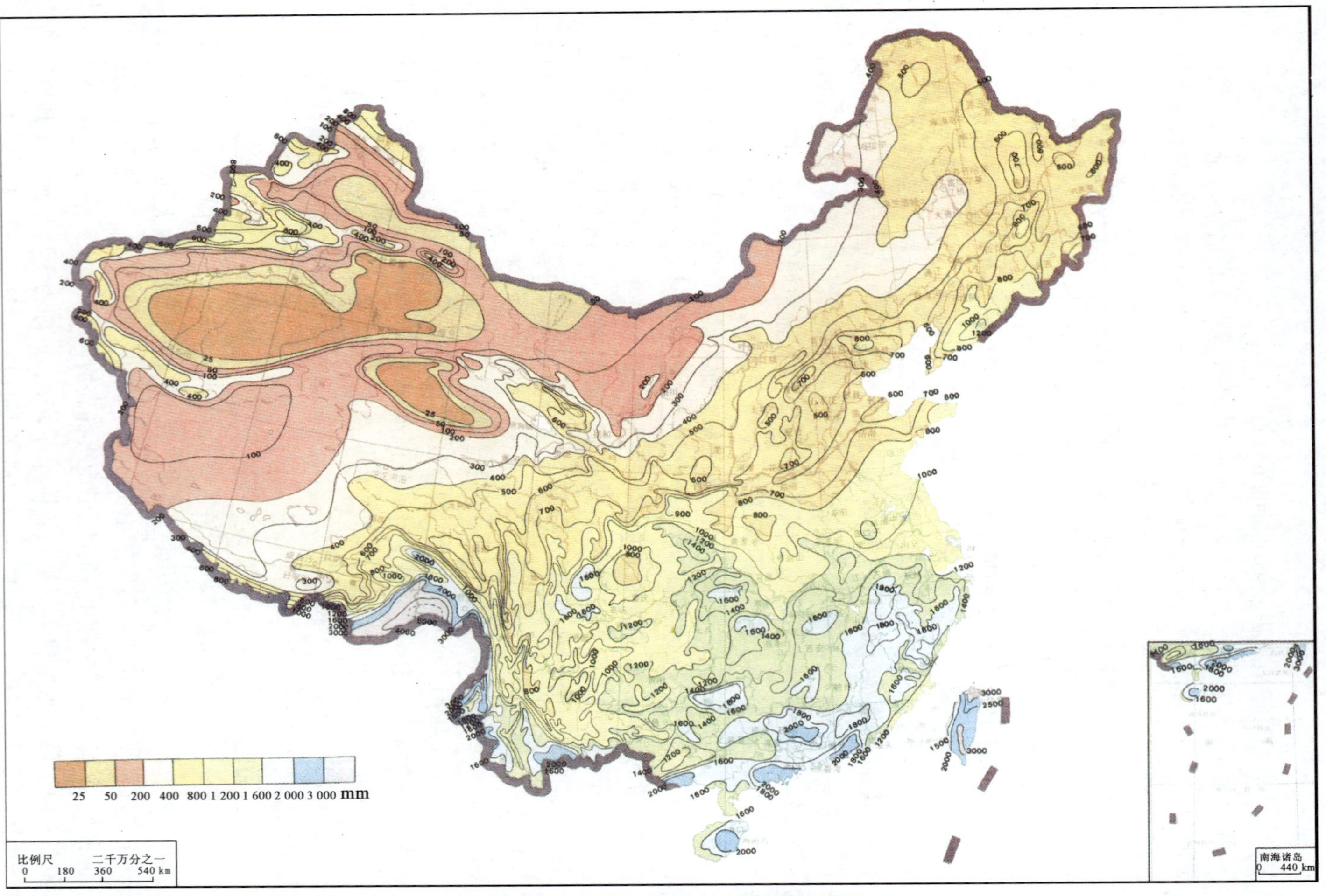

图 2-7 中国多年平均降水量等值线图

资料来源:水利电力部水文局. 中国水资源评价[M]. 北京:水利电力出版社,1987.

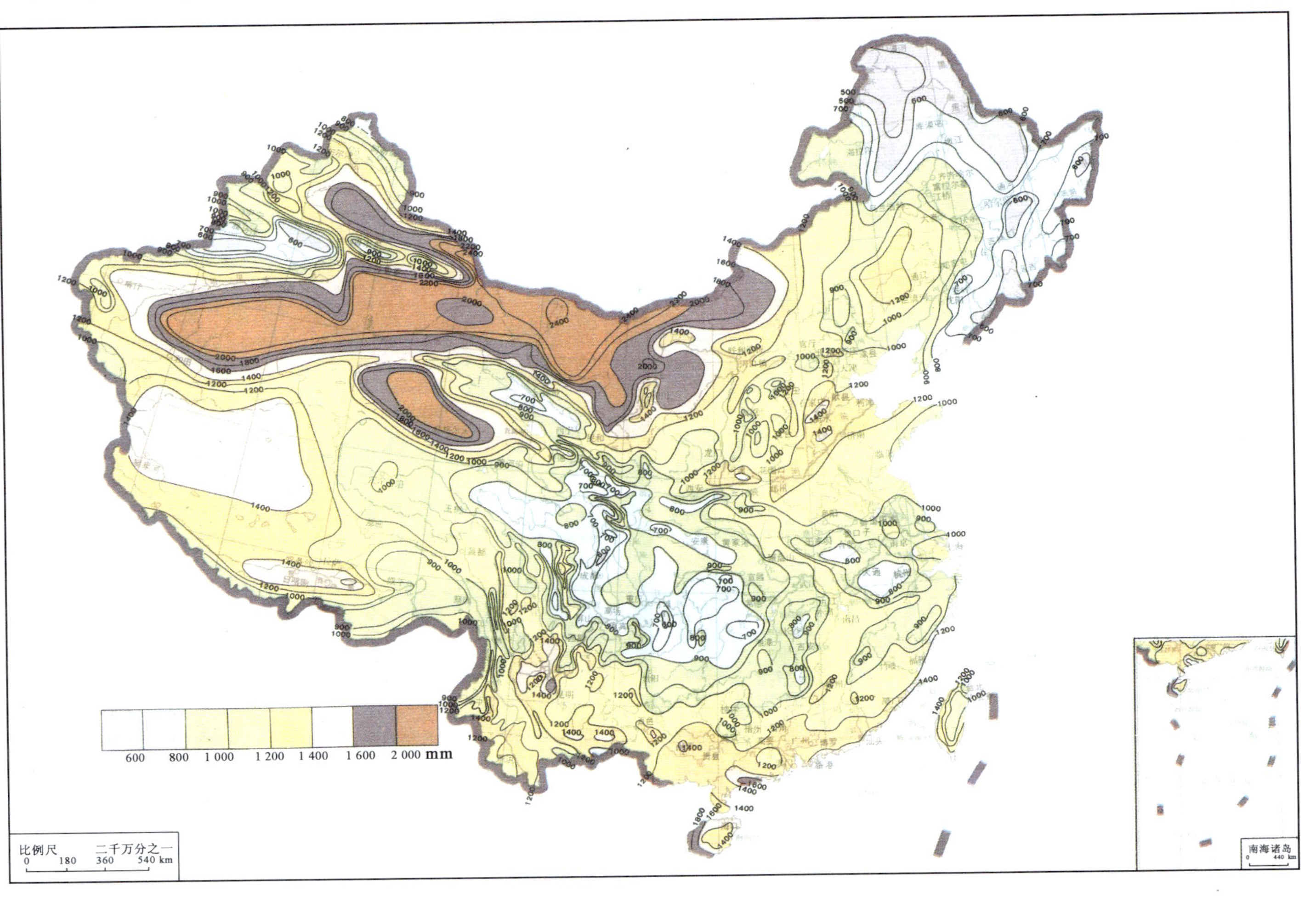

图 2-8 中国多年平均年蒸发量等值线图

资料来源:水利电力部水文局. 中国水资源评价[M]. 北京:水利电力出版社,1987.

③ 暴雨。按我国气象部门规定 24 h 雨量超过 50 mm 称之为暴雨，100～250 mm为大暴雨，超过 250 mm 为特大暴雨(表 2-6)。

表 2-6 降雨等级与雨量

24 h 雨量	<0.1 mm	0.1～10 mm	10～25 mm	25～50 mm	50～100 mm	100～250 mm	≥250 mm
等级	微雨	小雨	中雨	大雨	暴雨	大暴雨	特大暴雨

资料来源：自制

在我国，热带气旋和台风是形成暴雨的主要原因。我国东部每年夏秋受西太平洋热带气旋影响，常出现暴雨，特别是台风暴雨，如“758”河南暴雨，河南林庄 24 h雨量达 1 060 mm，为中国大陆实测的最高纪录。

锋面和由青藏高原东移的气旋性涡旋也是引起暴雨的原因之一。这类暴雨的主要特征是影响范围广，暴雨雨期长，雨量大。

根据我国最大 24 h 暴雨的分布情况，陈志恺等把我国易发生特大暴雨的地区分为三个带：台湾、海南等沿海岛屿与华南、东南沿海地带；沿千山、燕山、太行山、伏牛山、大巴山、巫山一带；武陵山前、蒙古高原、青藏高原、云贵高原的东侧带。

④ 径流。降落在地表的大气降水扣除各种水量损失后经地表、地下汇入河流、湖泊或海洋的水流总称。

全国多年的河川径流量为 27 115 亿 m^3，折合年径流深 284 mm，其中直接由降水补给的河川径流量约占全部河川径流量的 71%，由降水渗入地下含水层，又在枯季补给河流的水量约占全部河川径流量的 27%，其余 2%的河流补给量是由冰川和积雪融化水量补给的。

· 径流量的空间变化

根据年径流深大小，全国年径流深的分布可划分为 5 个带(图 2-9)。

丰水带：年径流深 1 000 mm 以上，年径流系数>0.5 的地带，相当于年降水的十分湿润带；

多水带：年径流深 300～1 000 mm，年径流系数 0.3～0.5 的地带，相当于年降水的湿润带；

过渡带：年径流深 50～300 mm，年径流系数 0.1～0.3 的地带，相当于年降水半干旱半湿润的过渡带；

少水带：年径流深 10～50 mm，年径流系数 0.1 以下的地带，相当于年降水的半干旱带；

干涸带：年径流深 10 mm 以下，相当于年降水的干旱带。

· 径流量的年内分配与年际变化

径流量的年内分配与年际变化取决于补给来源性质及其变化规律。除冰雪水补给河流外，以雨水补给为主的河流，其变化与降水相似，且变化更大。

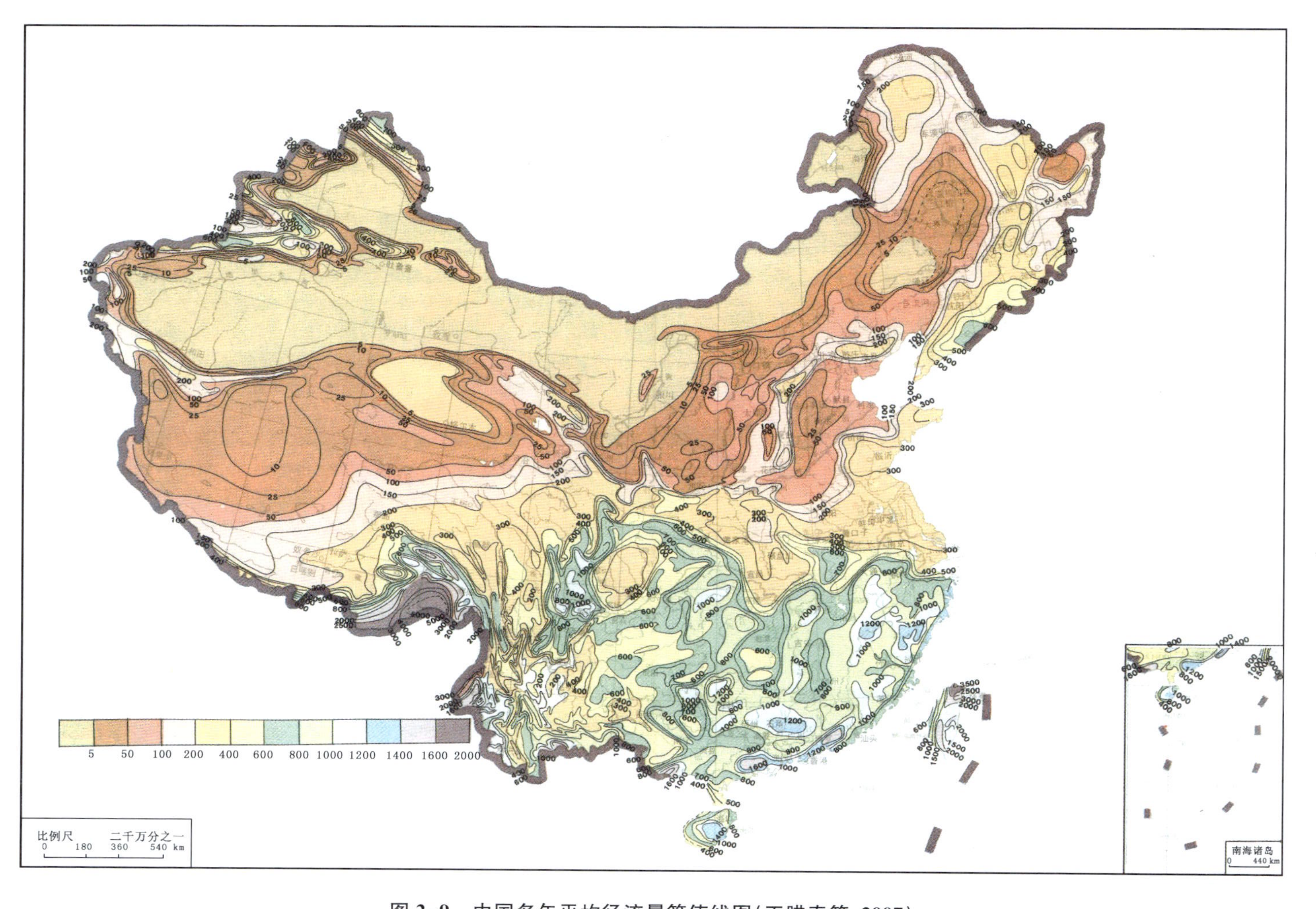

图 2-9　中国多年平均径流量等值线图(王腊春等,2007)

资料来源:水利电力部水文局. 中国水资源评价[M]. 北京:水利电力出版社,1987.

地理位置和大尺度的阶梯地形影响着气候带和主要河川水系的分布规律，从而决定了我国水资源大范围的时空分布格局。

二、中国的水资源

1）中国水资源基本情况

全国多年平均降水总量为 61 889 亿 m^3，面平均降雨量 648.4 mm。降雨量在地区上分布不均，长江、珠江及华南诸河、东南沿海诸河、西南诸河四个流域片的面平均降水量超过 1 000 mm，其余北方六片（黑龙江、辽河、海滦河、黄河、淮河及山东诸河）的面平均降水量，除淮河流域片外，均小于全国面平均降水量，最小的为内陆河片，只有 153.9 mm。南方 4 片区面平均降水量 1 204 mm，北方 6 片（包括额尔齐斯河）面平均降水量 330 mm，前者为后者的 3.6 倍（表 2-7）。

降水量中约有 58%通过地面蒸发返回大气，其余 42%形成径流，全国河川径流量为 2.7 万亿 m^3，折合年径流深 284 mm。南方四片的平均径流深 533 mm，北方六片的径流深只有 66.4 mm。全国土壤水通量 41 554 亿 m^3，其中 16%通过重力作用补给地下含水层；地下水资源量为 8 288 亿 m^3（其中山区与平原区重复交换量约为 302.4 亿 m^3）。扣除地表水和地下水相互转化的重复量，全国水资源总量为 2.8 万亿 m^3（图 2-10）。

表 2-7　全国多年平均降水量及水资源量（1956—1979 年）

项目 / 河流	计算面积 (km^2)	降水情况		径流总量 (10^8 m^3)	地下水量 (10^8 m^3)	水资源量 (10^8 m^3)
		降水量 (mm)	降水量 (10^8 m^3)			
黑龙江	903 418	495.5	4 476	1 166	431	1 352
辽河及其他河流	345 027	551	1 901	487	194	577
海滦河	318 161	559.8	1 781	288	265	421
黄河	794 712	464.4	3 691	661	406	744
淮河及山东诸河	329 211	859.6	2 830	741	393	961
长江	1 808 500	1 070.5	19 360	9 513	2 464	9 613
东南沿海诸河	239 803	1 758.1	4 216	2 557	613	2 592
珠江及华南诸河	580 641	1 544.3	8 967	4 685	1 116	4 708
西南诸河	851 406	1 097.7	9 346	5 853	1 544	5 853
内陆河	3 321 713	153.9	5 113	1 064	820	1 200
额尔齐斯河	52 730	394.5	208	100	43	103
全国	9 545 322	648.4	61 889	27 115	8 288	28 124

资料来源：水利电力部水文局. 中国水资源评价[M]. 北京：水利电力出版社，1987.

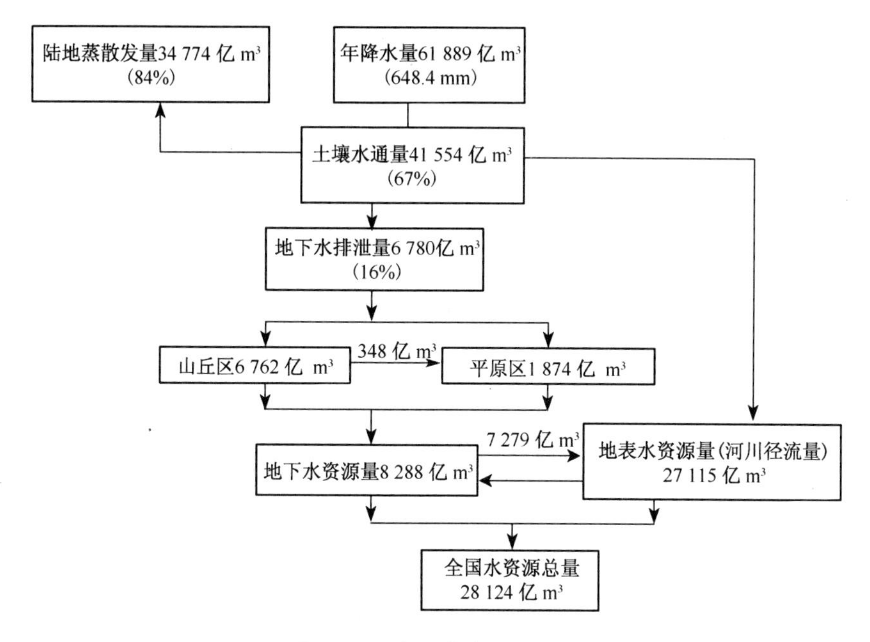

图 2-10 全国水资源组成图

资料来源:王腊春,史运良,王栋,等.中国水问题[M].南京:东南大学出版社,2007.

降雨量在地区上分布不均,2011 年全国平均年降水量 582.3 mm,折合降水总量为 55 132.9 亿 m³。从水资源分区看,松花江、辽河、海河、黄河、淮河、西北诸河 6 个水资源一级区(以下简称北方 6 区)面平均降水量为 322.3 mm;长江(含太湖)、东南诸河、珠江、西南诸河 4 个水资源一级区(以下简称南方 4 区)面平均降水量为 1 043.5 mm。从行政分区看,东部 11 个省级行政区(以下简称东部地区)平均降水量为 1 007.3 mm;中部 8 个省级行政区(以下简称中部地区)平均降水量为 773.1 mm;西部 12 个省级行政区(以下简称西部地区)平均降水量为 467.7 mm。

2011 年全国地表水资源量 22 213.6 亿 m³,折合年径流深 234.6 mm,比常年值偏少 16.8%,比 2010 年减少 25.5%。受降水减少影响,全国地表水资源量也是 1956 年以来最少的一年。从国境外流入我国境内的水量为 167.2 亿 m³,从我国流出国境的水量为 5 518.9 亿 m³,从我国流入国际边界河流的水量为 930.3 亿 m³,入海水量为 12 195.4 亿 m³。地下水资源量为 7 214.5 亿 m³,比 1980—2000 年平均值偏少 10.6%,地下水与地表水资源不重复量为 1 043.1 亿 m³,占地下水资源量的 14.5%(地下水资源量的 85.5%与地表水资源量重复)(表 2-8)。

表 2-8　2011 年各水资源一级区水资源量　（单位：亿 m^3）

水资源一级区	降水总量	地表水资源量	地下水资源量	地下水与地表水资源不重复量	水资源总量
全国	55 132.9	22 213.6	7 214.5	1 043.1	23 256.7
北方 6 区	19 517.8	4 022.4	2 509.2	895.5	4 917.9
南方 4 区	35 615.1	18 191.2	4 705.3	147.6	18 338.8
松花江区	4 070.5	987.3	420.5	190.1	1 177.4
辽河区	1 481.0	332.1	179.8	77.9	410.0
海河区	1 658.5	135.9	237.3	162.0	297.9
黄河区	3 888.5	620.9	411.2	118.5	739.4
淮河区	2 672.8	643.3	399.0	249.3	892.6
西北诸河区	5 746.6	1 303.0	861.4	97.7	1 400.6
长江区	16 603.3	7 713.6	2 138.0	124.0	7 837.6
（其中：太湖流域	412.6	173.6	43.8	20.3	193.8）
东南诸河区	2 909.1	1 414.7	392.6	8.4	1 423.0
珠江区	7 420.0	3 676.8	862.7	15.3	3 692.2
西南诸河区	8 682.7	5 386.0	1 311.9	0.0	5 386.0

资料来源：《中国水资源公报》(2011). 数据不包括香港、澳门特别行政区和台湾省.

2）中国水资源特征

（1）水资源总量多，但人均占有量少。我国水资源总量居世界第六位，但由于我国人口众多、耕地面积也较多，人均占有量仅为世界人均占有量的 1/4，是加拿大的 1/50，巴西的 1/15，耕地亩均水量为世界平均水量的 3/4。日本河川径流量仅为我国的 1/5，但人均占有量却将近我国的 2 倍。从这个角度看我国的水资源并不丰富，甚至可以说属于贫水国家。

（2）水、土资源的区域分布条件不相匹配。中国水资源与人口、耕地的地区分布很不均匀，北方水资源丰富，南方相差悬殊。长江流域及其以南地区人口占了中国的 53.6%，耕地面积占全国的 34.7%，但是水资源却占了 80.9%，人均水资源量为 3 481 m^3，亩均水资源量为 4 317 m^3，属于人多地少、经济发达、水资源丰富地区。北方（不包括内陆河）人口占 44.3%，耕地面积占 59.6%，水资源只有14.5%，人均水资源量为 747 m^3，亩均水资源量为 471 m^3，属于人多地多、经济相对发达、水资源短缺地区；其中黄河、淮河、海河三个流域尤其突出，是全国水资源最为缺乏的地区（表 2-9）。

表 2-9　水资源、人口、耕地、人均水量、亩均水量统计

流域		占全国的百分比(%)				人均水量(m^3/人)			亩均水量(m^3/亩)
		水资源量	人口	耕地	GDP	1997 年	2010 年	2050 年	
北方片	东北诸河	6.9	9.6	20.2	10.4	1 646	1 501	1 287	660
	海滦河	1.5	10.0	11.3	11.6	343	311	273	259
	黄河	2.7	8.5	12.9	6.7	707	621	526	400
						517*	454*	385*	293*
	淮河及山东诸河	3.4	16.2	15.2	14.1	487	440	383	437
	小计	14.5	44.3	59.6	42.8	747	674	582	471
						732*	620*	540*	447*
	其中黄淮海小计	7.6	34.7	39.4	32.4	500	449	389	373
						453*	407*	352*	338*
南方片	长江	34.2	34.3	23.7	33.2	2 289	2 042	1 748	2 783
	东南诸河	9.2	5.6	2.5	8.1	2 885	2 613	2 231	5 344
	珠江及华南诸河	16.7	12.1	6.7	13.5	3 228	2 813	2 377	4 501
	西南诸河	20.8	1.6	1.8	0.7	29 427	25 056	20 726	23 090
	小计	80.9	53.6	34.7	55.5	3 481	2 952	2 634	4 317
	内陆河片	4.6	2.1	5.7	1.7	4 876	4 140	3 331	1 589
全国		100	100	100	100	2 220	2 050	1 760	1 888

* 内陆诸河数据包括额尔齐斯河，东南沿河诸河不包括台湾省诸河在内。本表不包括港、澳、台在内。人均水量和亩 均水量是扣除了黄河必须保证的 200 亿 m^3 冲沙水量后的数据。

资料来源：王腊春，史运良，王栋，等. 中国水问题[M]. 南京：东南大学出版社，2007.

(3) 水资源补给年内与年际变化大。受季风气候影响，水资源年际与年内变化很大。最大与最小年径流的比值，长江以南的河流小于 5，北方河流多在 10 以上。径流量的逐年变化存在明显的丰平枯交替及连续数年为丰水段或枯水段的现象。径流量年际变化大与连续丰枯水段的出现，使我国经常发生旱、涝或连旱、连涝现象，加大了水资源开发利用的难度。

(4) 各地水资源平衡要素差异明显。由于气候、地形地貌、植被等条件的差异，各地水平衡要素及其相互关系差别明显。北方地区降水量的 74%消耗于地表蒸发，只有 26%的降水形成水资源量(其中 16%的降水形成地表径流，10%的降水入渗补给地下水)。南方地区降水量中约有 44%消耗于地表蒸发，有 56%的降水形成水资源量(其中 43%的降水形成地表径流，13%的降水入渗补给地下水)。在水资源总量中，地表径流量约占 76%，降水入渗补给地下水量约占 24%。

(5) 生态环境用水问题突出。水土流失严重，河流含沙量大，水库淤积，河湖萎缩。由于自然条件的限制和长期以来人类活动的结果，中国森林覆盖率较低，水土流失严重。水土流失造成许多河流含沙量大，泥沙淤积严重，土壤瘠薄，农业低产，水资源开发利用困难。由于泥沙淤积造成河床不断抬高，减少了河道行洪能力，增加了防洪难度，另外泥沙淤积也降低了水库河道的防洪标准和供水效益。因此应加强水土保持工作，减少河流泥沙，维持水利工程效益。

(6) 江河湖库水污染严重。经调查统计分析，2011 年全国废污水排放总量为 807 亿 t，其中大于 30 亿 t 的有江苏、浙江、安徽、福建、河南、湖北、湖南、广东、广西和四川 10 个省。2011 年，对全国 18.9 万 km 的河流水质状况进行了评价，V类水河长占 5.7%，劣V类水河长占 17.2%。对全国 103 个主要湖泊的 2.7 万 km^2 水面进行了水质评价，V类占 4.5%、劣V类占 24.7 %。对全国 471 座主要水库进行了水质评价，V类水库占 3.4%；劣V类水库 21 座，占 4.5%。评价了 634 个地表水集中式饮用水水源地，按全年水质合格率统计，合格率在 80%及以上的集中式饮用水水源地占评价水源地总数的 71.3%，其中合格率达 100%的水源地占评价总数的 55.5%。全年水质均不合格的水源地占评价总数的 4.9%。

3) 中国水资源存在的问题

新中国成立以来，我国在水资源的开发利用、江河整治、防治水害等方面都做了大量的工作，取得了较大的成绩。但是由于我国水资源分布不均，用水不合理等原因，我国水资源出现了严峻的问题。

(1) 洪涝灾害频繁，安全保障程度低。2011 年全国 31 个省（自治区、直辖市）均不同程度遭受洪涝灾害，共有 1 846 个县（市、区）、1.6 万个乡（镇）、8 942 万人受灾，洪涝灾害直接经济总损失约 1 301 亿元。

(2) 水资源供需矛盾突出。宋先松曾在《中国水资源空间分布不均引发的供需矛盾分析》中提到：北方人多水少、地多水少、单位水资源的经济负荷较高、开发利用程度较高，而南方地区人少水多、地少水多、单位水资源的经济负荷较低、开发利用程度较低。

(3) 水资源开发利用率低。总量开发利用率低，南北方开发不均衡，地区间各类水资源开发利用率差异很大。总体上是，南方多水地区，水资源开发利用程度较低；北方少水地区，水资源开发利用程度都比较高。

(4) 水质危机大于水量危机。根据 2011 年全国水资源公报，全国废污水排放总量为 807 亿 t。对全国 18.9 万 km 的河流水质状况进行了评价，全国全年Ⅰ类水河长占评价河长的 4.6%，Ⅱ类水河长占 35.6%，Ⅲ类水河长占 24.0%，Ⅳ类水河长占 12.9%，V类水河长占 5.7%，劣V类水河长占 17.2%。对全国 103 个主要湖泊的 2.7 万 km^2 水面进行了水质评价，水质符合或优于Ⅲ类水的面积占 58.8%、Ⅳ类和V类水的面积共占 16.5%、劣V类占 24.7%。

综上所述，我国水资源是相当紧缺的。城市和工业缺水，一方面影响人民生活，另一方面制约了国民经济持续发展。因此，保护水源，治理污染，合理开发利用水资源，节约用水，包括提高水的重复利用率等，是实现我国社会经济可持续发展的重要条件。

第三章　水资源开发利用

随着人口的增加，工农业生产的发展，特别是近代工业的兴起，以及城市建设的扩大，人类社会对水资源的需求量越来越大，人类在肆无忌惮地开发利用水资源的同时，人为地改变了水资源的数量、质量和时空分布，世界各国面临的水资源危机便应运而生。如何科学地管好、用好有限的水资源，使有限的水资源发挥最大的经济效益、社会效益和生态效益，保证水资源开发的可持续利用，已成为世界各国面临的重大课题。

第一节　水资源开发利用概述

水资源开发利用：通过各种措施对天然水资源进行治理、控制、调配、保护和管理等，使在一定时间和地点供给符合质量要求的水量，为国民经济各部门所利用。

一、水资源开发

通过水工程和水管理等措施对水资源进行调节控制和再分配，以满足人类生活、社会经济活动和环境对水资源竞争性的需求。社会发展到一定阶段，水资源的原有分布状态，只有通过水工程和水管理对水资源的时间和空间分布进行调控和再分配，才能满足人类的需要。随着社会经济的发展，水资源开发的目的和范围日趋扩大，近现代水资源开发主要包括：

（1）以满足城乡居民生活和工农业生产用水为目的的供水、灌溉、排水工程；

（2）以利用水能为中心目的的水力发电和航运工程；

（3）以保证供水质量和污水处理为目的的水质处理工程；

（4）以水域利用为主的水产养殖和旅游设施等。

从人类开发水资源的发展过程看，大体可分为单一目标开发和多目标开发。多目标开发从单项工程向流域性多项工程和整个地区发展，从单纯为增加经济收益向社会和环境的整体利益发展；水资源开发已成为自然科学、技术科学和社会科学三者高度综合的重要学科。

二、水资源利用

1）全球水资源利用状况

由于自然条件、用水量猛增、水污染严重等多种原因，全球水资源面临严峻的问题。联合国教科文组织 2012 年 3 月 12 日在法国南部城市马赛举行的第六届世界水资源论坛上发布了第四期《世界水资源发展报告》，对全球水资源情况进行了综合分析。

(1) 健康方面。全球目前有 8.84 亿人口仍在使用未经净化改善的饮用水源，26 亿人口未能使用得到改善的卫生设施，约有 30 亿至 40 亿人家中没有安全可靠的自来水。每年约有 350 万人的死因与供水不足和卫生状况不佳有关，这主要发生在发展中国家。

(2) 农业方面。目前农业用水在全球淡水使用中约占 70%，预计到 2050 年农业用水量可能在此基础上再增加约 19%。

(3) 生态学方面。靠内陆水生存的 24%的哺乳动物和 12%的鸟类的生命受到威胁。19 世纪末，已有 24～80 个鱼种灭绝。世界上内陆水的鱼种仅占所有鱼种的 10%，但其中 1/3 的鱼种正处于危险之中。

(4) 工业方面。世界工业用水占用水总量的 22%，其中高收入国家占 59%，低收入国家占 8%。每年因工业用水，有 3 亿～5 亿 t 的重金属、溶剂、有毒淤泥和其他废物沉积到水资源中，其中 80%的有害物质产生于美国和其他工业国家。

(5) 自然灾害方面。目前与水有关的灾害占所有自然灾害的 90%，而且这些灾害的发生频率和强度在普遍上升，对人类经济发展造成严重影响。

2）中国水资源利用现状

经过 50 多年的规划建设，水资源的开发利用进入了一个新的发展时期，在全国进行了大规模的水利工程建设，取得了巨大的成就。以大江大河堤防为重点的防洪工程建设、危险水库除险加固、解决人畜饮水困难、大型灌区节水改造等取得历史性突破，并通过南水北调、三峡工程、治黄工程等的建设，实现了水资源的合理配置。

(1) 供水量及其增长情况

全国总供水量增长情况：1997 年为 5 623.2 亿 m^3，2000 年为 5 531 亿 m^3，2001 年为 5 567 亿 m^3，2002 年为 5 497 亿 m^3，2004 年为 5 547.8 亿 m^3，2011 年为 6 107.2 亿 m^3。其中，地表水占总供水量的81.1%，地下水占总供水量的 18.2%，其他水源占总供水量的 0.7%(表 3-1)。

表 3-1 1980 年以来全国分区实际供水量及其增长情况

项目分区	年份	当年实际供水量（亿 m³）					比 1980 年累计新增供水量（亿 m³）		
		地表水	比例/%	地下水	比例/%	总供水量	地表水	地下水	合计
松辽片	1980 年	269.8	76.1	84.9	23.9	354.7			
	1993 年	357.3	71.5	142.1	28.5	499.4	87.5	57.2	144.7
	1997 年	353.7	57.1	266.0	42.9	619.7	83.9	181.1	265.0
	2004 年	298.9	53.5	259.7	46.5	558.6	29.1	174.8	203.9
	2008 年	324.4	52.9	286.6	46.7	613.7	54.6	201.7	259
	2011 年	387.8	55.2	310.0	44.8	702.9	118	225.1	343.1
海滦河片	1980 年	179.5	47.0	202.4	53.0	381.9			
	1993 年	167.7	40.7	244.2	59.3	411.9	−11.8	41.8	30.0
	1997 年	170.0	39.2	264.2	60.8	434.2	−9.5	61.8	52.3
	2004 年	122.9	33.2	247.2	66.8	370.0	−56.6	44.8	−11.9
	2008 年	123.3	33.2	240.6	64.8	371.5	−56.2	38.2	−10.4
	2011 年	122.9	33.3	234.3	63.5	369.1	−56.6	−31.9	−12.8
淮河片	1980 年	402.3	75.7	128.9	24.3	531.2			
	1993 年	404.8	70.7	167.5	29.3	572.3	2.5	38.6	41.1
	1997 年	482.2	72.3	184.9	27.7	667.1	79.9	56.0	135.9
	2004 年	395.4	71.0	161.0	29.0	556.4	−6.9	32.1	25.2
	2008 年	432.4	70.7	175.8	28.8	611.2	30.1	46.9	80
	2011 年	475.3	72.2	178.3	27.1	658.3	73.0	49.4	122.4
黄河片	1980 年	274.0	76.5	84.4	23.5	358.4			
	1993 年	279.4	68.5	128.5	31.5	407.9	5.4	44.1	49.5
	1997 年	270.4	66.8	134.2	33.2	404.6	−3.6	49.8	46.2
	2004 年	240.0	64.5	132.1	35.5	372.1	−34.0	47.7	13.7
	2008 年	253.9	66.1	128.1	33.3	384.2	−20.1	43.7	25.8
	2011 年	268.5	66.4	129.0	31.9	404.4	−5.5	44.6	39.1
长江片	1980 年	1 286.3	95.0	67.0	5.0	1 353.3			
	1993 年	1 597.7	95.6	73.7	4.4	1 671.4	311.4	6.7	318.1
	1997 年	1 665.2	95.8	73.5	4.2	1 738.7	378.9	6.5	385.4
	2004 年	1 731.1	95.7	78.3	4.3	1 815.4	444.8	11.3	462.1
	2008 年	1 861.7	95.4	83.2	4.6	1 951.5	575.4	16.2	598.2
	2011 年	1 922.4	95.6	79.7	4.4	2 010.0	636.1	12.9	656.7
珠江片	1980 年	653.4	99.1	6.1	0.9	659.5			
	1993 年	688.6	95.2	34.5	4.8	723.1	35.2	28.4	63.6
	1997 年	794.6	95.1	42.2	4.9	835.9	141.2	35.2	176.4
	2004 年	820.1	95.1	42.2	4.9	862.3	166.7	36.1	202.8
	2008 年	837.0	95	40.1	4.6	881.2	183.6	34	221.7
	2011 年	834.5	95.2	36.0	4.1	876.8	+181.1	29.9	217.3

续表 3-1

项目分区	年份	当年实际供水量(亿 m³)					比 1980 年累计新增供水量(亿 m³)		
		地表水	比例/%	地下水	比例/%	总供水量	地表水	地下水	合计
东南诸河	1980 年	188.1	97.4	5.1	2.6	193.2			
	1993 年	278.4	96.0	11.6	4.0	290.0	90.3	6.5	96.8
	1997 年	281.7	97.6	6.8	2.4	288.5	93.6	1.7	95.3
	2004 年	304.2	96.2	12.1	3.8	316.3	114.2	7.0	121.2
	2008 年	333.4	97.0	9.1	2.6	343.6	145.3	4	150.4
	2011 年	336.4	97.2	8.8	2.5	346.1	148.3	3.7	152.9
西南诸河	1980 年	39.5	98.3	0.7	1.7	40.2			
	1993 年	61.3	93.9	4.0	6.1	65.3	21.8	3.3	25.1
	1997 年	86.1	98.3	1.5	1.7	87.6	46.6	0.8	47.4
	2004 年	94.3	97.4	2.5	2.6	96.8	54.8	1.8	56.6
	2008 年	108.4	97.0	3.2	2.9	111.8	68.9	2.5	71.6
	2011 年	104.1	96.5	3.6	3.3	107.9	64.6	2.9	67.7
内陆河片	1980 年	520.5	92.9	39.5	7.1	560.0			
	1993 年	524.9	90.1	57.9	9.9	582.8	4.4	18.4	22.8
	1997 年	487.9	89.2	59.2	10.8	547.1	−32.6	19.7	−12.9
	2004 年	508.4	84.8	91.3	15.2	599.7	−12.1	51.8	39.7
	2008 年	521.81	81.4	118.1	18.4	641.3	1.31	78.6	81.3
	2011 年	501.2	79.4	129.3	20.5	631.6	−19.3	89.8	71.6
北方6区	1980 年	1 646.1	75.3	540.1	24.7	2 186.2			
	1993 年	1 734.1	70.1	740.2	29.9	2 474.3	88.0	200.1	288.1
	1997 年	1 764.2	66.0	908.5	34.0	2 672.7	118.1	368.4	486.5
	2004 年	1 565.5	63.7	891.3	36.3	2 456.8	−80.6	351.2	270.6
	2008 年	1 655.9	63.2	949.2	36.2	2 621.9	9.8	409.1	435.7
	2011 年	1 755.8	63.5	981.0	35.5	2 766.4	109.7	440.9	580.2
南方4区	1980 年	2 167.3	96.5	78.9	3.5	2 246.2			
	1993 年	2 626.0	95.5	123.8	4.5	2 749.8	458.7	44.9	503.6
	1997 年	2 827.6	95.8	123.1	4.2	2 950.7	660.3	44.2	704.5
	2004 年	2 955.8	95.6	135.1	4.4	3 090.9	788.5	56.2	844.7
	2008 年	3 140.5	95.6	135.6	4.1	3 288.0	973.2	56.7	1 041.8
	2011 年	3 197.5	95.7	128.1	3.8	3 340.8	1 030.2	49.2	1 094.6
全国	1980 年	3 813.3	86.0	619.1	14.0	4 432.4			
	1993 年	4 360.0	83.5	864.0	16.5	5 224.0	546.7	244.9	791.6
	1997 年	4 591.7	81.7	1 031.5	18.3	5 623.2	778.4	412.4	1 190.8
	2004 年	4 504.8	81.2	1 026.4	18.5	5 547.8	691.5	407.3	1 115.4
	2008 年	4 796.4	81.2	1 084.8	18.4	5 909.9	983.1	465.7	1 477.5
	2011 年	4 953.3	81.1	1 109.1	18.2	6 107.2	1 140	490	1 674.8

注:地表水包括其他供水量,数据来源于《中国水资源公报》。

(2) 用水量及其增长情况

① 全国用水总量持续增长。2000 年全国总用水量 5 498 亿 m^3，全国用水消耗总量 3 012 亿 m^3；2001 年全国总用水量 5 567 亿 m^3，全国用水消耗总量 3 052 亿 m^3；2002 年全国总用水量5 497 亿 m^3，全国用水消耗总量 2 985 亿 m^3；2004 年全国总用水量 5 547.8 亿 m^3，全国用水消耗总量 3 001 亿 m^3；2006 年全国总用水量 5 795 亿 m^3，全国用水消耗总量 3 042 亿 m^3；2011 年全国总用水量 6 107.2 亿 m^3，全国用水消耗总量 3 201.8 亿 m^3。

表 3-2 统计表明，随着人口的增长，我国用水总量持续增长，但人均用水量自 1980 年以来一直维持在 450 m^3左右，说明在今后一定时期内，实现我国发展目标，保持人均用水量基本稳定，经过努力是可以争取的。

表 3-2 1949 年以来全国用水量增长情况

年份	农业和农村生活		城市生活		工业		总计	人均用
	用水量（亿 m^3）	所占比例（%）	用水量（亿 m^3）	所占比例（%）	用水量（亿 m^3）	所占比例（%）	（亿 m^3）	水量（m^3）
1949 年	1 001	97.1	6	0.6	24	2.3	1 031	187
1959 年	1 938	94.6	14	0.7	96	4.7	2 048	316
1965 年	2 545	92.7	18	0.7	181	6.6	2 744	378
1980 年	3 912	88.2	68	1.5	457	10.3	4 437	450
1993 年	4 055	78.0	237	4.6	906	17.4	5 198	445
1997 年	4 198	75.3	247	4.5	1 121	20.2	5 566	458
2002 年	4 035	73.4	319	5.8	1 143	20.8	5 497	428
新口径	农业与生活	—	生态环境	—	工业	—	—	—
2008 年	4 392.6	74.3	120.2	2	1 397.1	23.7	5 909.9	446
2011 年	4 533.4	74.2	111.9	1.9	1 461.8	23.9	6 107.2	454

注：1949 年、1959 年、1965 年用水量为估计量。2004 年以来《中国水资源公报》中没有分“农业和农村生活”、“城市生活”。新统计口径全国用水分为农业、生活、工业、生态环境用水四大部分。

② 用水结构不断调整。灌溉农业用水所占全国用水总量的比重逐年下降，工业用水和城市生活用水量快速、持续上升。2000 年农业用水占总用水量的 68.8%，工业用水占 20.7%，生活用水占 10.5%；2001 年农业用水占 68.7%，工业用水占 20.5%，生活用水占 10.8%；2002 年生活用水占 11.2%，工业用水占 20.8%，农业用水占 68.0%。2006 年用水结构中生活用水占 12%，工业用水占 23.2%，农业用水占63.2%，生态环境补水量（仅包括人为措施供给的城镇环境用水和部分河湖、湿地补水）占 1.6%。2011 年生活用水占 12.9%，工业用水占 23.9%，农业用水占61.3%，生态环境补水占 1.9%。

③ 南、北方用水增长差别明显。北方用水量占全国用水总量的比重下降，北

方农业用水增幅大于南方，北方工业用水增幅小于南方。南方多水地区开发利用程度较低，北方少水地区水资源开发利用程度比较高，其中黄淮海流域(片)地表水开发率最高达52%，如果包括地下水利用量则利用率可达70%左右。

北方用水总量从1980年占全国总用水量的49.3%减少到2011年的45.3%，而农业用水量从占全国农业用水量的51.3%增加到2011年的54.6%，工业用水量从1980年占全国工业用水量的40.7%减少到24.6%。

南方用水总量从1980年占全国总用水量的50.7%增加到2011年的54.7%，而农业用水量从占全国农业用水量的48.7%减少到2011年的45.4%，工业用水量从1980年占全国工业用水量的59.5%增加到75.4%(表3-3)。

表3-3 1980年以来全国分区用水情况

项目 分区	年份	用水总量(亿 m³)				用水构成(%)			人均用水量(m³)
		农业	工业	生活	总计	农业	工业	生活	
南方 4区	1980年	1 803	272	175	2 251	80.1	12.1	7.8	426
	1993年	1 862	601	271	2 733	68.1	22.0	9.9	436
	1997年	1 861	756	332	2 948	63.1	25.6	11.3	447
	2004年	1 723	912	456	3 091	55.7	29.5	14.8	/
	2008年	1 704.2	1 056.3	467.7	3 288	51.8	32.1	14.2	/
	2011年	1 699.6	1 102.1	501.6	3 340.8	50.9	33	15	/
北方 6区	1980年	1 896	186	106	2 187	86.7	8.5	4.8	483
	1993年	1 955	306	206	2 464	79.3	12.4	8.3	452
	1997年	2 060	364	194	2 618	78.7	13.9	7.4	454
	2004年	1 863	317	277	2 457	75.8	12.9	11.3	/
	2008年	1 959.2	340.8	261.5	2 621.9	74.7	13	10	/
	2011年	2 044	359.7	288.3	2 766.4	73.9	13	10.4	/
全国	1980年	3 699	457	280	4 437	83.4	10.3	6.3	450
	1993年	3 817	906	475	5 198	73.5	17.4	9.1	443
	1997年	3 920	1 121	525	5 566	70.5	20.1	9.4	450
	2004年	3 586	1 229	651	5 548	64.6	22.2	11.7	427
	2008年	3 663.4	1 397.1	729.2	5 909.9	62	23.6	12.3	446
	2011年	3 743.6	1 461.8	789.9	6 107.2	61.3	23.9	12.9	454

注：2004年另有82亿 m³ 生态用水，2008年另有生态用水120.2亿 m³，2011年另有生态用水111.9亿 m³。

④ 用水效益明显提高但仍有很大潜力。全国工农业用水定额不断下降。1980年亩均灌溉水量583 m³，2011年减少为415 m³。工业万元产值用水量从1980年的635 m³减少到2011年的78 m³，并持续减少。

生活用水定额持续上升。城镇生活用水从1980年的117 L/d上升到2011年的198 L/d左右;农村生活用水从1980年的71 L/d左右上升到2011年的82 L/d左右(表3-4)。全国用水效率的区域差异大,节水仍有潜力。

表3-4　1980年以来全国人均、亩均及经济产值用水情况

年份	人均用水量(m^3)	单位GDP用水量(m^3/万元)	亩均灌溉水量(m^3)	人均生活用水量(L/d)		工业万元产值用水量(m^3)
				城镇	农村	
1980年	450	3 028	583	117	71	635
1993年	443	1 017	539	178	73	190
1997年	458	744	516	220	84	103
2002年	428	537	465	219	94	241
2004年	427	399	450	212	68	196
2008年	446	193	435	212	72	108
2011年	454	129	415	198	82	78

注：亩均灌溉水量按实灌面积计算,GDP和工业产值按1990年可比价格折算;2002年以后工业万元产值用水量为万元工业GDP增加值用水量。

资料来源:《中国水资源公报》(1980—2011年).

三、水资源保护

水资源保护与水资源开发利用是对立统一的,两者既相互制约又相互促进。保护工作做得好,水资源才能永续开发利用;开发利用科学合理了,也就达到了保护的目的。水资源保护不是以恢复或保持地表水、地下水天然状态为目的的活动,而是一种积极的、促进水资源开发利用更合理、更科学的活动。水资源保护是指为防止因水资源不恰当利用造成水源污染和破坏,而采取的法律、行政、经济、技术、教育等措施的总和。其核心是根据水资源时空分布、演化规律,调整和控制人类的各种取用水行为,使水资源系统维持一种良性循环的状态,以达到水资源的永续利用。

从广泛的意义上讲,正确客观地调查、评价水资源,合理地规划和管理水资源,既是水资源保护的重要手段,又是水资源保护的基础。从管理的角度来看,水资源保护主要是"开源节流",防治和控制水源污染。它一方面涉及水资源、经济、环境三者平衡与协调发展的问题,另一方面还涉及各地区、各部门、集体和个人用水利益的分配与调整。这里面既有工程技术问题,又有经济学和社会学问题。同时,水资源保护也是一项社会性的公益事业,需要广大群众的参与。从水量与水质的保护与管理来看,就是通过行政的、法律的、经济的手段,合理开发、管理和利用水资源，保护水资源的质、量供应，防止水污染、水源枯竭、水流阻塞和水土流失，实现水资源的合理利用和科学管理。

1）水资源保护的任务和内容

水资源保护最直接的目的是保护水资源，保证水资源的可持续利用。总体目标是：积极开发利用水资源和实行全面节约用水，以缓解目前存在的城市和农村严重缺水危机，使水资源的开发利用获得最大的经济、社会和环境效益，满足社会、经济发展对水量和水质日益增长的需求，同时在维护水资源的水文、生物和化学等方面的自然功能，维护和改善生态环境的前提下，合理、充分地利用水资源，使得经济建设与水资源保护同步发展。

水资源保护的重要内容和首要任务是实现水资源的有序开发利用、保持水环境的良好状态。主要包括水质调查与监测、水质评价、水质预测预报、水质规划与管理、污水处理、污染源管理、水量开采的监测与管理、水资源保护政策和法规制定等。具体内容如下：

(1) 改革水资源管理体制并加强其能力建设，切实落实与实施水资源的统一管理，有效合理分配。

(2) 提高水污染控制和污水资源化水平，保护与水资源有关的生态系统。实现水资源的可持续利用，消除次生的环境问题，保障生活、工业和农业生产安全供水，建立安全供水保障体系。

(3) 强化气候变化对水资源的影响及其相关战略性研究。

(4) 研究与开发与水资源污染控制与修复有关的现代理论、技术体系。

(5) 强化水环境监测，完善水资源管理体制与法律法规，加大执法力度，实现依法治水和管水。

2）水资源保护的原则

《环境与资源保护法学》(何立惠，2009)第二十一章第二节中规定的水资源保护的基本原则，是水资源保护及其立法所必须遵循的基本准则，它贯穿于整个水资源保护立法之中。我国水资源保护的基本原则主要有：

(1) 水资源国家所有原则。2002年修订颁布的新《中华人民共和国水法》(以下简称《水法》)改变了原《水法》中关于水资源所有权的规定，规定了单一的所有权制，即“水资源属于国家所有，水资源的所有权由国务院代表国家行使”，删除了原《水法》中属于农业集体经济组织所有。

(2) 全面规划、综合利用、多效益兼顾原则。为了充分发挥水资源的综合效益，《水法》第四条规定：“开发、利用、节约、保护水资源和防治水害，应当全面规划、统筹兼顾、标本兼治、综合利用、讲求效益，发挥水资源的多种功能，协调好生活、生产经营和生态环境用水。”第二十条：“开发、利用水资源，应当坚持兴利与除害相结合，兼顾上下游、左右岸和有关地区之间的利益，充分发挥水资源的综合效益，并服从防洪的总体安排。”这些规定都体现了“全面规划、综合利用、多效益兼顾”的原则。

(3) 节约用水原则。在水资源不足的情况下，实行节约用水是解决水资源供求矛盾的最有效的途径。因此，我国作为一个人均水资源较少的国家，必须实行节约用水原则。

(4) 居民生活用水优先原则。无论是发展经济还是保护环境，最终目的都是为了使人们的生活和生存条件变得更加美好。因此，当居民生活用水与工农业生产和其他方面的用水发生矛盾时，应当首先满足居民生活用水的需要。这就是居民生活用水优先原则。为此，我国《水法》第二十一条规定：“开发、利用水资源，应当首先满足城乡居民生活用水，并兼顾农业、工业、生态环境用水以及航运等需要。在干旱和半干旱地区开发、利用水资源，应当充分考虑生态环境用水需要。”，第二十三条规定：“在水资源不足的地区，应当对城市规模和建设耗水量大的工业、农业和服务业项目加以限制”。

第二节　水资源开发利用工程

一、水资源开发利用的发展过程

我国水资源开发利用历史悠久。从上古时代起，我国劳动人民就致力于水旱灾害的防御，几千年来，建设了大运河、都江堰、灵渠等一批著名的水资源利用工程，在抵御水旱灾害方面发挥了一定作用。但是到了 19 世纪初期，由于帝国主义列强入侵以及连年战争，水利基本上处于停滞状态。1949 年中华人民共和国成立后，水资源事业得到迅速发展。

中国开发利用水资源，大致可分为 3 个阶段：

(1) 单一目标开发，以需定供的自取阶段(大禹治水—新中国成立)

这一阶段的主要特点是：对水资源进行单目标开发，主要是灌溉、航运、防洪等。其决策的依据也常限于某一地区或局部的直接利益，很少进行以整条河流或整个流域为目标的开发利用规划。这一阶段，水资源可利用量远大于社会经济发展对水的需求量，给人们的印象是水是“取之不尽、用之不竭”的。

(2) 多目标开发，以供定需，综合利用，重视水质，合理利用和科学管水阶段(新中国成立—70 年代末)

水资源的开发利用目标由单一目标发展到多目标的综合利用，开始强调水资源统一规划、兴利除害、综合利用。在技术方法方面，通过规划与一定数量的方案比较，来确定流域或区域的开发方式、提出工程措施的实施程序。但水资源开发的侧重点和规划目标以及评价方法，大多以区域经济的需求为前提，以工程或方案的技术经济指标最优为依据，未涉及经济以外的其他方面，如节约用水、水资源保护、生态环境、合理配置等问题。在这一阶段中，由于大规模的水资源开发利用工程建设，可利用水资源量与社会经济发展的各项用水逐步趋于平衡，或天然水体环境容量与排水的污染负荷逐渐趋于平衡，个别地区在枯水年份、枯水期出现供需不平衡的缺水现象。

(3) 人与水协调共处，全面节水，治污为本，多渠道开源的水资源可持续利用阶段(70年代末—至今)

在水资源开发利用中开始强调要与水土资源规划和国民经济生产力布局及产业结构的调整等紧密结合，进行统一的管理和可持续的开发利用。规划目标要求从宏观上看，统筹考虑社会、经济、环境等各个方面的因素，使水资源开发、保护和管理有机结合，使水资源与人口、经济、环境协调发展，通过合理开发，区域调配，节约利用，有效保护，实现水资源总供给与总需求的基本平衡。这一阶段中，水的问题日益引起人们的广泛关注，水的资源意识，水的有限性认识为大家所接受。为解决以城市为重点的严重缺水问题，重点兴建了一批供水骨干工程，开展了全民节水工作，使一些城市水资源供需矛盾有所缓解。

二、水资源开发利用的基本原则

(1) 统筹兼顾防洪、排涝、供水、灌溉、水力发电、水运、水产、水上娱乐以及生态环境等方面的需求，以取得经济、社会和环境的综合效益。

(2) 兼顾上下游、左右岸、各地区和各部门的用水需求，重点解决严重缺水地区、工农业生产基地、重点城市的供水。

(3) 合理配置水资源，生活用水优先于其他用水；水质较好的地下水、地表水优先用于饮用水。合理安排生产力布局，与水资源条件相适应，在缺水严重地区，限制发展耗水量大的工业和种植业。

(4) 地表水与地下水统一开发、调度和配置。在地下水超采并发生地面沉降的地区，应严格控制开采。

(5) 跨流域调水要统筹考虑调出、引入水源流域的用水需求，以及对生态环境可能产生的影响。

(6) 重视水利工程建设对生态环境的影响。有效保护水源，防治水体污染，实行节约用水，防止浪费。

三、水资源开发利用工程

水资源开发利用工程简称为水资源工程，通常称水利工程或水工程，其目的是防治水害、开发利用水资源。

水工程按服务对象可分为：

(1) 防治洪水灾害工程，如蓄洪工程、分洪工程及堤防工程等；

(2) 为农业生产服务的农田水利工程，也称灌溉排水工程；

(3) 将水能转化为电能的水力发电工程；

(4) 为水运服务的航道及港口工程；

(5) 为人类生活和工业用水、处理废污水和雨水服务的城镇供水及排水工程；

(6) 为防止水质污染、维护生态环境的环境水利工程；

(7) 为防止和治理水土流失的水土保持工程。

为满足经济社会用水要求，人们需要从地表水体取水，并通过各种输水措施传送给用户。除在地表水附近，大多数地表水体无法直接供给人类使用，需修建相应的水资源开发利用工程对水进行利用，也就是说，一般的地表水开发利用途径是通过一定的水利工程，从地表取水再输送到用户。通常按水工程对水的作用主要分为蓄水工程、引水工程、提水工程、蓄引提结合灌溉工程、跨流域调水工程等。

1) 蓄水工程

为水资源综合利用而修建的水库、塘坝或在湖泊出口处修建闸坝等起蓄水作用的工程统称为蓄水工程。其中水库为主要蓄水工程。

(1) 水库等蓄水工程

大多在跨河道修建，一般由挡水建筑物、泄水建筑物、取(引)水建筑物等组成。由各种建筑物(包括水电站、通航设施等专门性建筑物)集合而成为综合的水利枢纽。

① 挡水建筑物：为拦截河川径流的建筑物。拦截水流，提高水位，调蓄水库需水量。该建筑物分为溢流坝(闸)和非溢流坝两类。溢流坝(闸)兼作泄水建筑物。

② 泄水建筑物：为宣泄洪水或放空水库而设。其形式多样，如岸边溢洪道、溢流坝(闸)、泄水隧洞、坝身泄水孔或坝下涵管等。

③ 取水建筑物：为灌溉、发电、供水和专门用途的取水而设，其形式有进水闸、引水隧洞和引水涵管等。

④ 专门性建筑物：如发电厂房，为通航、过木、过鱼的船闸，升船机，筏道，鱼道等。

(2) 水库的特征、水库特征库容

① 水库特征水位

水库工程为完成不同任务在年内不同时期和各种水文情况下，需控制达到或允许消落到的各种水位。国家规定水库特征水位主要有：正常蓄水位、死水位、防洪限制水位、防洪高水位、设计洪水位、校核洪水位等(图 3-1)。

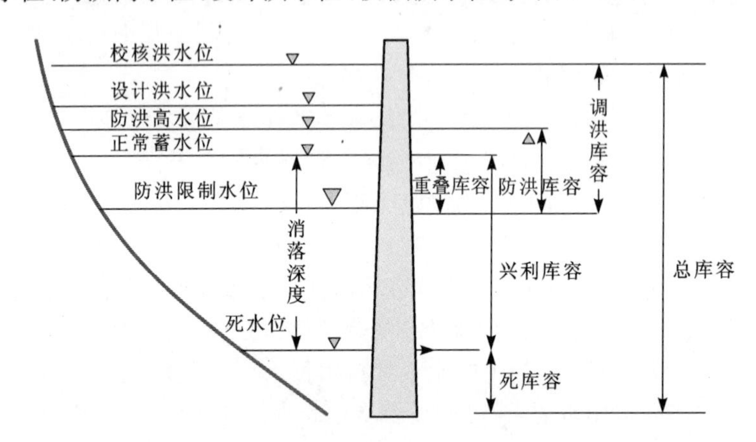

图 3-1　水库特征水位与特征库容划分示意图

资料来源：刘福臣，张桂芹，杜守健，等. 水资源开发利用工程[M]. 北京：化学工业出版社，2006.

· 正常蓄水位是水库在正常运用情况下，为满足兴利要求在开始供水时蓄到的高水位(正常高水位)。正常蓄水位决定水库的规模、效益和调节方式，也在很大程度上决定水工建筑物的尺寸、形式和水库的淹没损失，是水库最重要的一项特征水位。

· 防洪限制水位是指水库在汛期允许兴利蓄水的上限水位，也是水库在汛期防洪运用时的起调水位。防洪限制水位的拟定，关系到防洪与兴利的结合问题。

· 防洪高水位是指水库遇到下游防洪对象的设计标准洪水时，在坝前达到的最高水位。只有水库承担下游防洪任务时，才需确定这一水位。此水位可采用相应下游防洪标准的各种典型洪水，按拟定的防洪调度方式，自防洪限制水位开始进行“水库调洪计算”求得。

· 设计洪水位是指水库遇到大坝的设计洪水时，在坝前达到的最高水位。它是水库在正常运用情况下允许达到的最高水位，也是挡水建筑物稳定计算的主要依据。

· 校核洪水位是水库遇到大坝的校核洪水时，在坝前达到的最高水位。它是水位在非正常运用情况下，允许临时达到的最高洪水位，是确定大坝坝顶高程及进行大坝安全校核的主要依据。

· 死水位是在正常运用条件下水库允许消落的最低水位。死水位必须满足水电站工作时的最低水头和灌溉所需要的水位。

② 水库特征库容

对应于水库特征水位以下或两特征水位之间的水库容积。国家规定水库的主要特征库容如下:(图 3-1)

· 兴利库容——它是死水位和正常蓄水位之间的水库容积(亦称调节库容),用以调节径流,提供水库的供水量或水电站的出力。

· 防洪库容——防洪限制水位至防洪高水位之间的水库容积,用以控制洪水,满足水库下游防护对象的防洪要求。当汛期各时段分别拟定不同的防洪限制水位时,这一库容指其中最低的防洪限制水位至防洪高水位之间的水库容积。

· 调洪库容——校核洪水位至防洪限制水位之间的水库容积,用以拦蓄洪水,在满足水库下游防洪要求的前提下保证大坝安全。当汛期各时段分别拟定不同的防洪限制水位时,这一库容指其中最低的防洪限制水位。

· 重叠库容——正常蓄水位至防洪限制水位之间的水库容积。此库容在汛期腾空作为防洪库容或调洪库容的一部分,汛后充蓄,作为兴利库容的一部分,以增加供水期的保证供水量或水电站的保证出力。

在水库设计中,根据水库及水文特征,有防洪库容和兴利库容完全重叠、部分重叠、不重叠三种形式。在我国南方河流上修建的水库,多采用前两种形式,以达到防洪和兴利的最佳结合、一库多利的目的。

· 总库容——校核洪水位以下的水库容积。它是一项表示水库工程规模的代表性指标,可作为划分水库等级,确定工程安全标准的重要依据。

· 死库容——死水位以下的库容称为死库容。该库容不直接用于调节径流。

(3) 实例:中国长江三峡水利枢纽

① 三峡水利枢纽概况

长江是中国第一大河,全长 6 300 余 km,流域面积 180 万 km^2,多年平均径流量约 9 600 亿 m^3,河长和径流量均居世界第三位。三峡工程(三峡水利枢纽)位于长江干流三峡中的西陵峡,坝址在湖北宜昌市三斗坪,下距已建的葛洲坝水利枢纽 40 km(图 3-2),具有防洪、发电、航运等巨大综合效益,是开发和治理长江的关键性骨干工程。

· 长江三峡工程为一等工程,以千年一遇为设计标准,千年一遇的洪峰流量为 9.98 万 m^3/s,水位为 175 m;以万年一遇为校核标准,万年一遇的洪峰流量为 11.3 万 m^3/s,校核洪水为 $11.3\times(1+10\%)=12.43$ 万 m^3/s,校核洪水位为 180.4 m。

· 三峡工程正常蓄水位 175 m,总库容 393 亿 m^3,其中防洪库容 221.5 亿 m^3,兴利库容 165 亿 m^3,与防洪库容共用,防洪限制水位 145 m,枯期消落低水位 155 m,坝顶海拔高程 185 m。

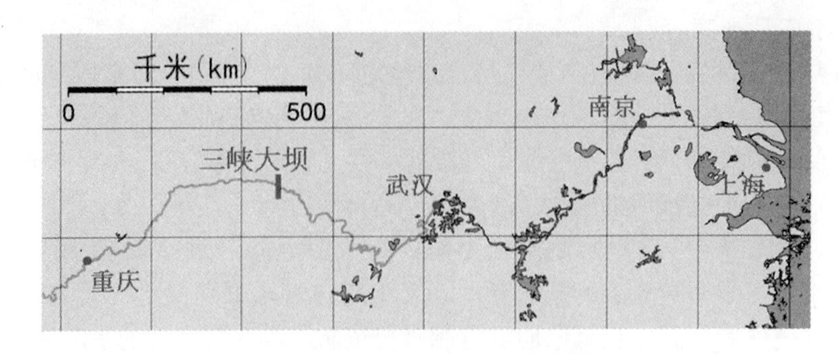

图 3-2　三峡水利枢纽地理位置图

资料来源:维基百科·长江三峡水利枢纽工程

· 水电站装机容量。机组单机容量 70 万 kW,初期装机 26 台,总装机容量 1 820万 kW,年发电量 846.8 亿 kW;远景扩机后总装机容量可达 2 240 万 kW。可以为华中、华东和重庆市提供重要能源,是国家"西电东送"工程的重要组成。

· 三峡工程为峡谷河道型水库,全长 660 km,平均宽为 1.1 km,水库面积为 1 084 km^2;水库蓄水后,库区回水,改善川江通航条件。

② 主要枢纽建筑物

世界八大电站,中国三峡电站居首,三峡工程是具有防洪、发电、航运等巨大综合利用效益的大型工程,主要由拦河大坝、水电站、通航建筑物组成。泄洪段位于河床中部,坝后电站分设泄洪段左右两侧,通航建筑物位于左岸。

· 大坝:混凝土重力坝,坝顶高程 185 m,大坝轴线全长 2 335 m,底宽 115 m,顶宽 40 m,泄洪设备建有 23 个宽 7 m、高 9 m 的深孔和 22 个净宽 8 m 的表孔。深孔进水口底高程 90 m,低水位运行时泄洪,既可排沙又可泄洪,表孔堰顶高程158 m,校核洪水运行时泄洪。最大泄洪能力 10 万 m^3/s,枢纽总泄洪能力为 11.6 万 m^3/s。

· 水电站:左岸厂房 14 台发电机组,右岸厂房 12 台发电机组,另在右岸预留一个地下电站位置。

· 通航建筑物

船闸。大坝上游最高水位 175 m,下游最低水位 62 m,上下水位相差113 m。建双线五级连续船闸,每级 22.5 m;船闸由闸室、闸首、引航道三部分组成可通行万吨级船队,年单向下水货运量达 5 000 万 t。

升船机。用于客轮快速过坝,实行客货轮分流。升船机由上游引航道、上闸首、升船机本体和下闸首、下游引航道组成。升船机本体的主件是承船厢。承船厢外形最大尺寸为长 132 m,宽 23 m,高 10 m;重(包括箱内水重)为 1.18 万 t,可以承载 3 000 t 船舶。以庞大的提升系统用平衡重法升降承船厢,使船舶安全,快运过坝。

③ 三峡水库的调度运行

水库调度按任务可分为兴利调度和防洪调度。调度就是控制水库“蓄水”与“泄水”的时间和量，解决防洪与兴利(发电、航运、供水)的矛盾。

三峡水库中水年调度运行：

· 5 月上旬(汛期初)，库水位要求下降到汛期限制水位 145 m；

· 5 月～8 月底始终维持在低水位运行状态；

· 9 月初水库开始蓄水，至 10 月初水位上升到 175 m，基本保持到次年一二月初；

· 2 月后水位下降渐落，到 3 月底为 150 m。

总之，水库蓄水，枯季末期缓慢下降到汛期限制水位；汛后从 9 月起迅速上升至正常蓄水位，以尽可能满足发电的要求。

三峡水库防洪调度，也就是蓄与泄，主要取决于中下游洪水大小，尤其是荆江和洞庭湖口城陵矶至武汉江段洪水的大小。

2) 引水工程

引水工程主要用于农业灌溉。当河流水量丰富，不经调蓄即能满足灌溉用水要求时，在河流适当地点修建引水建筑物。

引水工程可分为引水口工程和输水工程(渠道、隧洞等)，前者为主要工程。根据水源和用水要求的不同，引水口工程可分为无坝引水工程、有坝引水工程、水库引水工程及提水引水工程等类型。

(1) 无坝引水工程

无坝引水是最简单的一种引水方式。它适用于河流的水位、流量都能满足用水要求的情况。无坝引水工程的主要建筑物为渠首进水闸。为了便于引水和防止泥沙进入渠道，进水闸一般应设在河流的凹岸。取水角度 θ(渠道轴线与河水流向的夹角)应小于 90°。

无坝引水工程不具备调节河流水位和流量的能力，完全依靠河流水位与渠道的取水高程差而实现自流引水，所以引水流量受河流水位的影响较大。

我国四川著名的都江堰(图 3-3a，图 3-3b)和黄河河套引黄灌溉等工程均为无坝引水工程。都江堰位于四川省都江堰市境内岷江进入成都平原起始段，引岷江水，是灌溉成都平原的大型水利工程。由秦朝蜀郡李冰率领民众所建，相沿 2 000 多年，是现存世界上历史最长的无坝引水工程。该工程主要由都江鱼嘴、飞沙堰、宝瓶口、人字堤、百丈堤和内外金刚堤组成，起到岷江内外分水、泄洪排沙、控制引灌水量等作用，灌溉农田 300 万亩。当时秦朝的四川被称为“沃野千里”，史记中誉为“水旱从人，不知饥馑，时无荒年，天下谓之‘天府’也”。后经历朝改建和扩建，现灌区面积已达 11 000 万亩，成为全国最大灌区。

（2）有坝引水工程

有坝引水是一种能调节河流水位但不能调节河流流量的取水方式。它适用于河流流量能满足用水要求，但水位低于所需高程的情况。河南林县红旗渠渠首引水就是有坝引水工程的一个实例。有坝引水工程需修建壅水坝或拦河闸，以抬高河流水位，保证渠首自流引水。其他建筑物有导水墙、沉沙道、冲沙闸和进水闸等，其工程布置如图 3-4 所示。

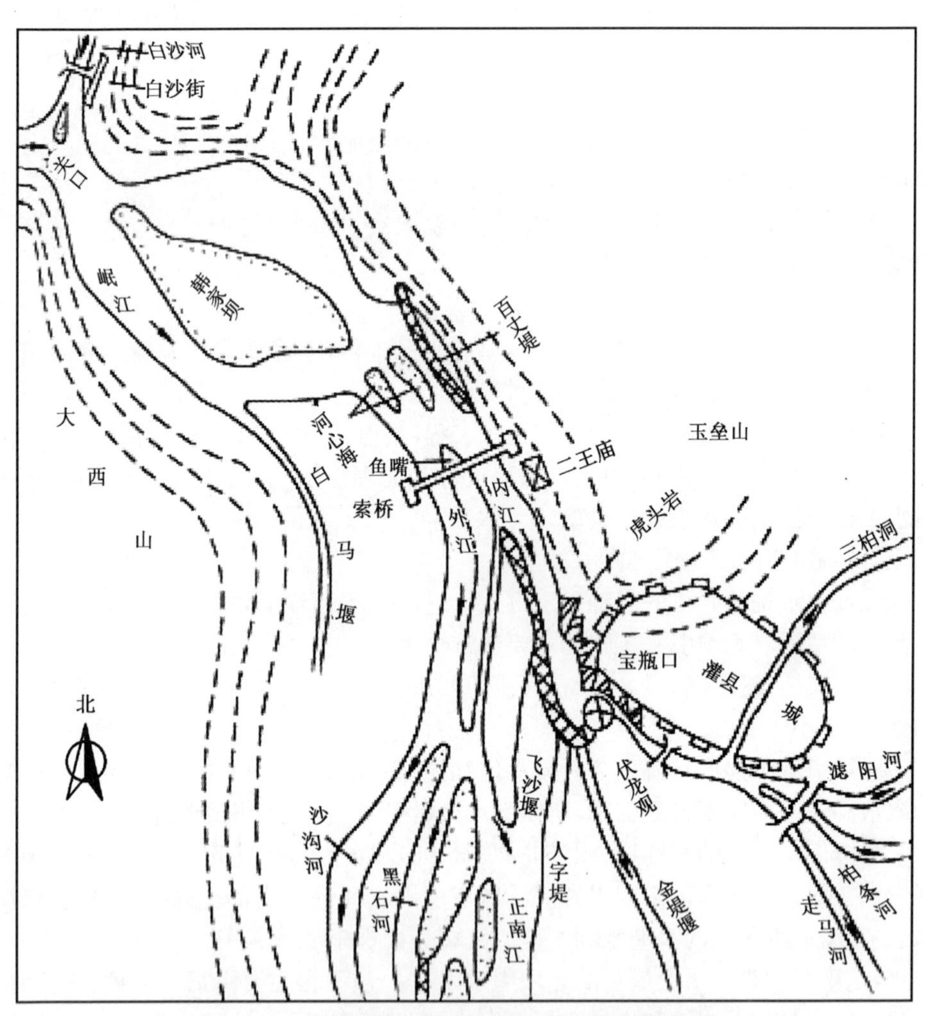

图 3-3a　都江堰渠首枢纽布置及都江堰鱼嘴结构图

资料来源：中国水利国际合作与交流网. 都江堰[EB/OL][2014-04-01].
http://www.chinawater.net.cn/guojihezuo/cwsarticle view.asp? cwsnewsicl=22150

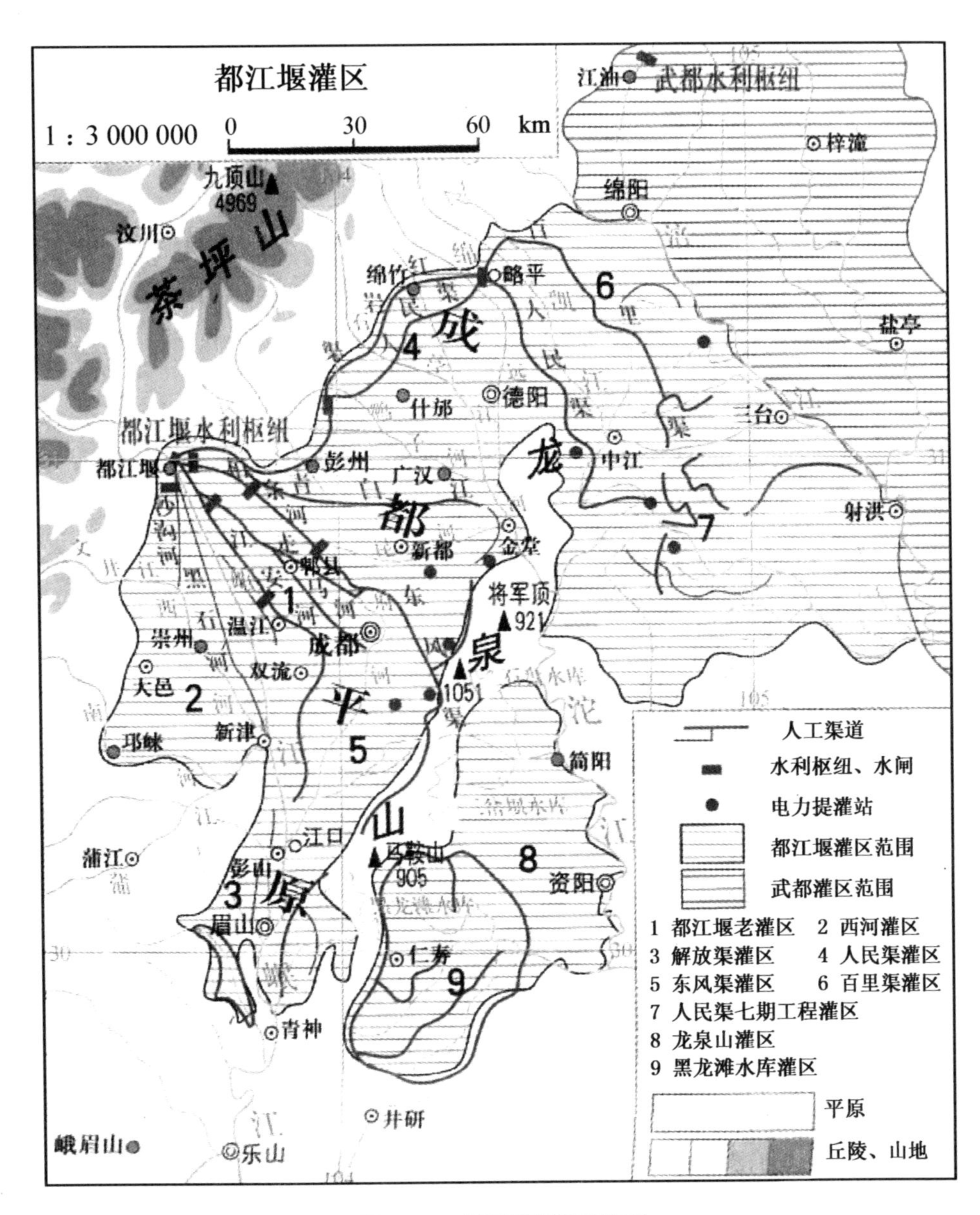

图 3-3b 都江堰灌区示意图

资料来源：王静爱，左伟. 中国地理图集[M]. 北京：中国地图出版社，2010.

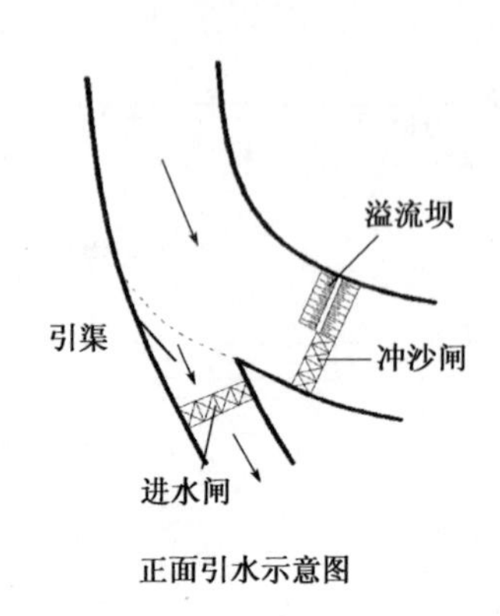

正面引水示意图

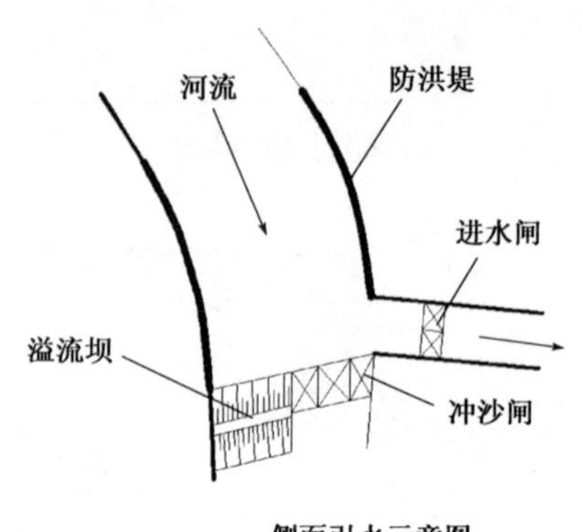

侧面引水示意图

图 3-4 有坝引水枢纽

资料来源:自绘

(3) 水库引水工程

水库引水是一种既能调节河流水位又能调节河流流量的从水库中引水的方式。它适用于天然河流的水位和流量均不能满足用水要求的情况。与前两种引水方式相比,水库引水对水的利用最为充分。

3) 提水工程

将地面水或地下水提取到较高处供水的工程为提水工程,常为农业灌溉供水,也可为城镇生活供水。该类工程又可分为地面水提取工程和地下水提取工程,适用于水源较低、灌区或其他用水区位置较高,不能自流引水地区。

(1) 地面水提取工程

该工程又称抽水站或泵站,主要用于农业灌溉。根据其作用的差异,抽水站可分为灌溉抽水站、排涝抽水站及灌排结合抽水站。灌溉抽水站多建于山丘区,排涝抽水站建于低洼圩区,灌排结合抽水站建于平原圩区。灌溉抽水站站址应根据水源、干渠渠首位置、地形和地基等条件来选定。灌排结合抽水站站址的选择应兼顾灌溉和排涝的要求。灌区内部的蓄水工程有水库、塘堰、洼地、湖泊等。

(2) 地下水提水工程

机井为主要的地下水提水工程,在地表水资源缺乏但地下水丰富地区可利用机井进行农业灌溉。城镇生活用水和工业用水也有以机井提水供水的。

坎儿井是中国新疆吐鲁番盆地及其附近干旱地区特有的井灌技术。坎儿井是引取渗入地下的雪水进行灌溉的工程形式,以解决灌溉水源因蒸发强烈而水源损耗大的问题。坎儿井的修建是先挖一竖井探明地下含水层后,然后在其上游每隔 80～100 m,下游每隔 10～20 m,再各挖一系列竖井,其深度逐渐向下游减少,如图

3-5 所示。将连接各竖井之间的地层挖成高约 2 m、宽约 1 m 的暗渠作为输水渠道。暗渠长度不一，短的 2～3 km，最长的可达 30 km。每条暗渠可灌田 800～1 000 亩，小的灌 100 亩以下。暗渠水流经田庄处，便使其流出地面，自流灌溉。末端明渠处常建有小蓄水池供蓄水灌溉用。

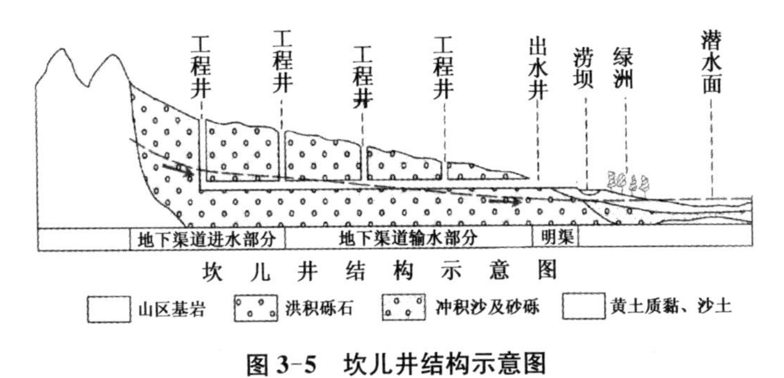

图 3-5 坎儿井结构示意图

资料来源：刘明光. 中国自然地理图集[M]. 北京：中国地图出版社，2010.

4）蓄引提结合灌溉工程

为充分利用地表水资源，最大限度地发挥各种取水工程作用，将蓄水、引水和提水联合运用的农田灌溉方式称为蓄引提结合灌溉。蓄引提结合灌溉系统主要由渠首工程、输配水渠道系统，以及灌区内的中小型水库、塘堰和提水设施组成。该灌溉工程国内俗称“长藤结瓜”式灌溉系统。

5）跨流域调水工程

利用河渠、管道、隧洞等工程设施，将水从一个流域输送到另一个或几个流域，实现流域间水量转移。国内外常以跨流域调水解决缺水流域的供需水矛盾。

中国南水北调工程分东、中、西三条调水线路，分别从长江上游、中游和下游通过调水工程将长江水输送到华北、西北地区，以缓解这些地区水资源短缺问题。

调水工程是上述蓄引提三工程的综合运用，只是调水量、调水距离及工程规模更大。如南水北调的东线工程，从江苏扬州附近的长江干流引水，利用京杭运河及与其平行的现有河道输水，提水总扬长 65 m，设 13 级泵站，中途以洪泽湖、骆马湖、南四湖、东平湖作为调节水库，地下穿过黄河后，地势南高北低，可自流到天津，输水主干线 1 156 km，从东平湖向山东半岛输水线路长 701 km。工程的主要受水区为黄淮海平原东部及山东半岛。工程分三期建设，一期工程已于 2013 年全部完工，供水能力为 90 亿 m^3 左右，三期工程全部建成后，总供水将达到 148 亿 m^3（图 3-6）。

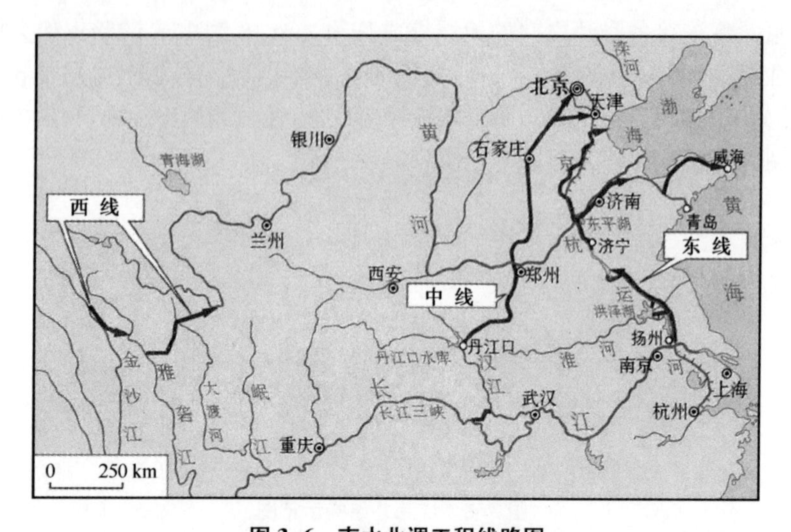

图 3-6 南水北调工程线路图

资料来源：博客网. 南水北调工程及线路图.

第三节 水资源开发利用对水环境影响

过去人们在开发利用水资源时，主要研究不同自然环境下的水资源量，以及如何开发利用；但在大规模开发利用水资源时，主要研究其对自然环境，特别是对水环境的影响，受其直接影响的是水生环境。

一、水体的污染

水体的污染简称水污染。主要指人类活动排放污染物进入水体，影响水的有效利用，危害人体健康或破坏生态环境，恶化水质。水体污染类型分为有机污染、重金属污染、化肥农药污染、放射性污染、病原微生物污染及热污染等。

水体污染源，即水体污染物来源。人为污染源指人类生产和生活所形成的污染源，按污染物发生源地分为工业污染源、生活污染源、农田污染源；按进入水体方式分为点源污染、面源污染和内源污染。

(1) 点源污染：一般指有确定的空间位置、污染物数量大且较集中的污染量，可以是一座城市、大型工矿企业、大型养殖场，也可以指一个具体的排污口。点源污染量大而集中，易于形成较集中的污染区、污染带，该污染较易监测控制。

(2) 面源污染：又称非点源污染，无确切的空间位置，污染物以相对分散的方式进入地表水或地下水，主要来自农田排水和水体周边地表堆积的各种垃圾和有害有毒物质。由于面源污染范围大而分散，监测和防治均较困难。

(3) 内源污染：指污染物进入水体后，经长期的积累沉淀、附着，缓慢而持久地向水体扩散有害有毒物质，形成水体的二次污染。监测和防治最为困难，一般是清淤挖除底泥，治理成本高。

全国污水排放量逐年增加，河流、湖泊、水库、海洋、地下水都受到了严重的污染。据水利部门统计，2008 年全国废污水排放总量 758 亿 t，2009 年全国废污水排放总量 768 亿 t，2011 年全国废污水排放总量 807 亿 t。

1) 河流的污染

2006 年长江、黄河、珠江、松花江、淮河、海河和辽河等七大水系的 197 条河流 408 个监测断面中Ⅰ～Ⅲ类、Ⅳ～Ⅴ类和劣Ⅴ类水质的断面比例分别为 46%、28% 和 26%。2008 年长江、黄河、珠江、松花江、淮河、海河和辽河等七大水系的 200 条河流 409 个监测断面中Ⅰ～Ⅲ类、Ⅳ～Ⅴ类和劣Ⅴ类水质的断面比例分别为 55%、24.2%和 20.8%。2011 年长江、黄河、珠江、松花江、淮河、海河、辽河、浙闽片河流、西南诸河和内陆诸河十大水系监测的 469 个国控断面中，Ⅰ～Ⅲ类、Ⅳ～Ⅴ类和劣Ⅴ类水质的断面比例分别为 61.0%、25.3%和 13.7%。2011 年海河是污染最严重的一条河流，主要污染指标为化学需氧量、五日生化需氧量和总磷。63 个国控断面中，Ⅰ～Ⅲ类、Ⅳ～Ⅴ类和劣Ⅴ类水质的断面比例分别为 31.7%、30.2%和 38.1%。

2) 湖泊和水库的污染

我国湖泊普遍遭到污染尤其是重金属污染和富营养化问题十分突出。多数湖泊的水体以富营养化为特征，主要污染指标为总磷、总氮、化学需氧量和高锰酸盐指数。2011 年监测的 26 个国控重点湖泊(水库)中，Ⅰ～Ⅲ类、Ⅳ～Ⅴ类和劣Ⅴ类水质的湖泊(水库)比例分别为 42.3%、50.0%和 7.7%。中营养状态、轻度富营养状态和中度富营养状态的湖泊(水库)比例分别为 46.2%、46.1%和 7.7%。在几大湖泊中，75%以上的湖泊富营养化，尤以太湖、巢湖和滇池污染最为严重。与 2010 年相比，滇池由重度富营养状态好转为中度富营养状态，白洋淀由中度富营养状态好转为轻度富营养状态，鄱阳湖、洞庭湖和大明湖由轻度富营养状态好转为中营养状态；于桥水库、大伙房水库和松花湖由中营养状态变为轻度富营养状态；其他湖泊(水库)营养状态均无明显变化。

3) 地下水的污染

2008 年，根据 641 眼监测井的水质监测资料评价结果显示，水质适合于各种使用用途的Ⅰ～Ⅱ类监测井占评价监测井总数的 2.3%，适合集中式生活饮用水水源及工农业用水的Ⅲ类监测井占 23.9%，适合除饮用外其他用途的Ⅳ～Ⅴ类监测井占73.8%。2011年,全国共200个城市开展了地下水水质监测,共计4 727个监测点,优良一良好一较好水质的监测点比例为45.0%,较差一极差水质的监测点比例为55.0%。地下水超采与污染互相影响,形成恶性循环。水污染造成的水质型缺水,加剧了对地下水的开采,使地下水漏斗面积不断扩大,地下水水位大幅度下降;地下水位的下降又改变了原有的地下水动力条件,引起地面污水向地下水倒灌,浅层污水不断向深层流动,地下水水污染向更深层发展,使地下水污染的程度不断加重。

4) *海洋的污染*

2011年全海域海水中无机氮、活性磷酸盐、石油类和化学需氧量等指标的综合评价结果显示,我国管辖海域海水环境状况总体较好,但近岸海域海水污染依然严重。符合第一类海水水质标准的海域面积约占我国管辖海域面积的95%,符合第二类、第三类和第四类海水水质标准的海域面积分别为47 840 km^2、34 310 km^{2}和18 340 km^2,劣于第四类海水水质标准的海域面积为43 800 km^2,比2010年略有下降。四个海区中,渤海和黄海的劣四类水质海域面积分别增加了990 km^{2}和3 010 km^2,东海和南海的劣四类水质海域面积分别减少了3 110 km^{2}和5 120 km^2。主要污染区域分布在黄海北部近岸、辽东湾、渤海湾、江苏沿岸、长江口、杭州湾、浙江北部近岸、珠江口等海域。近岸海域主要污染物质是无机氮、活性磷酸盐和石油类。南海中南部中沙群岛及南沙群岛海域水质状况良好,海水中无机氮、活性磷酸盐、石油类和化学需氧量等指标均符合第一类海水水质标准。

表3-5 2007—2011年全海域未达到第一类海水水质标准的各类海域面积 (单位:km^2)

海区	年度	第二类水质海域面积	第三类水质海域面积	第四类水质海域面积	劣于四类水质海域面积	合计
渤海	2007年	7 260	5 540	5 380	6 120	24 300
	2008年	7 560	5 600	5 140	3 070	21 370
	2009年	8 970	5 660	4 190	2 730	21 550
	2010年	15 740	8 670	5 100	3 220	32 730
	2011年	14 690	8 950	3 790	4 210	31 640
黄海	2007年	9 150	12 380	3 790	2 970	28 290
	2008年	11 630	6 720	2 760	2 550	23 660
	2009年	11 250	7 930	5 160	2 150	26 490
	2010年	15 620	8 100	6 660	6 530	36 910
	2011年	13 780	7 170	4 240	9 540	34 730

续表 3-5

海区	年度	第二类水质海域面积	第三类水质海域面积	第四类水质海域面积	劣于四类水质海域面积	合计
东海	2007 年	22 430	25 780	5 500	16 970	70 680
	2008 年	34 140	9 630	6 930	15 910	66 610
	2009 年	30 830	9 030	8 710	19 620	68 190
	2010 年	32 760	11 130	9 260	30 380	83 530
	2011 年	15 430	10 820	9 150	27 270	62 670
南海	2007 年	12 450	3 810	2 090	3 660	22 010
	2008 年	12 150	6 890	2 590	3 730	25 360
	2009 年	19 870	2 880	2 780	5 220	30 750
	2010 年	6 310	8 290	2 050	7 900	24 550
	2011 年	3 940	7 370	1 160	2 780	15 250
合计	2007 年	51 290	47 510	16 760	29 720	145 280
	2008 年	65 480	28 840	17 420	25 260	137 000
	2009 年	70 920	25 500	20 840	29 720	146 980
	2010 年	70 430	36 190	23 070	48 030	177 720
	2011 年	47 840	34 310	18 340	43 800	144 290

注:数据来源于《中国海洋环境质量公报》(2007—2011 年).

二、水文特性的改变

人类通过兴建各类水利工程除害兴利,有效利用水资源。但是,自 20 世纪 50 年代以来,用水量激增,水利工程随之增多,其弊端日益明显,河流水量骤减和断流,湖泊水位下降和湖面萎缩,水库阻断河流的完整生态系统,地下水超采导致地下水位下降、地面沉降及海水入侵等。

1) 引用水量过大,黄河下游断流

黄河下游自 1972—1999 年的 28 年总共发生断流 72 次,累计断流时长 1 058 天。根据 1972—1999 年断流资料分析如下:

(1) 断流基本特征

① 断流的空间特征—— 20 世纪 70—90 年代,断流河长逐年向上延伸而增加,黄河下游断流从河口向上延伸,平均断流河长 291 km(接近济南泺口站),占下游河长(768 km)的 38%;断流河长最长的是 1997 年,断流河长 704 km,占下游河长的 92%;断流河长最短是 1991 年,断流河长 131 km,占下游河长的 17%。

表 3-6　黄河利津站断流情况统计表

年份	平均断流天数	年份	平均断流天数
70 年代	9 天	1995 年	122 天
80 年代	11 天	1996 年	136 天
1991 年	82 天	1997 年	226 天
1992 年	61 天	1998 年	142 天
1993 年	75 天	1999 年	42 天
1994 年	121 天	2000 年—至今	没有断流

资料来源：马柱国. 黄河径流量的历史演变规律及成因[J]. 地理物理学报，2005，48(6)：1270-1275.

② 断流的时间特征。从 1972 年起到 1999 年的 28 年间，黄河下游有 22 年断流，而 1996、1997、1998 年连续三年的断流时间均超过 100 天，1998 年则长达 144 天。从 70 年代到 90 年代，断流天数增多，平均断流天数逐年增加，从 12.3 天增至 102.4 天。黄河断流呈现一定的季节变化，每年 5～7 月是断流的多发季节，6 月份最为集中。这种情况在 2000 年以后得到了改变，2000 年之后黄河没有出现明显的断流。

(2) 黄河下游断流原因

黄河是地上河，具有向两岸(左岸主要是海河流域，右岸主要是淮河流域)送水的良好条件。黄河断流是两岸从黄河引水后在其下段所造成的干涸现象。黄河断流的原因有很多，主要分为自然原因和人为原因。

① 自然原因对黄河断流的影响。根据观测，20 世纪 70 年代开始，太阳辐射量在不断增强，地球气温不断升高，蒸发加强，使我国黄河流域乃至华北、西北地区更加干旱，从而对黄河断流有很大的影响；20 世纪 90 年代中期，处于太阳黑子两个极值年之间，导致我国的季风势力较往年减弱，尤其表现在黄土高原和华北地区，使季风降雨带多徘徊于长江中下游地区，造成我国华北干旱显著(如 1997 年黄河断流最严重)，用水量增加，从而对黄河断流影响很大；当今世界处在第四纪的亚间冰期，气温逐年上升，降水量逐年下降，尤其在黄河流域，出现干旱气候，黄河河南花园口以上流域 1990—1995 年间平均降水量减少 12%；1912 年以后至 20 世纪 90 年代，北半球火山活动相对较少，大气混浊程度减少，可以吸收更多的太阳辐射。因此气温增高，形成一个温暖期，蒸发加强，气候变得干燥。另外，黄河流域径流的补给主要靠降水，而降雨的年内分配不均匀，且年际变化大。降水量本来就不充沛，水资源不足，进入温暖期后蒸发加强，降水减少，旱情加重，水资源供求关系更加吃紧。黄河下游流经华北平原，河床宽坦，水流缓慢，泥沙大量淤积，成为世界上著名的地上河，使该段黄河不仅得不到两岸地下含水层的水源补给，反而要用河

水下渗补给地下含水层，越是干旱越是下渗严重。黄河径流主要来自于中上游以降水补给为主的地表径流与地下径流，流域内降水量的下降直接减少了径流的水源补给量，最终导致黄河断流现象出现。

② 黄河断流的人为原因：

· 长期的滥砍滥伐使黄河流域的植被覆盖严重缩减，土地的蓄水保水能力下降。植被状况的恶化对黄河断流影响很大，黄河流域的森林覆盖率远低于全国平均水平，其生态破坏的趋势远未能得到根本性的遏制，甚至于有所发展。水土流失量大，使得土地蓄水、保水性能很差。生态环境的恶化、森林的消失是造成黄河洪灾与断流并存的人为原因。

· 随着城市的迅速发展，城市生活用水和工业用水急剧增多，加上用水浪费，导致黄河水资源严重减少。黄河供水地区年均耗水量逐步增加，而同时年均降水量反而有所下降。水资源供需矛盾尖锐，黄河水资源供远小于求，再加上黄河流域水污染程度逐年加重，水体质量的下降，降低了黄河水资源的开发利用率，水资源供需矛盾更加尖锐。

· 黄河流域的农业灌溉方式一直得不到改善，用水量大，水资源利用率低。粗放经营的农业生产方式使黄河水资源的有效利用率不及40%，水资源浪费严重。农业灌溉用水即占全河流用水总量的90%以上，而引黄渠每立方米水费仅为0.36分，远远低于供水的生产成本，低廉的水价难以引起人们的节水意识。

· 化石燃料的大量使用加剧温室效应，导致气候持续变暖。随着工业、交通运输业的发展，世界能量的消耗迅速增长。二氧化碳等温室气体产生的温室效应，加速了气温的升高，蒸发量增大，降水减少，干旱加剧。城市的热岛效应形成局部的热力环流，导致降水量比郊区多，一般可增加5%～10%。近年来，众多的城市群对进入大陆空气中的水分有明显的“截流”作用，使之在当地产生降水，减少了进入内陆（如黄河中上游地区）的水量，使黄河主要补给区降水减少。

（3）缓解断流对策

① 调整农业产业结构，提高水资源有效利用率。适当控制灌溉面积，调整作物结构，压缩耗水量大的水稻种植面积；改造灌区输水设施提高其利用系数；推广节水技术和节水方法；适当提高农业用水水价。

② 加强水土保持，减少入黄泥沙。严格执行《中华人民共和国水土保持法》，按照《全国生态环境建设规划》、《黄河流域黄土高原地区水土保持建设规划》的总体部署，统一规划，综合治理。以多沙粗沙来源区为重点，以小流域为单元，实行山、水、田、林（草）、路综合治理。从山顶（梁、峁、塬）到山坡，植树种草，加大退耕还林（草）力度；在侵蚀沟道修建治沟骨干坝、淤地坝等，形成治沟坝系工程；大力开展塘坝、水窖、涝池、旱井等小型蓄水保土工程建设。

③ 加快骨干工程建设，科学调配水量。随着黄河干流水利工程的建设完成及调节作用的发挥，特别中游水利工程建设的完成使得社会经济发展对水的需求以及防洪减淤的需要得到满足。21 世纪以来，黄河下游连续多年未发生断流，主要是上游工程放弃发电水量，增加中下游来水，以及小浪底工程水量调配的结果。

④ 流域外水量的调入。在节水前提下，从流域外调水，即实现南水北调，进行适当补水是解决缺水的根本方法。

2）超采地下水引发地面沉降

地面沉降是地表面在铅直方向发生的高程降低的现象。产生地面沉降除自然地质作用外，主要是超采地下水的人为原因。地面沉降造成的危害，包括损坏建筑物和生产设施，造成近海平原或低洼地区排水困难，土地盐碱化加重，更易遭受洪水和海潮侵袭。地面沉降是目前世界上许多取用地下水的平原井灌区共同面临的严重问题。因开采地下水，美国的长滩市地面下降 9.5 m，日本东京 4.6 m、大阪 2.88 m，墨西哥城为 6 m；美国加利福尼亚州、泰国曼谷、日本东京、意大利威尼斯、英国伦敦都是世界上地面沉降强烈地区，部分沿海滨海城市甚至面临着市区被淹没的危险。中国最早发现地面沉降的是上海，地面沉降不易察觉，但易造成十分严重的后果。生态和工程学家研究认为，地面下沉还能致使地下水遭受污染和造成某些地区发生大地震。华北平原大量开采地下水已经使地下水储存量减少约 1 300 亿 m^3，因为超采造成的浅层地下水漏斗超过 2 万 km^2，深层地下水漏斗 7 万 km^2，已经成为世界上最大的地下水漏斗。由于过量大面积抽取地下水，截至 2012 年 9 月，河北省已有 20 多个地下水漏斗区，造成地下水漏斗与地面沉降，进而导致地下水污染。

2011 年，20 个省级行政区对地下水位降落漏斗（以下简称漏斗）进行了不完全调查，共统计漏斗 70 个，年末总面积 6.5 万 km^2。在 36 个浅层（潜水）漏斗中，年末漏斗面积大于 500 km^2 的有 12 个，以河南安阳-鹤壁-濮阳漏斗、山东的淄博-潍坊和莘县-夏津漏斗面积较大，分别达 6 660 km^2、5 422 km^2 和 3 696 km^2；年末漏斗中心水头埋深大于 20 m 的有 24 个，以甘肃山丹县城关镇漏斗最深，为132 m。在 34 个深层（承压水）漏斗中，年末漏斗面积大于 500 km^2 的有 15 个，以天津的第Ⅲ含水组漏斗、第Ⅱ含水组漏斗和江苏南通第Ⅲ含水组漏斗面积较大，分别为 7 145 km^2、4 983 km^2 和 3 580 km^2；年末漏斗中心水头埋深大于 50 m 的有 11 个，以西安市城区严重超采区漏斗、山西太原漏斗、山西运城漏斗和天津第Ⅲ含水组漏斗较深，超过了 100 m。2011 年，年末与年初相比，浅层漏斗面积扩大的有 11 个，中心水位下降的有 10 个；深层漏斗面积扩大的有 11 个，中心水头下降的有 18 个。2003 年以来，平原区地下水位降落漏斗总体状况有所好转。深层漏斗中，江苏苏锡常漏斗面积减小 2 612 km^2；河北的冀枣衡深层漏斗已经演变为东滏阳区漏斗和南宫琉璃庙区漏斗，漏斗面积在 2003—2006 年期间有所增加，但在 2006 年以后面积逐年减少。浅层漏斗中，山东单县、莘县-夏津漏斗面积分别减小 6 360 km^2、2 612 km^2。

3）超采地下水引起海水和地下咸水入侵

濒临海水及原生地下咸水的地区，由于地下淡水的长期过量开采，超过了其天然补给恢复能力，从而改变了地下水的天然流场，导致与淡水接壤的海(咸)水沿含水层向淡水区方向潜移、补给，占领和侵染了部分淡水分布地段，造成该地段水质恶化的现象称为海(咸)水入侵。导致沿海一带海水入侵问题的主要原因是水资源的开发，尤其是地下水的强烈开采。我国的渤海、黄海、南海沿岸不少地区都有海水入侵问题，其中山东、辽东半岛、台湾屏东地区最为突出，河北、江苏、广西等地也有发生。

山东省海水入侵较严重的是龙口、莱州；咸水入侵较严重的是昌邑、寿光，这两个最具代表性区域的入侵面积均随着降水量和水资源开发利用程度的变化而变化，具有明显的互动性。辽东半岛的海水入侵主要出现在大连地区，市区和近郊出现了十余个入侵地段，总入侵面积达 223.5 km^2，若干个供水源地报废。

第四章　水资源评价

第一节　水资源评价概述

一、水资源评价的定义

水资源不仅是人类赖以生存的资源，而且是最重要的环境要素。由于过度开采和不合理的使用水资源，在很多地区已造成严重的水资源危机，包括地区性水资源严重短缺、水质污染、土壤沙化、地面沉降等生态环境和地质环境问题。联合国于1977年在阿根廷马德普拉塔(Mar Del Plata)召开的世界水会议的第一决议中指出，没有水资源的综合评价，就谈不上水资源的合理规划和管理，并号召各国要进行一次专门的国家水平的水资源评价活动。1988年世界环境与发展委员会(World Commission on Environment and Development，简称WCED)提出的一份报告中指出："水资源正在取代石油而成为在全世界引起危机的主要问题。"2011年11月，世界粮农组织发表《世界粮食和农业领域土地及水资源状况》、《土地及水资源状况》报告，指出土地和水资源普遍退化和不断加重将全球许多主要粮食生产系统置于危险之中，给解决到2050年世界约90亿人的吃饭问题构成了重大挑战。粮农组织的报告警告说："由于许多主要粮食产区高度依赖地下水，地下水位不断下降和对不可再生的地下水资源的不断抽取正在对地方及全球粮食生产造成越来越大的威胁"，根据联合国2013年最新《世界水资源开发报告》(The fourth edition of the World Water Development Report，WWDR4)，水资源需求的空前增长正威胁着各项主要发展目标，粮食需求的日益增长、急速的城市化以及气候变化的影响，使全球供水压力显著增加。因此，有必要研究水资源问题，对水资源进行科学规划和管理，做到水资源合理开发利用和保护，以达到水资源、环境、经济和社会的协调和可持续发展。

水资源评价是水资源科学规划和管理的基础，为水资源规划和管理提供了基础数据和决策依据。《中国资源科学百科全书・水资源学》中定义水资源评价为

“按流域或地区对水资源的数量、质量、时空分布特征和开发利用条件作出全面的分析估价，是水资源规划、开发、利用、保护和管理的基础工作，为国民经济和社会发展提供水决策依据。”从水资源评价的定义来看，其实质是服务于水资源开发利用实践，解决水资源开发利用中存在的问题，为实现水资源可持续利用提供重要保障。随着人类活动影响的日益增大，水资源评价面临着许多新问题，需要依靠科技进步而不断发展。1988年联合国教科文组织和世界气象组织给出水资源评价的定义：“水资源评价指对于水资源的源头、数量范围及其可依赖程度、水的质量等方面的确定，并在其基础上评估水资源利用和控制的可能性。”基于这一定义，水资源评价活动应当包括对评价范围内全部水资源量及其时空分布特征的变化幅度及特点、可利用水资源量的估计、各类用水的现状及其前景、评价全区及其分区水资源供需状况及预测可能的解决供需矛盾的途径、为控制自然界水源所采取的工程措施的正负两方面效益评价，以及政策性建议等。

二、水资源评价内容

我国的行业标准——《水资源评价导则》(SL/T 238—1999)明文规定，水资源评价的内容包括水资源数量评价、水资源质量评价、水资源开发利用及其综合评价。

水资源数量评价包括搜集气象、水文、土地利用、地质地貌等基本资料，对资料进行可靠性、一致性和代表性审查分析，并进行资料的查补延长。在此基础上，进行降水量、蒸发量、地表水资源量、地下水资源量和水资源总量的计算。

水资源质量评价包括查明区域地表水的泥沙和天然水化学特性，进行污染源调查与评价、地表水资源质量现状评价、地表水污染负荷总量控制分析、地下水资源质量现状评价、水资源质量变化趋势分析与预测、水资源污染危害及经济损失分析、不同质量的可供水量估算及适用性分析，为水资源利用、保护和污染治理提供依据。

水资源开发利用及其影响评价的内容为：社会经济及供水基础设施现状调查分析；对现状水资源供用水情况进行调查分析，并指出存在的问题；水资源开发利用对环境的影响等。

水资源综合评价是在水资源数量、质量和开发利用现状评价以及对环境影响评价的基础上，遵循生态良性循环、资源永续利用、经济可持续发展的原则，对水资源时空分布特征、利用状况及与社会经济发展的协调程度所做的综合评价。水资源综合评价内容包括：水资源供需发展趋势分析、评价区水资源条件综合分析和分区水资源与社会经济协调程度分析。

三、水资源评价发展过程

在联合国教科文组织、世界气象组织等机构的协调和推动下，各国在水资源调查、评价、开发利用和保护管理等方面开展了大量工作，并围绕共同关心的水资源问题举行了一系列重要的国际学术讨论会，推动了水资源评价工作的发展。各国的水资源评价内容，随着不同时代的水资源问题而不断充实。

1）国外的水资源评价

国外的水资源评价始于19世纪末期，主要是水文观测资料整编和水量统计方面的工作。自20世纪中期以来，随着人口的增加和经济社会的发展，一系列的水资源问题应运而生，许多国家纷纷开始探求水资源可持续利用的实践途径，水资源评价开始逐渐受到世界各国的重视。1840年，美国对俄亥俄河和密西西比河河川径流量进行了统计，以及在19世纪末和20世纪初编写了《纽约州水资源》、《科罗拉多州水资源》、《联邦东部地下水》等专著；1965年美国国会通过了水资源规划法案，成立水资源理事会，开始进行全国水资源评价工作；1968年完成第一次国家级水资源评价报告，以天然水资源为评价重点；1978年开始进行第二次水资源评价，以分析可供水量和用水要求为评价重点，并分为河道内用水和河道外用水。1988年，联合国教科文组织和世界气象组织在澳大利亚、德国、加纳、马来西亚、巴拿马、罗马尼亚和瑞典等国家开展实验项目的基础上，以及在非洲、亚洲和拉丁美洲进行专家审定的基础上，共同制定了《水资源评价活动——国家评价手册》，促进了不同国家水资源评价方法趋向一致，同时有力地推动了水资源评价工作的进程。1990年的《新德里宣言》、1992年的《都柏林宣言》和1997年第一届水论坛加强了对水的重要性的认识。随着水资源评价与管理需求形势的发展，1997年，联合国教科文组织和世界气象组织再次对《水资源评价活动——国家评价手册》进行了修订，出版了《水资源评价——国家能力评估手册》。在2000年第二届世界水论坛会中，联合国约定各国要进行周期性的淡水资源评价，并以《世界水发展报告》的形式出现。2000—2012年分别在法国巴黎、中国北京、美国亚利桑那州凤凰城、韩国的釜山等举行，对当前的水资源进行数量、质量的评价以及对水资源管理措施进行汇总。2012年第四期《世界水资源发展报告》对全球水资源情况进行了综合分析，报告表明农业用水依旧是全球淡水最大用户，占使用总量的70%，灌溉和粮食生产依旧构成了淡水资源主要需求压力，其次主要来源于城市对饮用水、卫生和排水的需要。

2）我国的水资源评价

我国水资源评价方法的研究起步略晚于国外，但受水资源短缺实践需求的驱使，水资源评价理论与方法发展非常快。主要可以分为三个阶段：早期评价阶段、中期评价阶段和现代评价阶段。

（1）早期评价阶段：水资源评价的雏形。20 世纪 50 年代，我国针对东部入海大江大河开展了较为系统的河川径流量的统计；20 世纪 60 年代，我国进行了较为系统的全国水文资料整编工作，并对全国的降水、河川径流、蒸散发、水质、侵蚀泥沙等水文要素的天然情况统计特征进行了分析，编制了各种等值线图和分区图表等，推动了水资源评价工作的发展。

（2）中期评价阶段：形成了较为稳定的水资源评价理论方法体系。随后的 20 世纪 80 年代，根据全国农业自然资源调查和农业区划工作的需要，我国开展了第一次全国水资源评价工作，当时主要借鉴了美国提出和采用的水资源评价方法，同时根据我国的实际情况做了进一步发展，包括提出了不重复的地下水资源概念及其评价方法等，最后形成了《中国水资源初步评价》和《中国水资源评价》等成果，初步摸清了我国水资源的家底。1999 年，水利部在总结全国第一次水资源调查评价以来实践的基础上，以行业标准的形式发布了《水资源评价导则》，对水资源评价的内容及其技术方法做了明确的规定。

（3）现代评价阶段：不断完善和提升。随着我国社会经济发展的突飞猛进，人类活动对下垫面条件（包括植被、土壤、水面、耕地、潜水位等因素）的影响加剧，下垫面影响了流域天然下垫面的下渗、产流、蒸发、汇流等水文特性，对水资源评价也提出了新的挑战。2001 年，在国家发改委和水利部联合开展的“全国水资源综合规划”工作中，对水资源评价的技术和方法做了进一步的修改和完善，在评价内容上也较第一次评价有所增加。2004 年王浩院士指出水资源评价方法需要从基础理论、评价口径、评价手段等方面进行系统革新，提出了流域水资源全口径层次化动态评价方法框架。2009 年，北京师范大学完成了首个《我国水资源利用效率评估及其方法研究报告》并面向社会发布。该报告建立了水资源利用效率评价指标体系，并对我国用水效率进行了综合评估和分析；该报告在科学评定水资源利用效率，以及创造全社会提高水资源利用效率氛围方面具有重要意义。另外，随着 3S 技术和计算机的不断发展和进步，水资源评价模型技术逐步发展起来，包括基于新安江模型和地下水动力学的地表—地下水资源联合评价模型、分布式水文模型、半分布式水文模型等。

第二节　水资源数量评价

水资源数量评价主要指地表水及地下水体中由当地降水形成的、可以更新的动态水量的评价。水资源量的计算包括区域降水量、地表水资源量、地下水资源量及总水资源量的计算。

一、地表水资源量评价

地表水资源包括河流、湖泊、冰川等，地表水资源量包括这些地表水体的动态水量。由于河流径流量是地表水资源的最主要组成部分，因此在地表水资源评价中用河流径流量表示地表水资源量。

地表水资源数量评价应包括下列主要内容：①单站径流资料统计分析；②主要河流年径流量计算；③分区地表水资源量计算；④地表水资源时空分布特征分析；⑤地表水资源可利用量估算；⑥人类活动对河流径流的影响分析。

1）地表水资源水文循环要素的分析计算

地表水是河流、湖泊、冰川等的总称。在多年平均条件下，水资源量的收支项主要为降水、蒸发和径流。降水、径流和蒸发是决定区域水资源状态的三要素，三者之间的数量变化关系制约着区域水资源数量的多寡和可利用量。

（1）降水量计算

降水量的年际变化程度常用年降水量的极值比 K_a 或年降水量的变差系数 C_v 值表示。

① 年降水量的极值比 K_a

年降水量的极值比 K_a 可表示为：

$$K_a = \frac{x_{\max}}{x_{\min}} \tag{4-1}$$

式中：$x_{\max}$——最大年降水量；

$x_{\min}$——最小年降水量。

K_a 值越大，降水量年际变化越大；K_a 值越小，降水量年际变化越小，降水量年际之间分布均匀。就全国而言，年降水量变化最大的地区是华北和西北地区，丰水年和枯水年降水量相比一般可达 3～5 倍，部分干旱地区高达 10 倍以上。南方湿润地区降水量的年际变化比北方要小，一般丰水年的降水量为枯水年的 1.5～2 倍。

② 年降水量的变差系数 C_v

数理统计中用均方差与均值之比作为衡量系列数据相对离散程度的参数，称为变差系数 C_v，又称离差系数或离势系数。变差系数为一无量纲数。年降水量的变差系数 C_v 值越大，表示年降水量的年际变化越大，反之越小。

（2）蒸发量计算

蒸发量计算有水面蒸发、陆面蒸发和干旱指数。

① 水面蒸发量计算：

$$E = \varphi E' \tag{4-2}$$

式中：E——水面实际蒸发量；

E'——蒸发皿观测值；

φ——折算系数。

② 陆面蒸发量计算：

$$E_i = P_i - R_i \pm \Delta W \tag{4-3}$$

式中：E_i——时段内陆面蒸发量；

P_i——时段内区域平均降水量；

R_i——时段内区域平均径流量；

ΔW——时段内区域蓄水变量。

③ 干旱指数：年水面蒸发量与年降水量的比值。

（3）径流

流域上的降水，除去损失以后，经由地面和地下途径汇入河网，形成流域出口断面的水流，称为河流径流，简称径流。径流按其空间的存在位置分为地表径流和地下径流，按其形成水源的条件分为降雨径流、雪融水径流以及冰融水径流等。地表径流是指降水除消耗外的水量沿地表运动的水流。地下径流是指降水后下渗到地表以下的一部分水量在地下运动的水流。河流径流的水情和年内分配主要取决于补给来源，我国河流的补给可分为雨水补给、地下水补给和积雪、冰川融水补给，并且以雨水补给为主。

径流（空间位置）
- 地表径流（形成水源）
  - 降水
  - 雪融水
  - 冰融水
- 地下径流[固体径流（含泥沙）]

表示径流的特征值主要有：流量 Q_t、径流总量 W_t、径流模数 M、径流深度 R_t、径流系数 α。

① 流量 Q_t 为单位时间内通过河流某一断面的水量，单位为 m^3/s。

② 径流总量 W_t 指在一定的时段内通过河流过水断面的总水量，单位为 m^3。

t 时段内的平均流量为 $\bar{Q}_t$，则 t 时段的径流总量为：

$$W_t = \bar{Q}_t \times t \tag{4-4}$$

③ 径流深度 R_t——设想将径流总量平铺在整个流域面积所得的水深，单位为 mm。

其计算公式为：

$$R_t = \frac{W_t}{1\,000F} = \frac{\bar{Q}_t \times t}{F} \times 10^{-3} \tag{4-5}$$

式中：t——时间，s；

W_t——径流总量，m^3；

Q_t——平均流量，m^3/s；

F——流域面积，km^2；

R_t——某时段 t 内的径流深度，mm。

④ 径流模数 M：为单位流域面积上产生的流量，单位为 $m^3/(s \cdot km^2)$。可表示为：

$$M = \frac{Q}{F} \times 10^3 \tag{4-6}$$

⑤ 径流系数 α：为某时段内的径流深度与同一时段内降水量之比，以小数或百分比计，其计算公式为：

$$\alpha = \frac{R_t}{P} \tag{4-7}$$

式中：R_t——某时段 t 内的径流深度，mm；

P——同一时段内的降水量，mm。

由于径流深度是由降水量形成的，对于闭合流域径流深度将小于降水量，即 $\alpha<1$。

2）分区地表水资源量评价

分区地表水资源数量是指区内降水形成的河川径流量，不包括入境流量。分区地表水资源量评价应在求得年径流系列的基础上，计算各分区和全评价区同步系列的统计参数和不同频率的年径流量。

将计算区域划分为山丘区和平原区两大地貌单元，分别计算多年平均河川径流量。计算方法如下：

(1) 代表站法：选取能控制全区的，实测径流资料系列长、精度高的代表站，如果径流条件相似，可以移用。

(2) 等值线法：多年平均径流深、年径流变差系数等值线图。

(3) 年降水径流关系法：选取实测降水、径流资料系列长、精度高的代表站，根据统计分析，建立降水径流关系，如果自然地理条件相似，可以移用。

(4) 利用水文模型计算径流量的系列。

(5) 利用自然地理特征相似的临近地区的降水、径流关系，由降水系列推求径流系列。

3）可利用地表水资源量估算

水资源是重要的自然资源和经济资源，对水资源的开发利用应有一定的限度。地表水资源可利用量是指在经济合理、技术可能及满足河道内用水并估计下游用水的前提下，通过蓄、引、提等地表水工程可能控制利用的河道一次性最大水量(不包括回归水的重复利用)。因此，在水资源评价工作中，不仅要评价地表水资源的数量，还要搞清地表水资源的可利用量，为合理利用地表水资源提供科学依据。

对地表水资源可利用量的计算，通常采用的方法有两种：一是扣损法，即选定某一频率的代表年，在已知该年的自产水量(指当地降水产生的径流量)、入境水量基础上，扣除蒸发渗漏等损失，以及出境入海等不可利用的水量，求得该频率的地表水资源可利用量。二是根据现状中大中型水利工程设施，对各河的径流过程以时历法或代表年法进行调节计算，以求得某一频率的地表水资源可利用量。

某一分区的地表水资源可利用量，不应大于当地河流径流量与入境水量之和再扣除相邻地区分水协议规定的出境水量，即：

$$Q_{可利用量} = Q_{当地河流径流} + Q_{入境} - Q_{出境} \tag{4-8}$$

各分区可利用地表水资源量可以通过蓄水工程、引水工程和提水工程进行估算。

二、地下水资源量评价

我国较多的人主张将地下水资源量分为补给量、储存量和允许开采量(或可开采量)三类，既不用“储量”也不用“资源”，直接叫做“地下水的各种量”。下面将重点讨论这种分类。

1) 地下水补给量的计算

补给量是指在天然状态或开采条件下，单位时间从各种途径进入该单元含水层(带)的水量(m^3/a)。补给来源有降水渗入、地表水渗入、地下水侧向流入和垂向越流，以及各种人工补给。实际计算时，应按天然状态和开采条件下两种情况进行。然而，许多地区的地下水都已有不同程度的开采，很少有保持天然状态的情况。因此，首先是计算现实状态下地下水的补给量，然后再计算扩大开采后可能增加的补给量。后一种称为补给增量(或称诱发补给量、激发补给量、开采袭夺量、开采补充量等)。补给增量主要来自降水入渗、地表水、相邻含水层越流、相邻地段含水层、各种人工用水的回渗量等。

计算补给量时，应以天然补给量为主，同时考虑合理的补给增量。地下水的补给量是使地下水运动、排泄、水交替的主导因素，它维持着水源地的连续长期开采。允许开采量主要取决于补给量。因此，计算补给量是地下水资源评价的核心内容。

山丘区和平原区地下水的补给方式不同，其计算方法也不相同。

(1) 山丘区地下水补给量

如前所述，山丘区地下水补给量难以直接计算，目前只能以地下水的排泄量近似作为补给量，计算公式如式(4-9)所示：

$$\bar{u}_{山} = \overline{W}_{山基} + \bar{u}_{潜} + \bar{u}_{侧} + \bar{u}_{泉} + \overline{E}_{山潜} + \bar{q}_{开} \tag{4-9}$$

式中：$\bar{u}_{山}$——山丘区多年平均地下水补给量，亿 m^3；

$\overline{W}_{山基}$——多年平均河川基流量，亿 m^3；

$\bar{u}_{潜}$——多年平均河床潜流量，亿 m^3；

$\bar{u}_{侧}$——多年平均山前侧向流出量，亿 m^3；

$\bar{u}_{泉}$——未计入河川径流的多年平均山前泉水出露量，亿 m^3；

$\overline{E}_{山潜}$——多年平均潜水蒸发量，亿 m^3；

$\bar{q}_{开}$——多年平均实际开采的净消耗量重复水量，亿 m^3。

(2) 平原区地下水补给量

平原区地下水补给量可按式(4-10)进行计算：

$$\bar{u}_{平} = \bar{u}_{p} + \bar{u}_{河渗} + \bar{u}_{侧} + \bar{u}_{渠渗} + \bar{u}_{库渗} + \bar{u}_{渠灌} + \bar{u}_{越补} + \bar{u}_{人工} \tag{4-10}$$

式中：$\bar{u}_{平}$——平原区多年平均地下水补给量，亿 m^3；

$\bar{u}_{p}$——多年平均降水入渗补给量，亿 m^3；

$\bar{u}_{河渗}$——多年平均河道渗漏补给量，亿 m^3；

$\bar{u}_{侧}$——多年平均山前侧向流入补给量，亿 m^3；

$\bar{u}_{渠渗}$——多年平均渠系渗漏补给量，亿 m^3；

$\bar{u}_{库渗}$——多年平均水库(湖泊、闸坝)蓄水渗漏补给量，亿 m^3；

$\bar{u}_{渠灌}$——多年平均渠灌田间入渗补给量，亿 m^3；

$\bar{u}_{越补}$——多年平均越流补给量，亿 m^3；

$\bar{u}_{人工}$——多年平均人工回灌补给量，亿 m^3。

降水入渗补给量 $\bar{u}_p$ 是平原区地下水的重要水源，主要取决于降水量、包气带岩性和地下水埋深等因素。$\bar{u}_{河渗}$、$\bar{u}_{渠渗}$、$\bar{u}_{库渗}$、$\bar{u}_{渠灌}$ 和 $\bar{u}_{人工}$ 分别为山丘区河川径流流经平原时(有时也包括平原区河川径流本身)的平均入渗补给量和人工回灌补给量。$\bar{u}_{侧}$ 也为山丘区平均山前侧向流出量。$\bar{u}_{越补}$ 为深层地下水的越流补给量。

据统计分析，我国北方平原区降水入渗补给量 $\bar{u}_p$ 占平原区地下水总补给量 $\bar{u}_{平}$ 的 53%，山丘区河川径流流经平原时的补给量(包括 $\bar{u}_{河渗}$、$\bar{u}_{渠渗}$、$\bar{u}_{库渗}$、$\bar{u}_{渠灌}$、$\bar{u}_{人工}$)占 43%，山前侧向流入补给量只占 4%($\bar{u}_{越补}$ 忽略未计)。

2) 地下水存储量的计算

储存量(也叫存储量)是指储存在单元含水层中的重力水体积。

(1) 潜水含水层的储存量，也称为容积储存量，可用式(4-11)计算：

$$W = \mu \cdot V \tag{4-11}$$

式中：W——地下水的储存量，m^3；

μ——含水层的给水度，小数或百分数；

V——潜水含水层的体积，m^3（$V = FM$，其中，F——潜水含水层的面积，m^2；M——含水层厚度）。

（2）承压含水层除了容积储存量外，还有弹性储存量，可按式(4-12)计算：

$$W_{\mu} = \mu^{*} \cdot F \cdot h \tag{4-12}$$

式中：W_{μ}——承压水的弹性储存量，m^3；

μ^{*}——弹性释水系数；

F——承压含水层的面积，m^2；

h——承压含水层自顶板算起的压力水头高度，m。

3）可开采量

允许开采量(或可开采量)是指通过技术经济合理的取水构筑物，在整个开采期内出水量不会减少、动水位不超过设计要求、水质和水温变化在允许范围内、不影响已建水源地正常开采、不发生危害性环境地质现象等前提下，单位时间内从该水文地质单元或取水地段开采含水层中可以取得的水量。其常用的流量单位为 m^3/d 或 m^3/a 等。简言之，地下水允许开采量(或可开采量)指在可预见的时期内，通过经济合理、技术可行的措施，在不引起生态环境恶化条件下允许从含水层中获取的最大水量。

开采量是指目前正在开采的水量或预计开采量，它只反映了取水工程的产水能力。开采量不应大于允许开采量，否则，会引起不良后果。

在开采状态下，可以用下面的水均衡方程表示：

$$(Q_{补} + \Delta Q_{补}) - (Q_{排} - \Delta Q_{排}) - Q_{开} = -\mu F \frac{\Delta h}{\Delta t} \tag{4-13}$$

式中：$Q_{补}$——开采前的天然补给量，m^3/d；

$\Delta Q_{补}$——开采时的补给增量，m^3/d；

$Q_{排}$——开采前的天然排泄量，m^3/d；

$\Delta Q_{排}$——开采时天然排泄量减少值，m^3/d；

$Q_{开}$——人工开采量，m^3/d；

μ——含水层的给水度；

F——开采时引起水位下降的面积，m^2；

Δt——开采时间，d；

Δh——在 Δt 时间段内开采影响范围内的平均水位变化，m。

由于开采前的天然补给量与天然排泄量在一个周期内是近似相等的，即$Q_{补} \approx Q_{排}$，所以式(4-13)可简化为：

$$Q_{开} = \Delta Q_{补} + \Delta Q_{排} + \mu F \frac{\Delta h}{\Delta t} \tag{4-14}$$

这个方程表明，开采量实质上是由三部分组成的，即：

(1) 增加的补给量($\Delta Q_{补}$)，也就是开采时夺取的额外补给量，可称为开采夺取量。

(2) 减少的天然排泄量($\Delta Q_{排}$)，如开采后潜水蒸发消耗量的减少、泉流量减少甚至消失、侧向流出量的减少等。这部分水量实质上就是由取水构筑物截获的天然补给量，可称为开采截取量。它的最大极限等于天然排泄量，接近于天然补给量。

(3) 可动用的储存量，是含水层中永久储存量所提供的一部分。

明确了开采量的组成，就可以按各个组成部分来确定允许开采量：

① 允许开采量中补给增量部分，只能合理地夺取，不能影响已建水源地的开采和已经开采含水层的水量；地表水的补给增量，也应从总的水资源考虑，统一合理调度。

② 允许开采量中减少的天然排泄量，应尽可能地截取，但也应考虑已经被利用的天然排泄量。例如，有的大泉是风景名胜地。由于增加开采后泉的流量可能减小，甚至枯竭，破坏了旅游景观，这也是不允许的。截取天然补给量的多少与取水构筑物的种类、布置地点、布置方案及开采强度有关。只要天然排泄量尚未加以利用，就可以用天然补给量或天然排泄量作为开采截取量。

③ 允许开采量中可动用的储存量，应慎重确定。首先要看永久储存量是否足够大，再看现时的技术设备最大允许降深是多少，然后算出从天然低水位至区域允许最大降深动水位这段含水层中的储存量，按100年或50年平均分配到每年的开采量中，作为允许开采量的一部分。

4) 地下水资源评价方法

地下水资源评价方法众多，归纳如表4-1所示。

表4-1 地下水资源评价

评价方法分类	主要方法名称	所需资料数据	适用条件
以渗流理论为基础的方法	解析法	渗流运动参数和给定边界条件、起始条件	含水层均质程度较高、边界条件简单，可概化为已有计算公式需求模式
	数值法(有限元、有限类、边界元等)、电模拟法	一个水文年以上的水位、流量动态观测或一段时间抽水流场资料	含水层非均质，但内部结构清楚，边界条件复杂，但能查清，对评价精度要求较高、面积较大

续表 4-1

评价方法分类	主要方法名称	所需资料数据	适用条件
以观测资料统计理论为基础的方法	系统理论法(黑箱法)、相关外推法、Q-S 曲线外推法、开采抽水试验法	抽水试验或开采过程中的动态观测资料	不受含水层结构及复杂边界条件的限制,适于旧水源地或泉水扩大开采评价
以水均衡理论为基础的方法	水均衡法、单项补给量计算法、综合补给量计算法、地下径流模数法、开采模数法	测定均衡区内各项水量均衡要素	最好为封闭的单一隔水边界、补给项或消费项单一,水均衡需要易于测定
以相似比理论为基础的方法	直接比拟法(水量比拟法)、间接比拟法(水文地质参数比拟法)	类似水源地的勘探或开采统计资料	已有水源地和勘探水源地地质条件和水资源形成条件相似

资料来源:廖资生,余国光,张长林. 北方岩溶水源地的基本类型和资源评价方法的选择[J]. 中国岩溶,1990,9(2),130-138.

三、水资源总量的计算

在分析计算降水量、河川径流量和地下水补给量之后,尚需进行水资源总量的计算。过去,有的部门将河川径流量与地下水补给量之和作为水资源总量。由于河川径流量中包括一部分地下水排泄量,而地下水补给量中又有一部分由河川径流所提供,因此将两者简单地相加作为水资源总量,结果必然偏大,只有扣除两者之间的重复水量才等于真正的水资源总量。据此,一定区域多年平均水资源总量的计算公式可以写成

$$\overline{W}_{总} = \overline{W}_{河川} + \bar{u}_{地下} - \overline{W}_{重复} \tag{4-15}$$

式中:$\overline{W}_{总}$——多年平均水资源总量,亿 m^3;

$\overline{W}_{河川}$——多年平均河川径流量,亿 m^3;

$\bar{u}_{地下}$——多年平均地下水补给量,亿 m^3;

$\overline{W}_{重复}$——多年平均河川径流量与多年平均地下水补给量之间的重复量,亿 m^3。

若区域内的地貌条件单一(全部为山丘区或平原区),公式(4-15)中右侧各分量的计算比较简单;若区域内既包括山丘区又包括平原区,水资源总量的计算则比较复杂。

若计算区域包括山丘区和平原区两大地貌单元,公式(4-15)便可改写为

$$\overline{W}_{总} = (\overline{W}_{山川} + \overline{W}_{平川}) + (\bar{u}_{山} + \bar{u}_{平}) - \overline{W}_{重复} \tag{4-16}$$

重复水量$\overline{W}_{重复}$等于$\overline{W}_{山基}$、$\overline{W}_{平基}$、$\bar{u}_{河渗}$、$\bar{u}_{渠渗}$、$\bar{u}_{库渗}$、$\bar{u}_{渠灌}$、$\bar{u}_{人工}$与$\bar{u}_{侧}$各项之和，将其代入公式(4-16)并整理得

$$\overline{W}_{总}=\overline{W}_{山川}+\overline{W}_{平川}+\bar{u}_{潜}+\bar{u}_{侧}+\bar{u}_{泉}+\overline{E}_{山潜}+\bar{q}_{开}+\bar{u}_{p}+\bar{u}_{越补}-\overline{W}_{平基} \tag{4-17}$$

在山丘区、平原区多年平均河川径流量及地下水补给量各项分量算得的基础上，即可根据公式(4-17)推求全区域多年平均水资源总量。

由公式(4-9)得

$$\bar{u}_{山}-\overline{W}_{山基}=\bar{u}_{潜}+\bar{u}_{侧}+\bar{u}_{泉}+\overline{E}_{山潜}+\bar{q}_{开} \tag{4-18}$$

将公式(4-18)代入式(4-17)并整理得

$$\overline{W}_{总}=\overline{W}_{山表}+\overline{W}_{平表}+\bar{u}_{山}+\bar{u}_{p}+\bar{u}_{越补} \tag{4-19}$$

式中：$\overline{W}_{山表}$——山丘区多年平均地表径流量，亿 m^3($\overline{W}_{山川}=\overline{W}_{山表}+\overline{W}_{山基}$)；

$\overline{W}_{平表}$——平原区多年平均地表径流量，亿 m^3($\overline{W}_{平川}=\overline{W}_{平表}+\overline{W}_{平基}$)。

其他符号意义同前。公式(4-19)表明，区域多年平均水资源总量也等于山丘区、平原区多年平均地表径流量与山丘区地下水补给量、平原区降水入渗补给量、平原区地下水越流补给量之和。

四、重复水量的计算

对既有山丘区又有平原区两种地貌单元的区域，分析河川径流与地下水补排关系可以得知，如果分别计算山丘区和平原区的河川径流量与地下水补给量，再根据公式(4-15)计算全区域(山丘区加平原区)的水资源总量，则有一部分水量被重复计算了。重复水量如图 4-1 中箭头所示。重复水量包括以下几项：

(1) 山丘区河川径流量与地下水补给量之间的重复量，即山丘区河川基流量$\overline{W}_{山基}$；

(2) 平原区河川径流量与地下水补给量之间的重复量，即平原区河川基流量$\overline{W}_{平基}$，有时还包括来自平原区河川径流量的$\bar{u}_{河渗}$、$\bar{u}_{渠渗}$、$\bar{u}_{库渗}$、$\bar{u}_{渠灌}$和$\bar{u}_{人工}$；

(3) 山丘区河川径流量与平原区地下水补给量之间的重复量，即山丘区河川径流流经平原时对地下水的补给量，包括$\bar{u}_{河渗}$、$\bar{u}_{渠渗}$、$\bar{u}_{库渗}$、$\bar{u}_{渠灌}$和$\bar{u}_{人工}$；

(4) 山前侧向补给量$\bar{u}_{侧}$，是山丘区流入平原区的地下径流，属于山丘区、平原区地下水本身的重复量。

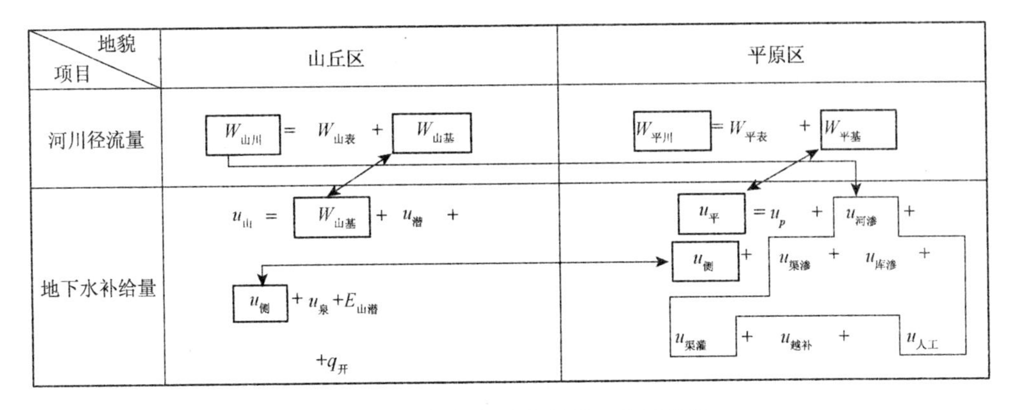

图 4-1　不同地貌单元重复水量示意图

资料来源：水资源总量计算 PPT[OD/BL][2012-2-8][2014-6-5]
http://www.doc88.com/p-3827374482601.html

第三节　水资源质量评价

水资源质量评价是水环境质量评价的简称，是环境质量评价体系中一种单要素评价。水资源质量评价包括查明区域地表水的泥沙和天然水化学特征，进行污染源调查与评价、地表水资源质量现状评价、地表水污染负荷总量控制分析、地下水资源质量现状评价、水资源质量变化趋势分析及预测、水资源污染危害及经济损失分析、不同质量的可供水量估算及适用性分析，为水资源利用、保护和污染治理提供依据。

一、水资源质量评价的内容和方法

水的质量简称水质，是指水体中所含物理成分、化学成分、生物成分的总和。天然的水质是自然界水循环过程中各种自然因素综合作用的结果，人类活动对现代水质有着重要的影响。水的质量决定着水的用途和水的利用价值，优质的淡水可作为人类生活饮用水、工业生产用水和农业灌溉用水等。

水资源质量评价是按照评价目标，选择相应的水质参数（指标）、水质标准和计算方法，对水质的利用价值及水的处理要求做出的评定。

1）水质评价分类

水质评价一般可分为以下几类：

（1）按评价对象可分为地下水水质评价、地表水水质评价、大气降水水质评价。供水实践中，主要是针对地下水和地表水这两种水开展水质评价工作。

（2）按水的用途可划分为养殖用水（渔业）水质评价、供水水质评价（包括农业灌溉用水、工业用水、生活饮用水等方面的水质评价)、风景游览水体的水质评价以及为水环境保护而进行的水环境质量评价等。

(3) 按评价时段可分为三种,即回顾评价、现状评价、影响评价。回顾评价是利用积累的历史水质数据,揭示水质演化的过程;现状评价是根据近期水质监测数据,阐明水质当前的状况;影响评价又称预测评价,是针对拟建工程在运行后对水质的可能影响做出预测分析。

(4) 被评价的范围可划分为局部地段的水质评价和区域性的水质评价。

在实际工作中上述分类往往是相互交叉的,例如,为供水服务的地下水水质评价,既应进行回顾评价又应突出现状评价的内容,同时还应对水源地投产后水质的可能变化做出预测分析。

2) 水质评价的分类指标

(1) 物理指标

① 感官物理性状指标:如温度、色度、臭味、浑浊度、透明度等。

② 其他物理性状指标:如总固体、悬浮性固体、溶解性固体、电导率等。

(2) 化学指标

① 按水中常量化学指标分类

• 酸碱度:用 pH 值表征水体中氢离子的浓度,它是检测水体受酸碱污染程度的一个重要指标。

• 硬度:表征水中钙和镁离子的含量,分暂时硬度和永久硬度,常以水中碳酸钙的含量或以德国度表示,一个德国度相当于每升水含 10 mg 的氧化钙或 7.2 mg 的氧化镁。

• 矿化度:指溶解于水中的各种离子、分子和化合物的总含量(不包括悬浮物和溶解气体),通常以 1 L 水中含有各种盐分的总克数来表示(g/L)。

• 碱度:水中能与酸发生中和反应(即接受质子 H^+)的全部物质总量,分强碱、弱碱和强碱弱酸盐。

② 按水的环境化学指标分类

• 化学需氧量(Chemical Oxygen Demand,简称 COD):水体中进行氧化过程所消耗的氧量,以氧当量(mg/L 为单位)表示。

• 生化需氧量(Bio-chemical Oxygen Demand,简称 BOD):水体中微生物分解有机化合物过程中所消耗的溶解氧量。

• 溶解氧(Dissolved Oxygen,简称 DO):溶解于水体中的分子态氧,是地表水水质评价的重要指标。

(3) 生化指标

① 细菌总数:水体中大肠菌群、病原菌、病毒及其他细菌的总数,以每升水样

中的细菌总数表示,它反映的是水体受细菌污染的程度。

② 大肠菌群:水体中大肠菌群的个数可表明水样被粪便污染的程度,间接表明有肠道病菌(伤寒、痢疾、霍乱等)存在的可能性,以每升水样中所含有的大肠菌群数目来表示。

3) 水资源质量评价方法

国内外水质评价工作历经近半个多世纪,提出的评价方法种类繁多,归纳起来有三大类型:第一类是指数法;第二类是分级评价法;第三类是纯数字的方法。下面介绍一些代表性方法。

(1) 无量纲污染指数法

国内外各类评价指数的基本单元都是 $P_i = C_i/S_i$(P_i 为单项污染指数,即实测浓度超过评价标准的倍数;C_i 为参数浓度,mg/L;S_i 为相应的标准浓度,mg/L)。$P_i \leqslant 1$ 说明水体尚未受到污染;$P_i > 1$ 说明水体已经受到污染。单项污染指数能直观地说明水质是否污染或超标,计算简便,但它易屏蔽极大和少数超标污染项目的影响,过分强调最大超标项的作用,不能反映水体的整体状况。要全面反映水体的质量状况,可用综合评价指数。综合评价指数可在单项污染指数的基础上,通过相加、相乘或开方等数学运算得到。常用的综合评价指数见表 4-2。

表 4-2 水质综合评价指数一览表

名称	计算公式
均值模式	$PI = \frac{1}{n}\sum_{i=1}^{n} P_i$
加权均值模式	$PI = \frac{1}{n}\sum_{i=1}^{n} W_i P_i \qquad \sum_{i=1}^{n} W_i = 1$
内梅罗模式	$PI = \sqrt{\frac{(P_{平均}^2 + P_{最大}^2)}{2}}$
混合加权模式	$PI = \sum_1 W_{i1} P_i + \sum_2 W_{i2} P_i \qquad W_{i1} = \frac{P_i}{\sum_1 P_i} \qquad W_{i2} = \frac{P_i}{\sum_2 P_i}$ ($\sum_1$ 是对所有 $P_i > 1$ 求和; $\sum_2$ 是对全部 P_i 求和)
双指数模式	$E = \sum_{i=1}^{n} W_i P_i \qquad \delta^2 = \sum_{i=1}^{n} W_i P_i^2 - E$
半集均方差模式	$PI = P + S_h \qquad S_h = \sqrt{\frac{\sum_{i=1}^{n}(P_i - P)^2}{m}}$ $m = \begin{cases} n/2 & (污染物种类\ n\ 为偶数) \\ (n-1)/2 & (污染物种类\ n\ 为奇数) \end{cases}$

注:P 为大于中位数半集的单项指数。

资料来源:自绘

(2) 分级评价法

分级评价法也是我国应用较多的方法。该法将评价参数的区域代表值与各类水体的分级标准分别进行对照比较，确定其单项的污染分级，然后进行等级指标的综合叠加，综合评价水体的类别或等级。该法克服了简单指数方法忽视不同污染物同一超标倍数所产生危害不同的缺点，克服了单项污染指数法有时区分水质级别不尽合理的状况。该法计算简单，方法简便易于应用，适合全国、全流域统一的水质评价，能直观、明确地反映水体水质污染的实际状况，反映水质综合效应。我们大范围水质评价多用此法，其代表表达式为：

$$K=\frac{\sum_{i=1}^{n}K_iL_i}{\sum_{i=1}^{n}L_i} \tag{4-20}$$

式中：K——河流综合水质指标；

K_i——子河流 i 水质级别；

L_i——子河段长度，km；

n——子河段个数。

(3) 基于模糊理论的水环境质量评价法

由于水体环境本身存在大量的不确定因素，各个项目的级别划分、标准确定都具有模糊性，因此，模糊数学在水质综合评价中得到广泛应用。具有代表性的方法有：模糊综合评价法、模糊概率评价法、模糊综合指数等。其中应用较多的是模糊综合评价法，根据各污染物的超标情况进行加权，但由于污染物毒性与浓度不是简单的比例关系，因此，这种加权不一定符合实际情况。从理论上讲，模糊综合评价法体现了水环境中客观存在的模糊性和不确定性，符合客观规律，具有一定的合理性。从目前的研究情况看，采用线性加权平均得到的评判极易出现失真、失效、跳跃等现象，存在水质类别判断不准或结果不可比的问题，可操作性较差。

(4) 基于灰色系统理论的水环境质量评价法

由于水环境质量数据都是在有限的时间和空间内监测得到，信息往往不完全或不确切，因此可将水环境系统视为一个灰色系统，即部分信息已知、部分信息未知或不确知的系统，据此对水环境进行综合评价。基于灰色系统理论的水质评价法通过计算评价水质中各因子的实测浓度与各级水质标准的关联度大小，确定评价水质的级别。根据同类水体与该类标准水体的关联度大小，还可以进行优劣比较。水质综合评价的灰色系统方法有灰色聚类法、灰色贴近度分析法、灰色关联评价法等。

如灰色关联度计算表达式：

$$\gamma_1 = \sum_{K=1}^{M} W_1(K)\xi_1(K) \tag{4-21}$$

式中：γ_1——关联度；

$\xi_1(K)$——关联系数；

$W_1(K)$——权重。

一般的，关联度愈大，评价结果愈理想。本法信息获取最高，且对样本容量要求不高，能考虑多个因子共同影响，评价结果精度较高，但本法计算复杂，实际运用较少。

（5）基于人工神经网络的环境质量评价方法

人工神经网络是在现代神经科学研究成果基础上提出的一种数学模型。大多数水质评价模型存在如何确定各污染物权重的困难，而水质综合评价的实质是属于多指标的模式识别问题，目前 BP 人工神经已在模式识别中获得广泛应用。BP 人工神经网络模型被广泛地应用于地表水水质评价、地下水水质评价、湖泊富营养化评价等。神经网络，即多层前馈式误差反传播神经网络，通常由输入层、输出层和若干隐含层构成，每层由若干个结点组成，每一个结点表示一个神经元，上层结点与下层结点之间通过权连接，同一层结点之间没有联系（图 4-2）。

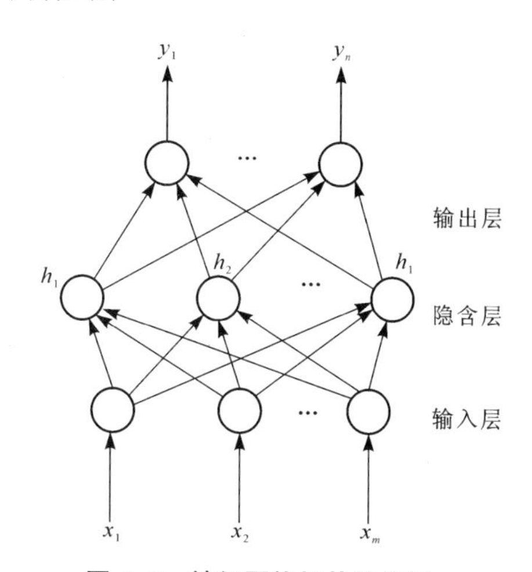

图 4-2　神经网络拓扑结构图

资料来源：张敏，赵金城. 全局优化神经网络拓扑结构及权值的遗传算法[J]. 大连大学学报，1999，20(6)：9-13.

水资源质量评价作为水资源研究必不可少的一环，正方兴未艾，现在推行诸多方法，各有利弊，还有其他一些好的方法也正在探索，探索具有理论研究性质的工作方向。

以上几种方法在水资源质量评价中运用得比较多，还有其他的如基于集对分析和粗糙集理论的水环境质量评价法、基于统计理论的主成分分析法、基于物元可拓集的水质质量评价方法、基于投影寻踪技术的水质评价方法、基于遗传算法的水质评价方法等。

二、水资源质量评价的标准

水资源质量评价标准是随着水污染问题的出现而产生的。水资源质量标准体现国家政策和要求，是衡量水体是否受污染的尺度，是在一定时期内要求保持或达到的水环境目标，是水资源、水环境管理的执法依据，也是水质评价的基础和依据。

我国已制定颁布的水资源质量评价标准主要有：

《生活饮用水卫生标准》(GB 5749—2006)

《地表水环境质量标准》(GB 3838—2002)

《海水水质标准》(GB 3097—1997)

《农田灌溉水质标准》(GB 5084—2005)

《渔业水质标准》(GB 11607—89)

《地下水质量标准》(GB /T 14848—93)

《污水综合排放标准》(GB 8978—1996)

《湖泊(水库)营养状态评价标准》(全国水资源综合规划技术工作组，2003 年)

《制浆造纸工业水污染物排放标准》(GB 3544—2008)

《柠檬酸工业水污染物排放标准》(GB 19430—2013)

《制糖工业水污染物排放标准》(GB 21909—2008)

《合成氨工业水污染物排放标准》(GB 13458—2013)

《纺织染整工业水污染物排放标准》(GB 4287—2012)

《制革及毛皮加工工业水污染物排放标准》(GB 30486—2013)

《钢铁工业水污染物排放标准》(GB 13456—2012)

《炼焦化学工业污染物排放标准》(GB 16171—2012)

《汽车维修业水污染物排放标准》(GB 26877—2011)

《医疗机构水污染物排放标准》(GB 18466—2005)

《铁合金工业污染物排放标准》(GB 28666—2012)

《铝工业污染物排放标准》(GB 25465—2010)

《硫酸工业污染物排放标准》(GB 26132—2010)

《磷肥工业水污染物排放标准》(GB 15580—2011)

1)《地下水质量标准》(GB/T 14848—93)

根据我国地下水水质现状、人体健康标准值及地下水质量保护目标，同时参照生活饮用水、工业、农业用水水质要求，将地下水质量划分为五类：

Ⅰ类：主要反映地下水化学组分的天然低背景含量，适用于各种用途。

Ⅱ类：主要反映地下水化学成分的天然背景含量，适用于各种用途。

Ⅲ类：以人体健康基准值为依据，主要适用于集中式生活饮用水水源及工、农业用水。

Ⅳ类：以农业和工业用水要求为依据，除适用于农业和部分工业用水外，适当处理后可作生活饮用水。

Ⅴ类：不宜引用，其他用水可根据使用目的选用。

2)《地表水环境质量标准》(GB 3838—2002)

为保护地表水环境，控制水污染，我国依据地表水水域、使用目的和保护目标将其划分为五类：

Ⅰ类：主要适用于源头水、国家自然保护区。

Ⅱ类：主要适用于集中式生活饮用水水源地一级保护区、珍贵鱼类保护区、鱼虾产卵场地、仔稚幼鱼的索饵等。

Ⅲ类：主要适用于集中式生活饮用水水源地二级保护区、鱼虾类越冬场、洄游通道、水产养殖区等渔业水域及游泳区。

Ⅳ类：主要适用于一般工业用水区及人体非直接接触的娱乐用水区。

Ⅴ类：主要适用于农业用水区及一般景观要求水域。

该标准是由国家环境保护局批准实施的国家标准(GB 3838—2002)，适用于中华人民共和国领域内江、河、湖泊、运河、渠道、水库等具有使用功能的地表水域。它既是水域环境保护的标准，也是某些水域现状功能划分和水质评价的依据。

3)《海水水质标准》(GB 3097—1997)

按照海水的用途和保护目标，将海水水质划分为四类(同一水域兼有多种功能的依主导功能划分类别，其水质目标可高于或等于主导功能的水质要求)：

Ⅰ类：适用于海洋渔业水域、一级水产养殖场、珍稀濒危海洋生物资源保护区。

Ⅱ类：适用于二级水产养殖场、海水浴场、人体直接接触海水的海上娱乐场与运动场，供食用的海盐盐场。

Ⅲ类：适用于一般工业用水。海滨风景游览区。

Ⅳ类：适用于港口水域、海上及沿岸作业区。

4) 其他水资源质量评价标准

其他水资源质量评价标准可参考《水资源利用与保护》，在这只简单指出。

我国的《生活饮用水卫生标准》(GB 5749—2006)中的项目类别可分为感官性状态和一般化学指标、毒理指标和放射性指标。根据这些来评价生活水水资源质量。

农业灌溉用水水质的好坏主要是由水温、水的矿化度及溶解盐类的成分三方面对农作物和土壤的影响决定的。有时也应考虑水的 pH 值和水中有毒元素的含量。

工业水质评价标准又分锅炉用水和工程建设用水水质标准。

以上几个都是常规供水的水质评价标准，常规用水是指为城镇居民、厂矿企业和农业生产提供符合水质要求的生产生活用水。相应的水质评价方法通常采用分类评价法和标准对比评价法。前者主要对水中的各种组分、单项指标进行取样分析计算，在此基础上针对具体供水水质要求进行分类、评判；后者也需进行水质实测计算。所不同的是，最终对水质量可利用性的判断，是根据国家颁发的通用水质标准。

第四节 水资源开发利用及其影响评价

水资源利用评价是水资源评价中的重要组成部分，是水资源综合利用和保护规划的基础性前期工作，其目的是增强流域或区域水资源规划的全局观念和宏观指导思想。

一、水资源各种功能的调查分析

在水资源基础评价中已包括了对评价范围内水资源的各种功能潜势的分析，在此基础上如何提出各种功能的开发程序，则是水资源规划中应考虑的问题。但在这之前，应当结合不同地区、不同河段的特点，并结合有影响范围内的社会、经济情况，对水资源各种功能要求解决的迫切程度，进行调查评价，并在此基础上提出开发的轮廓性意见。水资源规划中应考虑：分析评价范围内水资源各种功能潜势（供水、发电、航运、防洪、养殖等），以及各种功能开发顺序，既结合不同地区不同河段的特点同时考虑有影响范围内经济、社会、环境情况，对水资源各功能要求解决的迫切程度进行调查评价。

二、水资源开发程度调查分析

水资源开发程度的调查分析是指对评价区域内已有的各类水工程及措施情况进行调查了解，包括各种类型及功能的水库、塘坝、引水渠首及渠系、水泵站、水厂、水井等，包括其数量和分布。各种功能的开发程度常指其现有的供出能力与其可能提供能力的比值。如供水的开发程度是指当地通过各种取水引水措施可能提供的水量和当地天然水资源总量的比值。水力发电的开发程度是指区域内已建的各种类型水电站的总装机容量和年发电量，与这个区域内的可能开发的水电装机容量和可能的水电年发电量之比等。通过调查了解工程布局的合理性及增建工程的必要性。

三、可利用水量分析

可利用水量是指在经济合理、技术可行和生态环境容许的前提下，通过各种工程措施可能控制利用的不重复的一次性最大水量。水资源可利用量为水资源合理开发的最大的可利用程度。

可利用水量占天然水资源量的比例不断提高。由于河川径流的年际变化和年内季节变化，加之可利用水量小于河道天然水资源量（河川径流量），在天然情况下有保证的河川可利用水量是很有限的。为了增加河川的可利用水量，人们采用了各种类型的拦水、阻水、滞水、蓄水工程等措施，并且随着人类掌握的技术知识和技术能力的不断提高，可利用水量占天然水资源量的比例也在不断提高。

各河流水文规律不同，其可利用水量的比例也是不同的。洪水水量占全年河川径流流量的比例大的，其合理可利用水量占天然水资源量的比例也要小些。在中国，南方的河流如长江、珠江等大河由于水量丰沛，且相对来讲年际变化和年内变化都比北方河流小，且在当前社会经济发展阶段，引用水量相对于河川径流量来说所占比例不是太大，其可利用水量还有相当潜力。

按国际惯例，为保护工程下游生态，可利用水量与河川径流量之比例不应超过40%。在进行可利用水量估计时，应当以各河的水文情况为前提，结合河流特点和当前社会经济能力及技术水平来进行，不能一概而论。

第五章　水资源规划

第一节　水资源规划概述

一、水资源规划的概念

水资源规划是我国水利规划的主要组成部分，对水资源的合理评价、供需分析、优化配置和有效保护具有重要的指导意义。水资源规划的概念是人类长期从事水事活动的产物，是人类在漫长历史过程中在防洪、抗旱、灌溉等一系列的水利活动中逐步形成的，并随着人类生活及生产力的提高而不断地发展变化。

美国的古德曼(A. S. Goodman)认为水资源规划就是在开发利用水资源过程中，对水资源的开发目标及其功能在相互协调的前提下做出总体安排。陈家琦教授等(2002)认为，水资源规划是指在统一的方针、任务和目标的约束下，对有关水资源的评价、分配和供需平衡分析及对策，以及方案实施后可能对经济、社会和环境的影响方面而制定的总体安排。左其亭教授等(2008)认为，水资源规划是以水资源利用、调配为对象，在一定区域内为开发水资源、防治水患、保护生态环境、提高水资源综合利用效益而制定的总体措施、计划与安排。

二、水资源规划的编制原则

水资源规划是为适应社会和经济发展的需要而制定的对水资源开发利用和保护工作的战略性布局。其作用是协调各用水部门和地区间的用水要求，使有限的可用水资源在不同用户和地区间合理分配，减少用水矛盾，以达到社会、经济和环境效益的优化组合，并充分估计规划中拟定的水资源开发利用可能引发的对生态环境的不利影响，并提出对策，实现水资源可持续利用的目的。

1）全局统筹，兼顾社会经济发展与生态环境保护的原则

水资源规划是一个系统工程，必须从整体、全局的观点来分析评价水资源系统，以整体最优为目标，避免片面追求某一方面、某一区域作用的水资源规划。水资源规划不仅要有全局统筹的要求，在当前生态环境变化的背景下，还要兼顾社会经济发展与生态环境保护之间的平衡。区域社会经济发展要以不破坏区域生态环境为前提，同时要与水资源承载力和生态环境承载力相适应，在充分考虑生态环境用水需求的前提下，制定合理的国民经济发展的可供水量，最终实现社会经济与生态环境的可持续协调发展。

2）水资源优化配置原则

从水循环角度分析，考虑水资源利用的供用耗排过程，水资源配置的核心实际是关于流域耗水的分配和平衡。具体来讲，水资源合理配置是指依据社会经济与生态环境可持续发展的需要，以有效、公平和可持续发展的原则，对有限的、不同形式的水资源，通过工程和非工程措施，调节水资源的时空分布等，在社会经济与生态环境用水，以及社会经济构成中各类用水户之间进行科学合理的分配。由于水资源的有限性，在水资源分配利用中存在供需矛盾，如各类用水户竞争，流域协调、经济与生态环境用水效益、当前用水与未来用水等一系列的复杂关系。水资源的优化配置就是要在上述一系列复杂关系中寻求一个各个方面都可接受的水资源分配方案。一般而言，要以实现总体效益最大为目标，避免对某一个体的效益或利益的片面追求。而优化配置则是人们在寻找合理配置方案中所利用的方法和手段。

3）可持续发展原则

从传统发展模式向可持续发展模式转变，必然要求传统发展模式下的水利工作方针向可持续发展模式下的水利工作方针实现相应的转变。因此，水资源规划的指导思想，要从传统的偏于对自然规律和工程规律的认识，向更多认识经济规律和管理作用过渡；从注重单一工程的建设，向发挥工程系统的整体作用并注意水资源的整体性努力；从以工程措施为主，逐步转向工程措施与非工程措施并重；由主要依靠外延增加供水，逐步向提高利用效率和挖潜配套改造等内涵发展方式过渡；从单纯注重经济用水，逐步转向社会经济用水与生态环境用水并重；从单纯依靠工程手段进行资源配置，向更多依靠经济、法律、管理手段逐步过渡。

4）系统分析和综合利用原则

水资源规划涉及多个方面、多个部门及众多行业，同时在各用水户竞争、水资源时空分布、优化配置等一系列的复杂关系中很难完全实现水资源供需完全平衡。这就需要在制定水资源规划时，既要对问题进行系统分析，又要采取综合措施，开源与节流并举，最大可能地满足各方面的需求，让有限的水资源创造更多的效益，实现其效用价值的最大化。同时进行水资源的再循环利用，提高污水的处理率，实现污水再处理后用于清洗、绿化灌溉等领域。

三、水资源规划的指导思想

(1) 水资源规划需要综合考虑社会效益、经济效益和环境效益，确保社会经济发展与水资源利用、生态环境保护相协调。

(2) 需要考虑水资源的可承载能力或可再生性，使水资源利用在可持续利用的允许范围内，确保当代人与后代人之间的协调。

(3) 需要考虑水资源规划的实施与社会经济发展水平相适应，确保水资源规划方案在现有条件下是可行的。

(4) 需要从区域或流域整体的角度来看待问题，考虑流域上下游以及不同区域用水间的平衡，确保区域社会经济持续协调发展。

(5) 需要与社会经济发展密切结合，注重全社会公众的广泛参与，注重从社会发展根源上来寻找解决水问题的途径，也配合采取一些经济手段，确保“人”与“自然”的协调。

四、水资源规划的内容与任务

1) 水资源规划的内容

水资源规划涉及面比较广，涉及的内容包括水文学、水资源学、经济学、管理学、生态学、地理学等众多学科，涉及区域内一切与水资源有关的相关部分，以及工农业生产活动，如何制定合理的水资源规划方案，协调满足各行业及各类水资源使用者的利益，是水资源规划要解决的关键性基础问题，也是衡量水资源规划科学合理性的标准。

水资源规划的主要内容包括：

(1) 水资源量与质的计算与评估、水资源功能的划分与协调；

(2) 水资源的供需平衡分析与水量优化配置；

(3) 水环境保护与灾害防治规划以及相应的水利工程规划方案设计及论证等。

水资源规划的核心问题，是水资源合理配置，即水资源与其他自然资源、生态环境及经济社会发展的优化配置，达到效用的最大化。

2) 水资源规划的任务

水资源系统规划是从系统整体出发，依据系统范围内的社会发展和国民经济部门用水的需求，制定流域或地区的水资源开发和河流治理的总体策划工作。其基本任务就是根据国家或地区的社会经济发展现状及计划，在满足生态环境保护以及国民经济各部门发展对水资源需求的前提下，针对区域内水资源条件及特点，按预定的规划目标，制定区域水资源的开发利用方案，提出具体的工程开发方案及

开发次序方案等。区域水资源规划的制定不仅仅要考虑区域社会经济发展的要求，同时区域水资源条件和规划的制定对区域国民经济发展速度、结构、模式，生态环境保护标准等都具有一定的约束。区域水资源规划成果也对区域制定各项水利工程设施建设提供了依据。

水资源规划的具体任务是：

（1）评价区域内水资源开发利用现状；

（2）分析流域或区域条件和特点；

（3）预测经济社会发展趋势与用水前景；

（4）探索规划区内水与宏观经济活动间的相互关系，并根据国家建设方针政策和规定的目标要求，拟定区域在一定时间内应采取的方针、任务，提出主要措施方向、关键工程布局、水资源合理配置、水资源保护对策，以及实施步骤和对区域水资源管理的意见等。

五、水资源规划的类型

水资源系统规划根据不同范围和要求，主要分为以下几种类型。

1）江河流域水资源规划

流域水资源规划的对象是整个江河流域。它包括大型江河流域的水资源规划和中小型河流流域的水资源规划。其研究区域一般是按照地表水系空间地理位置划分的，以流域分水岭为系统边界的水资源系统。内容涉及国民经济发展、地区开发、自然资源与环境保护、社会福利以及其他与水资源有关的问题。

2）跨流域水资源规划

它是以一个以上的流域为对象，以跨流域调水为目标的水资源规划。跨流域调水涉及多个流域的社会经济发展、水资源利用和生态环境保护等问题。因此，规划中考虑的问题要比单个流域水资源规划更加广泛、复杂，需要探讨水资源分配可能对各个流域带来的社会经济影响。

3）地区水资源规划

地区水资源规划一般是以行政区域或经济区、工程影响区为对象的水资源系统规划。研究内容基本与流域水资源规划相近，规划的重点因具体的区域和水资源功能的不同而有所侧重。

4）专门水资源规划

专门水资源规划是以流域或地区某一专门任务为对象或某一行业所作的水资源规划。如防洪规划、水力发电规划、灌溉规划、水资源保护规划、航运规划以及重大水利工程规划等。

六、水资源规划的一般程序

水资源规划的步骤，因研究区域、水资源功能侧重点的不同、所属行业的不同以及规划目标的差异而有所区别，但基本程序步骤一致，概括起来主要有以下几个步骤。

1）现场勘探，收集资料

现场勘探、收集资料是最重要的基础工作。基础资料掌握的情况越详细越具体，越有利于规划工作的顺利进行。水资源规划需要收集的基础数据，主要包括相关的社会经济发展资料、水文气象资料、地质资料、水资源开发利用资料以及地形资料等。资料的精度和详细程度主要是根据规划工作所采用的方法和规划目标要求决定的。

2）整理资料、分析问题、确定规划目标

对资料进行整理，包括资料的归并、分类、可靠性检查以及资料的合理插补等。通过整理、分析资料，明确规划区内的问题和开发要求，选定规划目标，作为制定规划方案的依据。

3）水资源评价及供需分析

水资源评价的内容包括规划区水文要素的规律研究和降水量、地表水资源量、地下水资源量以及水资源总量的计算。在进行水资源评价之后，需要进一步对水资源供需关系进行分析。其实质是针对不同时期的需水量，计算相应的水资源工程可供水量，进而分析需水的供应满足程度。

4）拟定和选定规划方案

根据规划问题和目标，拟定若干规划方案，进行系统分析。拟订方案是在前面工作基础之上，根据规划目标、要求和资源的情况，人为拟定的。方案的选择要尽可能地反映各方面的意见和需求，防止片面的规划方案。优选方案是通过建立数学模型，采用计算机模拟技术，对拟选方案进行检验评价。

5）实施的具体措施及综合评价

根据优选方案得到的规划方案，制定相应的具体措施，并进行社会、经济和环境等多准则综合评价，最终确定水资源规划方案。方案实施后，对国民经济、社会发展、生态与环境保护均会产生不同程度的影响，通过综合评价法，多方面、多指标进行综合分析，全面权衡利弊得失，最后确定方案。

6）成果审查与实施

成果审查是把规划成果按程序上报，通过一定程序审查。如果审查通过，进入到规划安排实施阶段；如果提出修改意见，就要进一步修改。

水资源规划是一项复杂、涉及面广的系统工程，在规划实际制定过程中很难一次性完成让各个部门和个人都满意的规划。规划需要经过多次的反馈、协调，直至规划成果对各个部门都较满意为止。此外，由于外部条件的改变以及人们对水资源规划认识的深入，要对规划方案进行适当的修改、补充和完善。

第二节 水资源规划的基础理论

水资源规划涉及面广，问题往往比较复杂，不仅涉及自然科学领域知识，如水资源学、生态学、环境学等众多学科，以及水利工程建设等工程技术领域，同时还涉及经济学、社会学、管理学等社会科学领域。因此，水资源规划是建立在自然科学和社会科学两大基础之上的综合应用学科。水资源规划简化为三个层次的权衡。

(1)哲学层次：即基本价值观问题，如何看待自然状态下的水资源价值、生态环境价值，以及以人类自身利益为标准的水资源价值、生态环境价值，两者之间权衡的问题等。

(2) 经济学层次：识别各类规划活动的边际成本，率定水利活动的社会效益、经济效益及生态环境效益。

(3) 工程学层次：认识自然规律、工程规律和管理规律，通过工程措施和非工程措施保证规划预期实现。

一、水资源学基础

水资源学是水资源规划的基础，是研究地球水资源形成、循环、演化过程规律的科学。随着水资源科学的不断发展完善，在其成长过程中，其主要研究对象可以归结为三个方面：研究自然界水资源的形成、演化、运动的机理，水资源在地球上的空间分布及其变化的规律，以及在不同区域上的数量；研究在人类社会及其经济发展中为满足对水资源的需要而开发利用水资源的科学途径；研究在人类开发利用水资源过程中引起的环境变化，以及水循环自身变化对自然水资源规律的影响，探求在变化环境中如何保持水资源的可持续利用途径等。从水资源学的三个主要研究内容就可以看出，水资源学本身的研究内容涉及众多相关领域的基础科学，如水文学、水力学、水动力学等。以水的三相转化以及全球、区域水循环过程为基础，通过对水循环过程的深入研究，实现水资源规划的优化提高。

二、经济学基础

水资源规划的经济学基础主要表现在两个方面：一方面是水资源规划作为具体工程与管理项目本身对经济与财务核算的需要；另一方面是水资源规划作为区域国民宏观经济规划的重要组成部分，需要在国家经济体制条件下在国家政府层面进行宏观经济分析。在微观层面，水利工程项目的建设，需要进行投资效益、益本比、内部回收率以及边际成本等分析，具体工程的投资建设都需要进行工程投资财务核算，要求达到工程建设实施的财务计算净盈利。在宏观层面，仅以市场经济学的价值规律作为水资源规划的基础，必然使水资源的社会价值、生态环境效益、生态服务效益得不到充分的体现。因此，水资源规划既要在微观层面考虑具体水利工程的收益问题，更要考虑区域宏观经济可持续发展的需要。根据社会净福利最大和边际成本替代两个准则确定合理的水资源供需平衡水平，二者间的平衡水平应以更大范围内的全社会总代价最小为准则(即社会净福利最大)，为区域国民经济发展提供合理科学持续的水资源保障。

三、工程技术基础

水资源的开发利用模式多种多样，涉及社会经济的各个方面，因此与之相关的科学基础均可看做是水资源规划的学科基础，如工程力学、结构力学、材料力学、水能利用学、水工建筑物学、农田水利、给排水工程学、水利经济学等，也包括有关的应用基础科学，如水文学、水力学、工程力学、土力学、岩石力学、河流动力学、工程地质学等，还包括现代信息科学，如计算机技术、通信、网络、遥感、自动控制等。此外，还涉及相关的地球科学，如气象学、地质学、地理学、测绘学、农学、林学、生态学、管理学等学科。

四、环境工程、环境科学基础

水资源规划中涉及的“环境”是一个广义的环境，包括环境保护意义下的环境，即环境的污染问题；另一个是生态环境，即普遍性的生态环境问题。水资源的开发利用不可避免地会影响到自然生态环境中水循环的改变，引起水环境、水化学性质、水生态等诸多方面发生相应的改变。从自然规律看，各种自然地理要素作用下形成的流域水循环，是流域复合生态系统的主要控制性因素，对人为产生的物理与化学干扰极为敏感。流域的水循环规律改变可能引起在资源、环境、生态方面的一系列不利效应：流域产流机制改变，在同等降水条件下，水资源总量会发生相应的改变；径流减少则导致河床泥沙淤积规律改变，在多沙河流上泥沙淤积又使河床抬高、河势重塑；径流减少还导致水环境容量减少而水质等级降低等。

第三节　水资源供需平衡分析

水资源供需平衡分析就是在综合考虑社会、经济、环境和水资源的相互关系基

础上，分析不同发展时期、各种规划方案的水资源供需状况。水资源供需平衡分析就是采取各种措施使水资源供水量与需水量处于平衡状态。水资源供需平衡的基本思想就是“开源节流”。开源就是增加水源，包括各类新的水源，海水利用、非常规水资源的开发利用、虚拟水等，而节流就是通过各种手段抑制水资源的需求，包括通过技术手段提高水资源利用率和利用效率，如进行产业结构调整、改革管理制度等。

一、需求预测分析

需水预测是水资源长期规划的基础，也是水资源管理的重要依据。区域或流域的需水预测是制定区域未来发展规划的重要参考依据。需水预测是水资源供需平衡分析的重要环节。需水预测与供水预测及供需分析有密切的联系，需水预测要根据供需分析反馈的结果，对需水方案及预测成果进行反复和互动式的调整。

需水预测是在现状用水调查与用水水平分析的基础上，依据水资源高效利用和统筹安排生活、生产、生态用水的原则，根据经济社会发展趋势的预测成果，进行不同水平年、不同保证率和不同方案的需水量预测。需水量预测是一个动态预测过程，与利用效率、节约用水及水资源配置不断循环反馈，同时需水量变化与社会经济发展速度、结构、模式、工农业生产布局等诸多因素相关。如我国改革开放后，社会经济的迅速发展，人口的增长，城市化进程加速及生活水平的提高，都导致了我国水资源需求量的急剧增长。

1）需水预测原则

需水预测应以各地不同水平年的社会经济发展指标为依据，有条件时应以投入产出表为基础建立宏观经济模型。从人口与经济驱动增长的两大因素入手，结合具体的水资源状况，水利工程条件以及过去长期多年来各部门需水量增长的实际过程，分析其发展趋势，采用多种方法进行计算比对，并论证所采用的指标和数据的合理性。需水预测应着重分析评价各项用水定额的变化特点、用水结构和用水量的变化趋势，并分析计算各项耗水量的指标。

此外，预测中应遵循以下主要原则：

（1）以各规划水平年社会经济发展指标为依据，贯彻可持续发展的原则，统筹兼顾社会、经济、生态、环境等各部门发展对需水的要求。

（2）全面贯彻节水方针，研究节水措施推广对需水的影响。

（3）研究工、农业结构变化和工艺改革对需水的影响。

（4）需水预测要符合区域特点和用水习惯。

2）需水预测内容

按照水资源的用途和对象，可将需水类型分为生产需水、生活需水和生态环境需水，其中生产需水包括第一产业需水（农业需水）和第二产业需水（主要指工业需水）（表 5-1）。

表 5-1 用水户分类口径及其层次结构表

一级	二级	三级	四级	备 注
生活	生活	城镇生活	城镇居民生活	城镇居民生活用水（不包括公共用水）
		农村生活	农村居民生活	农村居民生活用水（不包括牲畜用水）
生产	第一产业	种植业	水田	水稻等
			水浇地	小麦、玉米、棉花、蔬菜、油料等
		林、牧、渔业	灌溉林果地	果树、苗圃、经济林等
			灌溉草场	人工草场、灌溉的天然草场、饲料基地等
			牲畜	大、小牲畜
			鱼塘	鱼塘补水
	第二产业	工业	高用水工业	纺织、造纸、石化、冶金
			一般工业	采掘、食品、木材、建材、机械、电子、其他（包括电力工业中非火（核）电部分）
			火（核）电工业	循环式、直流式
		建筑业	建筑业	建筑业
	第三产业	商饮业	商饮业	商业、饮食业
		服务业	服务业	货运邮电业、其他服务业、城市消防、公共服务及城市特殊用水
生态环境	河道内	生态环境功能	河道基本功能	基流、冲沙、防凌、稀释净化等
			河口生态环境	冲淤保港、防潮压碱、河口生物等
			通河湖泊与湿地	通河湖泊与湿地等
			其他河道内	根据具体情况设定
	河道外	生态环境功能	湖泊湿地	湖泊、沼泽、滩涂等
		生态环境建设	美化城市景观	绿化用水、城镇河湖补水、环境卫生用水等
			生态环境建设	地下水回补、防沙固沙、防护林草、水土保持等

注：① 农作物分类、耗水行业和生态环境分类等因地而异，根据各地区情况而确定；
② 分项生态环境用水量之间有重复，提出总量时取外包线；
③ 河道内其他非消耗水量的用户包括水力发电、内河航运等，未列入本表；
④ 生产用水应分成城镇和农村两类口径分别进行统计或预测，并将城市市区单列。
资料来源：《全国水资源综合规划技术大纲》

（1）工业需水。工业需水是指在整个工业生产过程中所需水量，包括制造、加工、冷却、空调、净化、洗涤等各方面用水。一个地区的工业需水量大小，与该地区的产业结构、行业生产性质及产品结构、用水效率，企业生产规模、生产工艺、生产设备及技术水平，用水管理与水价水平，自然因素与取水条件有关。

(2) 农业需水。农业需水是指农业生产过程中所需水量，按产业类型又可细化为种植业、林业、牧业、渔业。农业需水量与灌溉面积、方式、作物构成、田间配套、灌溉方式、渠系渗漏、有效降雨、土壤性质和管理水平等因素密切相关。

(3) 生活需水。生活需水包括居民用水和公共用水两部分，根据地域又可分为城市生活用水和农村生活用水。居民生活用水是指居民维持日常生活的家庭和个人用水，包括饮用、洗涤等用水；公共用水包括机关办公、商业、服务业、医疗、文化体育、学校等设施用水，以及市政用水(绿化、道路清洁)。一个地区的生活用水与该地区的人均收入水平、水价水平、节水器具推广与普及情况、生活用水习惯、城市规划、供水条件和现状用水水平等多方面因素有关。

(4) 生态环境需水。生态环境需水是维持生态系统最基本的生存条件及最基本的生态服务价值功能所需要的水量，包括森林、草地等天然生态系统用水，湿地、绿洲保护需水，维持河道基流用水等。它与区域的气候、植被、土壤等自然因素和水资源条件、开发程度、环境意识等多种因素有关。

3) 需水预测方法

(1) 指标量值的预测方法

按是否采用统计方法分为统计方法与非统计方法。

按预测时期长短分为即期预测、短期预测、中期预测和长期预测。

按是否采用数学模型方法分为定量预测法和定性预测法。

常用的定量预测方法有趋势外推法、多元回归法和经济计量模型。

① 趋势外推法

根据预测指标时间序列数据的趋势变化规律建立模型，并用以推断未来值。这种方法从时间序列的总体进行考察，体现出各种影响因素的综合作用，当预测指标的影响因素错综复杂或有关数据无法得到时，可直接选用时间 t 作为自变量，综合替代各种影响因素，建立时间序列模型，对未来的发展变化做出大致的判断和估计。该方法只需要预测指标历年的数据资料，工作量较小，应用也较方便。该方法根据原理的不同又可分为多种方法，如平均增减趋势预测、周期叠加外延预测(随机理论)与灰色预测等。

② 多元回归法

该方法通过建立预测指标(因变量)与多个主相关变量的因果关系来推断指标的未来值，所采用的回归方程为单一方程。它的优点是能简单定量地表示因变量与多个自变量间的关系，只要知道各自变量的数值就可简单地计算出因变量的大小，方法简单，应用也比较多。

③ 经济计量模型

该模型不是一个简单的回归方程，而是两个或多个回归方程组成的回归方程组。这种方法揭示了多种因素相互之间的复杂关系，因而对实际情况的描述更加准确。

(2) 用水定额的预测方法

通常情况下，需要预测的用水定额有各行业的净用水定额和毛用水定额，可采用定量预测法，包括趋势外推法、多元回归法与参考对比取值法等，其中参考对比取值法可以结合节水分析成果，考虑产业结构及其布局调整的影响，并可参考有关省市相关部门和行业制定的用水定额标准，再经综合分析后确定用水定额，故该方法较为常用。

二、供给预测分析

供水预测是在规划分区内，对现有供水设施的工程布局、供水能力、运行状况，以及水资源开发程度与存在问题等综合调查分析的基础上，进行对水资源开发利用前景和潜力分析，以及不同水平年、不同保证率的可供水量预测。

可供水量包括地表水可供水量、浅层地下水可供水量、其他水源可供水量。可供水量估算要充分考虑技术经济因素、水质状况、对生态环境的影响以及开发不同水源的有利和不利条件，预测不同水资源开发利用模式下可能的供水量，并进行技术经济比较，拟定供水方案。供水预测中新增水源工程包括现有工程的挖潜配套、新建水源、污水处理回用、雨水利用工程等。

现有经济技术条件下，供水水源主要由以下几个部分组成，见图 5-1。

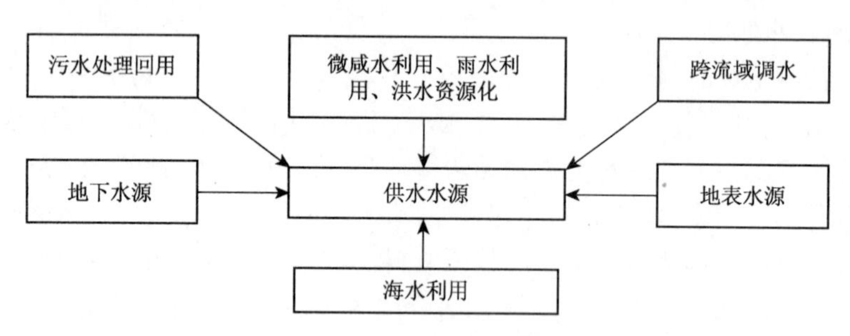

图 5-1　供水水源组成示意图

资料来源：王双银，宋孝玉. 水资源评价[M]. 郑州：黄河水利出版社，2008.

1) 相关概念的界定

供水能力是指区域供水系统能够提供给用户的供水量大小。它主要反映了区域内所有供水工程组成的供水系统，依据系统的来水条件、工程状况、需水要求及

相应的运行调度方式和规则，提供给用户不同保证率下的供水量大小。

可供水量是指在不同水平年、不同保证率情况下，通过各项工程设施，在合理开发利用的前提下，可提供的能满足一定水质要求的水量。可供水量的概念包括以下内涵：可供水量并不是实际供水量，而是通过对不同保证率情况下的水资源供需情况进行分析计算后，得出的“可能”提供的水量；可供水量既要考虑到当前情况下工程的供水能力，又要对未来经济发展水平下的供水情况进行预测；可供水量计算时，要考虑丰、平、枯不同来水情况下，工程能提供的水量；可供水量是通过工程设施为用户提供的，没有通过工程设施而为用户利用的水量不能算作可供水量；可供水量的水质必须达到一定使用标准。

可供水量与可利用量的区别：水资源可利用量与可供水量是两个不同的概念。一般情况下，由于兴建供水工程的实际供水能力同水资源丰、平、枯水量在时间分配上存在矛盾，这大大降低了水资源的利用水平，所以可供水量总是小于可利用量。现状条件下的可供水量是根据用水需要能提供的水量，它是水资源开发利用程度和能力的现实状况，并不能代表水资源的可利用量。

2）影响可供水量的因素

(1) 来水特点

受季风影响，我国大部分地区水资源的年际、年内变化较大，存在“南多北少”的趋势。南方地区，最大年径流量与最小年径流量的比值在2～4之间，汛期径流量占年总径流量的60%～70%。北方地区，最大年径流量与最小年径流量的比值在3～8之间，干旱地区甚至超过100倍，汛期径流量占年总径流量的80%以上。可供水量的计算与年来水量及其年内变化有着密切的关系，年际间以及年内不同时间和空间上的来水变化都会影响可供水量的计算结果。

(2) 供水工程

我国水资源年际、年内变化较大，同时与用水需求的变化不匹配。因此，需要建设各类供水工程来调节天然水资源的时空分布，蓄丰补枯，以满足用户的需水要求。供水量总是与供水工程相联系，各类供水工程的改变，如工程参数的变化，不同的调度方案以及不同发展时期新增水源工程等情况，都会使计算的可供水量有所不同。

(3) 用水条件及水质状况

不同规划水平年的用水结构、用水要求、用水分布与用水规模等特性，以及节约用水、合理用水、水资源利用效率的变化，都会导致计算出的可供水量不同。不同用水条件之间也相互影响制约，如河道生态用水，有时会影响到河道外直接用水户的可供水量。此外，不同规划水平年供水水源的水质状况、水源的污染程度等都会影响可供水量的大小。

3）可供水量计算方法

（1）地表水可供水量计算

地表水可供水量大小取决于地表水的可引水量和工程的引提水能力。假如地表水有足够的可引用量，但引提水工程能力不足，则其可供水量也不大；相反，假如地表水可引水量小，再大能力的引提水工程也不能保证有足够的可供水量。地表水可供水量的计算公式为：

$$W_{地表可供} = \sum_{i=1}^{t} \min(Q_i, Y_i) \tag{5-1}$$

式中：Q_i、Y_i ——为 i 段满足水质要求的可引水量、工程的引提水能力；

t——计算时段数。地表水的可引水量 Q_i 应不大于地表水的可利用量。

可供水量预测，应预计工程状况在不同规划水平年的变化情况，应充分考虑工程老化失修、泥沙淤积、地表水水位下降等原因造成的实际供水能力的减少。

（2）地下水可供水量计算

地下水规划供水量以其相应水平年可开采量为极限，在地下水超采地区要采取措施减少开采量使其与开采量接近，在规划中不应大于基准年的开采量；在未超采地区可以根据现有工程和新建工程的供水能力确定规划供水量。地下水可供水量采用公式(5-2)计算：

$$W_{地下可供} = \sum_{i=1}^{t} \min(Q_i, W_i, X_i) \tag{5-2}$$

式中：X_i ——第 i 段需水量，m^3；

W_i ——第 i 时段当地地下水可开采量，m^3；

Q_i ——第 i 时段机井提水量，m^3；

t——计算时段数。

4）其他水源的可供水量

在一定条件下，雨水集蓄利用、污水处理利用、海水、深层地下水、跨流域调水等都可作为供水水源，参与到水资源供需分析中。

（1）雨水集蓄利用主要指收集储存屋顶、场院、道路等场所的降雨或径流的微型蓄水工程，包括水窖、水池、水柜、水塘等。通过调查、分析现有集雨工程的供水量以及对当地河川径流的影响，提出各地区不同水平年集雨工程的可供水量。

（2）微咸水（矿化度 2～3 g/L）一般可补充农业灌溉用水，某些地区矿化度超过 3 g/L 的咸水也可与淡水混合利用。通过对微咸水的分布及其可利用地域范围和需求的调查分析，综合评价微咸水的开发利用潜力，提出各地区不同水平年微咸水的可利用量。

（3）城市污水经集中处理后，在满足一定水质要求的情况下，可用于农田灌溉及生态环境用水。对缺水较严重城市，污水处理再利用对象可扩及水质要求不高的工业冷却用水，以及改善生态环境和市政用水，如城市绿化、冲洗道路、河湖补水等。

① 污水处理再利用于农田灌溉，要通过调查，分析再利用水量的需求、时间要求和使用范围，落实再利用水的数量和用途。部分地区存在直接引用污水灌溉的现象，在供水预测中，不能将未经处理、未达到水质要求的污水量计入可供水量中。

② 有些污水处理再利用需要新建供水管路和管网设施，实行分质供水，有些需要建设深度处理或特殊污水处理厂，以满足特殊用户对水质的目标要求。

③ 估算污水处理后的入河排污水量，分析对改善河道水质的作用。

④ 调查分析污水处理再利用现状及存在的问题，落实用户对再利用的需求，制定各规划水平年再利用方案。

(4) 海水利用包括海水淡化和海水直接利用两种方式。对沿海城市海水利用现状情况进行调查。海水淡化和海水直接利用要分别统计，其中海水直接利用量要求折算成淡水替代量。

(5) 严格控制深层承压水的开采。深层承压水利用应详细分析其分布、补给和循环规律，做出深层承压水的可开发利用潜力的综合评价。在严格控制不超过其可开采数量和范围的基础上，提出各规划水平年深层承压水的可供水量计算成果。

(6) 跨流域跨省的调水工程的水资源配置，应由流域管理机构和上级主管部门负责协调。跨流域调水工程的水量分配原则上按已有的分水协议执行，也可与规划调水工程一样采用水资源系统模型方法计算出更优的分水方案，在征求有关部门和单位后采用。

三、水资源供需平衡分析

1) 概念及内容

水资源供需平衡分析是指在综合考虑社会、经济、环境和水资源的相互关系基础上，分析不同发展时期、各种规划方案的水资源供需状况。水资源供需平衡分析就是采取各种措施使水资源供水量和需水量处于平衡状态。

水资源供需平衡分析的核心思想就是开源节流。一方面增加水源，包括开辟各类新的水源，如海水利用；另一方面就是减少用水需求，通过各种手段减少对水资源的需求，如提高水资源利用效率、改革管理机制等。

水资源供需分析以流域或区域的水量平衡为基本原理，对流域或区域内的水资源的供用、耗、排等进行长系列的调算或典型年分析，得出不同水平年各流域的相关指标。供需分析计算一般采取 2～3 次供需分析方法。

水资源供需分析的内容包括：

(1) 分析水资源供需现状，查找当前存在的各类水问题；

(2) 针对不同水平年，进行水资源供需状况分析，寻求在将来实现水资源供需平衡的目标和问题；

(3) 最终找出实现水资源可持续利用的方法和措施。

2) 基本原则与要求

(1) 水资源供需分析是在现状供需分析的基础上，分析规划水平年各种合理抑制需求、有效增加供水、积极保护生态环境的可能措施(包括工程措施与非工程措施)，组合成规划水平年的多种方案，结合需水预测与供水预测，进行规划水平年各种组合方案的供需水量平衡分析，并对这些方案进行评价与比选，提出推荐方案。

(2) 水资源供需分析应在多次供需反馈和协调平衡的基础上进行。一般进行两至三次平衡分析，一次平衡分析是考虑人口的自然增长，经济的发展，城市化程度和人民生活水平的提高，在现状水资源开发利用格局和发挥现有供水工程潜力情况下的水资源供需分析；若一次平衡有缺口，则在此基础上进行二次平衡分析，在进一步强化节水、治污与污水处理回用、挖潜等工程措施，以及合理提高水价、调整产业结构、合理抑制需求和改善生态环境等措施的基础上进行水资源供需分析；若二次平衡仍有较大缺口，应进一步加大调整经济布局和产业结构及节水的力度，具有跨流域调水可能的，应增加外流域调水，进行三次供需平衡分析。

(3) 选择经济、社会、环境、技术方面的指标，对不同组合方案进行分析、比较和综合评价。评价各种方案对合理抑制需求、有效增加供水和保护生态环境的作用与效果，以及相应的投入和代价。

(4) 水资源供需分析要满足不同用户对水量和水质的要求。根据不同水源的水质状况，安排不同水质要求用户的供水。水质不能满足要求者，其水量不能列入供水方案中参加供需平衡分析。

3) 平衡计算方法

进行水资源供需平衡计算时采用以下公式：

$$可供水量 - 需水量 - 损失的水量 = 余水(缺水量) \tag{5-3}$$

(1) 在进行水资源供需平衡计算时，首先要进行水资源平衡计算区域的划分，一般采用分流域分地区进行划分计算。在流域或省级行政区内以计算分区进行，在分区内时城镇与乡村要单独划分，并对建制市城市进行单独计算。其次，要进行平衡计算时段的划分，计算时段可以采用月或旬。一般采用长系列月调节计算方法，能正确反映计算区域水资源供需的特点和规律。主要水利工程、控制节点、计算分区的月流量系列应根据水资源调查评价和供水量预测分析的结果进行分析计算。

(2) 在供需平衡计算出现余水时,即可供水量大于需水量时,如果蓄水工程尚未蓄满,余水可以在蓄水工程中滞留,把余水作为调蓄水量参加下一时段的供需平衡;如果蓄水工程已经蓄满水,则余水可以作为下游计算分区的入境水量,参加下游分区的供需平衡计算;可以通过减少供水(增加需水)来实现平衡。

(3) 在供需平衡计算出现缺水时,即可供水量小于需水量时,要根据需水方反馈信息要求的供水增加量与需水调整的可能性与合理性,进行综合分析及合理调整。在条件允许的前提下,可以通过减少用水方的用水量(主要通过提高用水效率来实现);或者通过从外流域调水实现供需水的平衡。

总的原则是不留供需缺口,在出现不平衡的情况下,可以按以上意见进行二次、三次水资源供需平衡以达到平衡的目的。

4) 解决供需平衡矛盾的主要措施

水资源供需平衡矛盾的解决,应从供给与需求两个方面入手,即供需平衡分析的核心思想"开源节流",增加供给量,减少需求量。

(1) 建设节约型社会,促进水资源的可持续利用。节约型社会是一种全新的社会发展模式。建设节约型社会不仅是由我国的基本国情决定的,更是实现可持续发展战略的要求。节约型社会是解决我国地区性缺水问题的战略性对策,需在水资源可持续利用的前提下,因地制宜地建立起全国各地节水型的城市与工农业系统,尤其是用水大户的工农业生产系统,改进农业灌溉技术、推广农业节水技术、提高农业水资源利用效率,也是搞好农业节水的关键;在工业生产中,加快对现有经济和产业的结构调整,加快对现有生产工艺的改进,提高水资源的循环利用效率,完善企业节水管理,促进企业向高效利用节水型转变。此外,增加国民经济中水源工程建设与供水设施的投资比例进一步控制洪水,预防干旱,提高水资源的利用效率,控制和治理水污染,发挥工程,管理内涵的作用。

建设节约型社会是调整治水,实现人与自然和谐可持续发展的重要措施。一要突出抓好节水法规的制定;二要启动节水型社会建设的试点工作,试点先行,逐步推进;三要以水权市场理论为指导,充分发挥市场配置水资源的基础作用,积极探索运用市场机制,建立用水户主动自愿节水意识及行为的建设。

(2) 加强水资源的权属管理。水资源的权属包括水资源的所有权和使用权两方面。水资源的权属管理相应地包括:水资源的所有权管理和水资源的使用权管理。水资源在国民经济和社会生活中具有重要的地位,具有公共资源的特性,强化政府对水资源的调控和管理。长期以来,由于各种原因,低价使用水资源造成了水资源的大量浪费,使水资源处于一种无序状态。随着水资源需求量的迅猛增长,水资源供需矛盾尖锐，加强对水资源权属进行管理迫在眉睫，如现行的取水许可制度。

（3）采取经济手段调控水资源供需矛盾。水价是调节用水量的一个强有力的经济杠杆，是最有效的节水措施之一。水价格的变化关系到每一个家庭、每个用水企业、每个单位的经费支出，是他们经济核算的指标。如果水价按市场经济的价格规律运作，按供水成本、市场的供需矛盾决定水价，水价必定会提高，水价的提高，用水大户势必因用水成本升高，趋于对自身利益最优化的要求而进行节约用水，达到节水的目的。科学的水资源价值体系及合理的水价，能够使各方面的利益得到协调，促进水资源配置处于最优化状态。

（4）加强南水北调与发展多途径开源。中国水资源时空分布极其不均，南方水多地少，北方水少地多。通过对水资源的调配，缩小地区上水分布差异，是具有长远性的战略，是缓解我国水资源时空分布不均衡的根本措施。开源的内容包括增加调蓄和提高水资源利用率，挖掘现有水利工程供水能力，调配以及扩大新的水源等方面。控制洪水，增加水源调蓄水利工程兴建的主要任务是发电和防洪。因此，对已建的大中型水库增加其汛期与丰水年来水的调蓄量，进行科学合理的水库调度十分重要。增加河道基流及地下水的合理利用；发展集雨、海水及微咸水利用等。

第四节　水资源规划的制定

一、规划方案制定的一般步骤

1）基本要求

（1）依据水资源配置提出的推荐方案，统筹考虑水资源的开发、利用、治理、配置、节约和保护，研究提出水资源开发利用总体布局、实施方案与管理方式，总体布局要求，工程措施与非工程措施紧密结合。

（2）制定总体布局要根据不同地区自然特点和经济社会发展目标要求，努力提高用水效率，合理利用地表水与地下水资源；有效保护水资源，积极治理，利用废污水、微咸水和海水等其他水源；统筹考虑开源、节流、治污的工程措施。在充分发挥现有工程效益的基础上，兴建综合利用的骨干水利枢纽，增强和提高水资源开发利用程度与调控能力。

（3）水资源总体布局要与国土整治、防洪减灾、生态环境保护与建设相协调，与有关规划相互衔接。

(4) 实施方案要统筹考虑投资规模、资金来源与发展机制等，做到协调可行。

2) 水资源规划决策的一般步骤

水资源规划是一个系统分析过程，也是一个宏观决策过程，同一般问题的决策程序一样，具有五个主要的内容，即问题的提出、目标选定、制定对策、方案比选和方案决策。

(1) 问题的提出。水资源规划中问题的提出，实际上是对规划区域水资源问题的诊断，这就要求规划者弄清楚水资源工程的实际问题：问题的由来及背景；问题的性质；问题的条件；收集资料、数据的情况。

(2) 目标选定。正确提出问题后，就可以开始解决问题。目标选定就是要拟定一个解决问题的宏观策略，提出解决问题的方向。目标的选定通常是由决策者决定的，往往由规划者具体提出。在大多数情况下，决策者很难用清晰周密的语言描述他们的真正目标，而规划者又很难站在决策者的高度提出解决方案。即使决策者在开始分析阶段就能明确地提出目标，规划者也不能不加分析地加以应用，而要分析目标的层次结构，选择适当的目标。如何适当地选定目标，还需要规划者根据决策者的意愿，进行综合分析并结合实际经验，才能正确选定。

(3) 制定对策。制定对策就是针对问题的具体条件和规划的期望目标而制定解决问题、实现目标的对策。水资源规划中，为使规划决策定量化，一般都从决策问题的系统设计开始，建立针对决策问题的模型。模型一般分为物理模型和数学模型两大类，其中数学模型又可分为优化模型和模拟模型两种。不同的问题选定与其相适应的模型类型。

(4) 方案比选。在模型建立后，根据实测或人工生成的水文系列作为输入，在计算机上对各用水部门的供需过程进行对比，求出若干可行方案的相应效益，通过对主次目标的评价，筛选出若干可行方案，并提供给决策者评价。决策者则可根据自己的经验和意愿，对系统分析的成果进行对比分析，在总体权衡利弊得失后，进行决策。

(5) 方案决策及其检验。决策是对一种或几种值得采用的或可供进一步参考的方案进行选定；在通过初选方案后，还需对入选方案获得的结论作进一步检验，即方案在通过正确性检验后才能进入到实施阶段。

(6) 规划实施。根据决策制定出的具体行动计划，亦即将最后选定的规划方案在系统内有计划地具体实施。如果在工程实施中遇到的新问题不多，可对方案略加调整后继续实施，直到完成整个计划。如果在方案实施过程中遇到的新问题较多，就要返回到前面相应步骤中，重新进行计算。以上仅是逻辑过程，并不是很严格，且在运算过程中需进行不断反馈。

二、规划方案的工作流程

水资源综合规划的工作流程如下：

(1) 视研究范围的大小，先按研究范围的流域进行组织。

(2) 流域机构按照各自的职责范围，组织本流域内各分区一起开展流域规划编制，在各分区反复协调的基础上，形成流域或区域规划初步成果。

(3) 在流域或区域规划初步成果基础上，进行研究范围总体汇总，在上下多次成果协调的基础上形成总体性的水资源综合规划。

(4) 在总体规划的指导下，完成流域水资源综合规划。

(5) 在流域或区域规划指导下，完成区域水资源综合规划。

(6) 规划成果的总协调。

总之，流域规划在整个规划过程中起到承上启下的关键性作用，规划工作的关键在于流域规划。

三、规划方案的实施及评价

1) 规划方案的实施

水资源规划的实施，即根据水资源规划方案决策及工程优化开发程序进行水资源工程的建设阶段或管理工程的实施阶段。工程建成后，按照所确定的优化调度方案，进行实时调度运行。

2) 规划实施效果评价

(1) 基本要求

① 综合评估规划推荐方案实施后可达到的经济、社会、生态环境的预期效果及效益。

② 对各类规划措施的投资规模和效果进行分析。

③ 识别对规划实施效果影响较大的主要因素，并提出相应的对策。

(2) 评价内容

规划实施效果评价按下列三个层次进行。

① 第一层次评价规划实施后，建立的水资源安全供给保障系统与经济社会发展和生态环境保护的协调程度，主要包括：

- 规划实施后水资源开发利用与经济社会发展之间的协调程度；
- 规划实施后水资源节约、保护与生态保护及环境建设的协调程度；
- 规划实施后所产生的宏观社会效益、经济效益和生态环境效益。

② 第二层次评价规划实施后水资源系统的总体效果，主要包括：

- 规划实施后对提高供水和生态与环境安全的效果，以及对提高水资源承载

能力的效果；

• 规划实施后对水资源配置格局的改善程度，包括水资源供给数量、质量和时空分布的配置与经济社会发展适应和协调程度等；

• 规划实施后对缓解重点缺水地区和城市水资源紧缺状况和改善生态环境的效果；

• 规划实施后流域、区域及城市供用水系统的保障程度、抗风险能力以及抗御特枯水及连续枯水年的能力和效果；

• 工程措施和非工程措施的总体效益分析。

③ 第三层次评价各类规划实施方案的经济效益，主要包括：

• 评价节水措施实施后节水量和效益；

• 评价水资源保护措施实施后所产生的社会效益、经济效益和生态环境效益；

• 评价增加供水方案实施后由于供水能力和供水保证率的提高，所产生的社会效益、经济效益和生态环境效益；

• 评价非工程措施的实施效果：包括对提出的抑制不合理需求、有效增加供水和保护生态环境的各类管理制度、监督、监测及有关政策的实施效果进行检验；

• 有条件的地区可对总体布局中起重大作用的骨干水利工程的实施效果进行评价；

• 对综合规划的近期实施方案进行环境影响总体评价，对可能产生的负面影响提出补偿改善措施。

规划实施效果按水资源一级分区和省级行政区进行评价，评价采取定性与定量相结合的方法，以定量为主。

第六章　水资源优化配置

水资源优化配置是水资源可持续利用的重要内容，一直是提高水资源高效利用所需要讨论的议题，近几年来随我国北方部分城市严重缺水以及洪、涝、旱等灾害的不断出现，使得这一研究课题越来越受到社会各界的普遍关注。如何使水资源充分发挥作用，使之有利于人类社会发展成为了众多学者为之努力的方向。同时，合理开发利用水资源、实现水资源优化配置也是我国实施可持续发展战略的根本保障，有着重要的现实意义。不同学者也从不同的角度诠释了水资源配置的概念。

根据《全国水资源综合规划技术大纲》，水资源优化配置的定义是指在流域或特定的区域范围内，遵循高效、公平和可持续原则，通过各种工程与非工程措施，积极考虑市场经济规律和资源配置准则，通过合理抑制需求、有效增加供水、积极保护生态环境等手段和措施，对多种可利用的水资源在区域间和各用水部门间进行的调配。

左其亭等(2008)认为，水资源配置是指在流域或特定的区域内，遵循高效、公平与可持续利用的原则，通过各种工程与非工程措施，改变水资源的天然时空分布；遵循市场经济规律与资源配置准则，利用系统科学方法、决策理论与计算机模拟技术，通过合理抑制需求、有效增加供水与积极保护环境等手段和措施，对可利用的水资源在区域间与各用水部门间进行时空调控和合理配置，不断提高区域水资源的利用效益和效率。

董增川认为，水资源配置有广义和狭义之分。从广义上讲，水资源优化配置是在水资源开发利用过程中，对洪涝灾害、干旱缺水、水生态环境恶化等问题解决的统筹安排，实现除害兴利结合、防洪抗旱并举、开源节流并重，协调上下游、左右岸、干支流、城市与乡村、流域与区域、开发与保护、建设与管理、近期与远期各方面的关系。从狭义上讲，水资源优化配置主要是指水资源供给与需求之间关系的处理。

同时，水资源优化配置还具有整体性和水资源系统性两方面的含义。一方面，整体是系统的全部组分集合。系统整体性原理表明，整体性功能不同于或大于系统各组分功能之和。水资源系统是与生态环境、社会经济相耦合的水资源生态经济复合系统，是自然资源与人工系统相结合的复合系统。水资源是人类生产、生活及生命中不可代替的自然资源和环境资源，影响国民经济的发展，在一定的经济技术条件下，能够为社会直接利用或待利用。水资源持续利用系统应以流域或区域整体为单元，统筹单元内的水资源、生态环境、经济社会发展三者间关系和相互影响，使水资源为整体的持续发展服务。另一方面，水资源系统与人类社会和生态系统有密切关系，其中一个系统的变化，将会同时影响另外两个系统朝正负两个方向产生相应的变化。

第一节 水资源优化配置的目标及原则

一、水资源优化配置的目标

水资源优化配置要实现的效益最大化，是从社会、经济、生态三个方面来衡量的，是综合效益的最大化。从社会方面来说，要实现社会和谐，保障人民安居乐业，促使社会不断进步；从经济方面来说，要实现区域经济可持续发展，不断提高人民群众的生活水平；从生态方面来说，要实现生态系统的良性循环，保障良好的人居生存环境；总体上达到既能促进社会经济不断发展，又能维护良好生态环境的目标。水资源优化配置的最终目标就是实现水资源的可持续利用，保证社会经济、资源、生态环境的协调发展。

水资源优化配置的目标是协调水资源供需矛盾、保护生态环境、促进区域社会经济可持续发展，故水资源优化配置需要从以下三个方面来实现。

1）有效增加供水

通过工程措施，改变水资源的天然时空分布来适应生产力的布局。通过管理措施，提高水的分配效率特别是循环利用率和重复利用率，协调各项竞争性用水。通过其他措施，加强水利工程调度管理，提高水资源尤其是洪水资源的利用率。

2）合理抑制需求

提高水的利用效率，通过调整产业结构，采取节水型生产工艺、节水型一切设备，建设节水型经济和节水型社会等途径，抑制经济社会发展对水资源需求的增长，实现水资源需求的零增长或负增长。同时，用水效率反映了技术进步的程度、节水水平和节水潜力，它受到用水技术和管理水平的制约。

3）积极保护生态环境

为保持水资源和生态环境的可再生维持功能，在经济社会发展和生态环境保护之间应确定一个协调平衡点。这个平衡点需要满足两个条件：一是经济社会发展需求水资源产生的生态影响，以及由此导致的整体生态状况应当不低于现状水平（现状生态环境状况较差需要修复的除外）；二是生态与环境用水量必须满足天然生态和环境保护的基本要求，以维护生态系统结构的稳定。

二、水资源优化配置的原则

水资源配置是一个复杂的系统工程，涉及不同层次、不同用户、不同决策者、不同目标的不确定性问题，水资源配置的基本原则应基于这一特征。根据水资源配置的目标，水资源配置应当遵循资源高效性、可持续性和公平性的原则。

1）高效性原则

水是珍贵的有限资源，资源高效性原则是指水资源的高效利用，取得环境、经济和社会协调发展的最佳综合效益。水资源的高效利用不单纯是指经济上的高效性，它同时包括社会效益和环境效益，是针对能够使经济、社会与环境协调发展的综合利用效益而言的。

2）公平性原则

在我国，水资源所有权属于国家所有，即人人都是水资源的主人，在水资源使用权的分配上人人都有使用水的权利。水资源配置的公平性原则，还体现在社会各阶层间和区域间对水资源的合理分配利用上，并且水资源配置的目标也体现了公平性的原则。它要求不同区域（上下游、左右岸）之间协调发展，以及发展效益或资源利用效益在同一区域内社会各阶层中公平分配。例如家庭生活用水的公平分配是对所有家庭而言的，无论其是否有购水能力，都有使用水的基本权利；也可以依据收入水平采用不同的水价结构进行分水。

3）可持续性原则

水资源可持续发展是指为了能使水资源永续地利用下去，可持续性原则也可以理解为代际间水资源分配的公平性原则。对它的开发利用要有一定限度，必须保持在它的承受能力之内，以维持自然生态系统的更新能力和可持续地利用。它是以研究一定时期内全社会消耗的资源总量与后代能获得的资源量相比的合理性，反映水资源在度过其开发利用阶段、保护管理阶段和管理阶段后，步入的可持续利用阶段中最基本的原则。水资源优化配置作为水资源可持续理论在水资源领域的具体体现，应该重视人口、资源、生态环境以及社会经济的协调发展，以实现资源的充分、合理的利用，保证生态环境的良性循环，促进社会的持续健康发展。

第二节 水资源优化配置类型

水资源优化配置是保障水资源可持续利用的重要内容，根据问题的特点，水资源优化配置范围、对象和规模的不同，可将水资源优化配置划分为灌区、区域、流域和跨流域、城市水资源优化配置几种类型。

一、灌区水资源优化配置

利用系统理论与方法，以灌区经济效益最大或供水量之和最大为目标函数，以作物种植面积或各用水量为决策变量，建立多水源联合优化调配模型。由于灌区主要向农业供水，水源和用水结构相对简单，影响和制约因素相对较少，如何实现灌区有限水资源量的最大效益，成为广大学者较早涉足的研究领域之一。1990年，曾赛星、李寿声在对内蒙古河套灌区地表水地下水联合优化调度中，采用动态规划方法确定各种作物的灌水定额及灌水次数。同年，郑梧森等用模拟方法计算灌区灌水和排水过程。1998年，翁文斌等以安阳市地面水和地下水联合调度为例，在其水资源循环过程中建立了农业灌溉、城市需水、农业需水、配水等七大物理模拟模块。1990年，曾赛星、李寿声针对江苏徐州地区欢口灌区的实际情况建立了一个既考虑灌溉排水、降低地下水位的要求，又考虑多种水资源联合调度、联合管理的非线性规划模型，已确定农作物最优种植模式及各种水源的供水比例。1991年，黄冠华针对灌区若干模糊化问题，提出模糊线性规划在灌区规划和管理中的应用。1992年，唐德善以黄河中游某灌区为例，运用递阶动态规划法，确定水资源量在工业和农业之间的分配比例。1995年，贺北方、黄振平等学者对多水库多目标最优控制运用的模型与方法、灌区渠系优化配水、大型灌区水资源优化分配模型、多水源引水灌区水资源调配模型及应用进行了研究。这些成果使水利工程单元的水量优化配置模型和方法不断丰富和完善，促进了以有限水资源量实现最大效益的思想在水利工程管理中的应用。2001年，邱林、陈守煌等在指出单一目标作物非充分灌溉制度不足的基础上，建立考虑作物种植风险指标时作物非充分灌溉制度的多目标优化模型，并提出多目标模糊优选动态规划理论和多维动态规划相结合的方法，又进一步将该法用于作物灌溉制度的模拟优化设计。

二、区域水资源优化配置

区域水资源优化配置是以行政区或经济区为研究对象。区域是经济社会活动中相对独立的基本管理单位，其经济社会发展具有明显的区域特征。随着经济社会的快速发展,以及多目标和大系统优化管理的日渐成熟,自80年代中期以来,区域水资源优化配置研究成为水资源学科研究的热点之一。由于区域水资源系统结构复杂,影响因素众多,各部门的用水矛盾突出,研究成果多以目标和大系统优化技术为主要研究手段,在可供水量和需水量确定的条件下,建立区域有限的水资源量在各分区和用水部门间的优化配置模型,求解模型得到水量优化配置方案。1988年、1989年,贺北方提出区域水资源优化分配问题,建立了大系统序列优化模型,采用大系统分解协调技术求解,以河南豫西地区为背景建立了区域可供水资源年优化分配的大系统逐级优化模型。1989年,吴泽宁、蒋水心等人以经济区社会经济效果最大为目标,建立了经济区水资源优化分配的大系统多目标模型及其二阶分解协调模型,并用层次分析法间接考虑水资源配置的生态环境效果,以三门峡市为例对模型和方法进行了验证,得到了不同水平不同保证率情况下的水资源量优化分配方案。1995年,翁文斌、蔡喜明等人将宏观经济、系统方法与区域水资源规划实践相结合,形成了基于宏观经济的水资源优化配置理论,并在这一理论指导下,提出了区域水资源配置的多目标宏观决策分析方法,采用模拟优化技术建模,在优化目标中考虑了环境目标(BOD排放量最小),实现了水资源配置与区域经济系统的有机结合,体现了水质水量统一配置的思想,也是水资源优化配置研究思路上的一个突破。卢华友等(1997年)、黄强等(1999年)、聂相田等(1999年)和辛玉琛等(2000年)等分别以义乌市、西安市、宁陵市和长春市水资源系统为对象,建立多水源、多目标水资源配置方案。2000年,吴险峰、王丽萍探讨了北方缺水城市——枣庄在水库、地下水、回用水、外调水等复杂水源下的优化供水模型,从社会、经济、生态综合效益考虑,建立了水资源量优化配置模型。2002年中国水利水电科学研究院等单位联合完成的"九五"国家重点科技攻关项目"西北地区水资源合理开发利用与生态环境保护研究",建立了干旱区生态环境需水量计算方法,提出了与区域发展模式及生态环境保护准则相适用的生态环境需水量,在此基础上,提出了针对西北地区生态脆弱地区的水资源配置方案。

三、流域水资源优化配置

流域是具有层次结构和整体功能的复合系统,由社会经济系统、生态环境系统、水资源系统构成,是最能体现水资源综合特性和功能的独立单元。流域水资源优化配置是针对某一特定流域范围内的多种水源优化分配问题。流域是具有层次结构和整体功能的复合系统,由社会经济系统、生态环境系统、水资源系统构成,流域系统是最能体现水资源综合特性和功能的独立单元。国内在流域水资源优化配置方面也取得了可喜的成果,与区域水资源优化配置研究具有近似的特征。1994 年，唐德善应用多目标优化的思想，建立了黄河流域水资源多目标分析模型，提出了大系统多目标优化的求解方法。1996 年由黄委会勘测规划设计研究院主持的“黄河流域水资源合理分配和优化调度研究”成果中，开发由数据库、模拟模型、优化模型等组成的决策支持系统，并初步研究了黄河干流多库水量联合调度模型。同年，王成丽等针对近年来黄河下游连年缺水、断流等现象，研究了黄河下游水资源量的优化分配问题。2000 年，徐慧等为使大型水库群在大范围暴雨洪水期间综合效益达到最优，采用动态规划模型求解淮河流域大型水库群的水量联合优化调度问题。2002 年，陈晓宏等以大系统分解协调理论作为技术支持，运用逐步宽容约束法及递阶分析法，建立了东江流域水资源优化调配的实用模型和方法，并对该流域特枯年水资源量进行优化配置和供需平衡分析。

四、跨流域水资源优化配置

跨流域水资源优化配置是以两个以上的流域为研究对象，其系统结构和影响因素间的相互制约关系较区域和流域更为复杂，仅用数学规划技术难以描述系统的特征。因此，仿真性能强的模拟技术和多种技术结合成为跨流域水资源量优化配置研究的主要技术手段。1990 年，陈守煌、赵瑛琪对跨流域系统补偿特性与提高供水能力进行了研究；同年，方淑秀、王孟华对滦河的跨流域引水工程多水库联合供水优化调度提出了确定型动态规划聚集解集技术。1994 年，邵东国针对南水北调东线这一多目标、多用途、多用户、多供水优先次序、串并混联的大型跨流域调水工程的水量优化调配，以系统弃水量最小为目标，建立了自优化模拟决策模型，采用动态规划法进行求解。1997 年，吴泽宁等以跨流域水资源系统的供水量最大为目标，将模拟技术和数学规划方法相结合，建立了具有自优化功能的流域水资源系统模拟规划模型，并以大通河和湟水流域为例对模型进行了验证，提出了跨流域调水工程的规模。同年，卢华友等以跨流域水资源系统中各子系统的供水量和蓄水量最大、污水量和弃水量最小为目标，建立了基于多维动态规划和模拟技术相结合的大系统分解协调实时调度模型，采用动态规划法进行求解，并以南水北调中线工程为背景进行了实例验算。该成果考虑了污水量最小目标，是水资源优化配置研究的一大进步。

五、城市水资源优化配置

针对某一个具体城市，建立多水源多目标优化模型。1997 年，卢华友等以义乌市水资源系统为对象，建立大系统分解协调模型，提出了递阶模拟择优的方法。1999 年，黄强等以西安市市区供水水源优化调度为实例，建立了多水源联合调度的多目标优化模型，提出了多目标模型求解思路和方法。2000 年，辛玉琛等应用现代的系统分析理论，建立长春市多水源联合供水的优化管理模型。同年，吴险峰等探讨了北方缺水城市——枣庄，在水库、地下水、回用水、外调水等复杂水源下的优化供水模型，从社会、经济、生态综合效益考虑，建立了水资源优化配置模型。

第三节　水资源优化配置技术方法

20 世纪 80 年代，由华士乾教授为首的课题组对北京地区的水资源利用系统工程方法进行了研究，并在“七五”国家重点科技攻关项目中加以提高和应用。该项研究成果考虑了水量的区域分配、水资源利用效率、水利工程建设次序以及水资源开发利用对国民经济发展的作用，成为我国水资源配置研究的雏形。“水资源优化配置”一词，在我国正式提出是 1991 年，当时，为了借鉴国外水资源管理的先进理论、方法和技术，在国家科委和水利部的领导下，中国水利水电科学研究院陈志恺和王浩等在 1991—1993 年期间承担了联合国开发计划署的技术援助项目“华北水资源管理(UNDP CPR/88/068)”，首次在我国开发出华北宏观经济水资源优化配置模型，研制了京、津、唐地区宏观经济水规划决策支持系统，它包括由宏观经济模型、多目标分析模型和水资源模拟模型等 7 个模型组成的模型库，由 Oracle 软件及 ARC/INFO 软件支持的数据库和多级菜单驱动的人一机界面等，实现了各个模型之间的连接与信息交换。

流域水资源优化配置是以江河流域为对象的优化配置。1994 年，罗其友、陶陶、宫连英等围绕水资源最优利用问题，对黄河流域水资源配置原则，农业水资源在地区之间、作物之间以及作物不同发育阶段之间的合理配置进行了分析、探讨。唐德善应用多目标规划的思想，建立了黄河流域水资源多目标分析模型，提出了大系统多目标规划的求解方法。1997 年，黄强、晏毅、范荣生等对黄河干流水库联合调度建立了模拟优化模型，考虑到模型特点及求解困难，文中提出了基于等出力试算，考虑库群补偿调节的人机对话算法，以实现对复杂水库群系统的模拟仿真，寻求水库联合调度的“满意策略”。吴泽宁等以跨流域水资源系统的供水量最大为目标，将模拟技术和数学规划方法相结合，建立了具有自优化功能的流域水资源系统模拟规划模型，并以大通河和湟水流域为例对模型进行了应用研究。2002 年，阎战友通过采用综合开发治理措施，在时间和空间上合理配置水资源，进行海河流域生态环境改善和恢复研究。2004 年，冯黎、宋臻概述了黄河水资源的特点、用水现状及水资源利用中的主要矛盾，剖析了黄河上游龙羊峡、刘家峡水库构成的水量调解体系，并结合西线南水北调，系统分析了这一水量调节体系对水资源调节配置的能力及协调水资源利用与水资源配置关系的能力。赵惠、武宝志以宏观经济发展为出发点，在水资源短缺的情况下，进行辽河流域水资源的优化配置研究，为制定合理的开发利用计划、优化产业结构调整、保证生态平衡及水资源的可持续利用提供了依据。2005 年，王雁林、王文科、杨泽元等立足于流域社会经济与生态环境协调发展，以实现流域水资源永续利用为目标，分析了陕西省渭河流域面向生态的水资源合理配置与调控模式的内涵，提出了其基本原则，并从流域生态环境现状及未来需求出发，探讨了陕西省渭河流域面向生态流域水资源合理配置与调控模式的基本内容，分析了陕西省渭河流域 2000 年、2010 年、2020 年水资源合理配置与调控方案。

水资源优化配置是涉及社会经济、生态环境以及水资源本身等诸多方面的复杂系统工程，并随着可持续发展战略的开展及水资源的严重短缺，研究者对水资源优化配置研究趋于成熟，并不断地引入新的水资源优化配置理论方法。到目前为止，水资源优化配置模型构建中较为成熟的主要方法有系统动力学方法、多目标规划与决策技术、大系统分解协调理论和投入产出模型等。

一、系统动力学方法

系统动力学方法是把研究的对象看做具有复杂结构的、随时间变化的动态系统，通过系统分析绘制出表示系统结构和动态特征的系统流图，然后把变量之间的关系定量化，建立系统的结构方程式以便进行模拟试验。水资源系统设计的变量很多，各变量之间关系复杂，并且模拟的过程是个动态过程，系统动力学恰恰具备了处理非线性、多变量、信息反馈、时变动态性的能力，基于系统动力学建立的水资源优化配置模型，可以明确地体现水资源系统内部变量间的相互关系，因此系统动力学方法也被许多学者用于水资源优化配置分析。例如，方创琳将参与柴达木盆地水资源优化配置的总系统分析成人口、水资源、农业、工业及第三产业、环境污染和 GDP 共六大子系统，按照系统动力学建模的基本原理形成了柴达木盆地的水资源优化配置基准方案。高彦春等运用系统动力学模型对汉中盆地平坝区水资源系统进行仿真预测分析，并以系统动力学模型为基础，建立了汉中盆地平坝区水资源系统开发的多个方案。张梁采用系统动力学仿真模拟等方法，对甘肃省石羊河流域水资源与环境经济进行了综合规划，提出了解决流域水资源危机的基本途径。系统动力学方法的优点在于能定量地分析各类复杂系统的结构和功能的内在关系，能定量分析系统的各种特性，擅长处理高阶、非线性问题，比较适应宏观的动态趋势研究。其缺点是系统动力学模型的建立受建模者对系统行为动态水平认识的影响，由于参数不好掌握，易导致不合格的结论。

二、多目标规划与决策技术

水资源优化配置涉及社会经济、人口、资源、生态环境等多个方面，是典型的多目标优化决策问题。水资源优化配置过程中，任何目标都不可偏否，必须强调目标间的协调发展，于是，多目标优化方法应运而生。多目标优化包括两个方面的内容，其一是目标间的协调处理；其二是多目标优化算法的设计。关于从多目标优化角度进行水资源优化配置的成果也不少。比如，贺学海和邵景力（1998）考虑水资源与社会、经济和环境的关系，构建了包头市地下水—地表水联合调度多目标管理模型，并运用管理模型实现了该市地下水和地表水资源优化调度，解决了包头市水资源短缺问题。方红远等（2001）针对多目标水资源系统优化运行问题提出了多目标决策遗传算法，并成功应用于苏北平原湖区的水资源开发利用中。邵东国（1998）应用系统工程理论与方法，结合南水北调中线工程，建立了复杂水资源系统的大系统多目标实时优化调度模型。孙永堂等（1996）通过对公主岭地下水资源开发利用中存在的主要问题的分析，确定了水资源管理的目标，建立了水质水量联合优化管理等多目标线性规划模型等。多目标决策的优点在于它可以同时考虑多个目标，避免为实现某单一目标而忽视其他目标，但是，由于多目标决策涉及决策者偏好问题，不同的利益团体追求不同的目标效果，往往还是相差很大，因而难以得到一个单一的绝对的最优解。

由于水资源优化配置受复杂的社会、经济、环境及技术因素的影响，在水资源配置过程中就必然会反映决策者个人的价值观和主观愿望。水资源配置多目标决策问题一般不存在绝对最优解，其结果与决策者的主观愿望紧密相连。交互式决策方法能够实现决策者与系统信息的反复交换并充分体现决策者的主观愿望，在多目标决策中得到广泛应用。王忠静等（1998）根据可持续发展理论，对干旱内陆河区水资源可持续利用的规划思想和方法进行了研究，总结和延伸了水资源规划的多目标发展、相互作用、动态与风险性、公众接受和滚动规划的规划原则，强调规划中水资源系统的不确定性和规划本身的动态发展特性；提出了交互式宏观多目标优化与方案模拟相结合的决策支持规划思想和操作方法，并对甘肃西部的河西走廊东段的石羊河流域进行了分析。

三、大系统分解协调理论

大系统理论的分解协调法是解决工程大系统全局优化问题的基本方法。根据协调方式的不同，又可分为目标协调法和模型协调法，目标协调法是在协调过程中通过修正子问题的目标函数来获得最优解，模型协调法则是通过修正子问题的最优模型（约束条件）来获得最优解。大系统分解协调理论在水资源优化配置中也得到了广泛应用。沈佩君等（1994）以枣庄市水资源系统为实例，根据该地区及水资源系统的供水特点，建立了包含分区管理调度及统一管理调度模型在内的大系统分解协调模型，成功研究了地表水、地下水及客水等多种水资源的联合优化调度问题。沈佩君等还以鉴江流域供水系统为研究对象，根据大系统分解协调的原理，建立具有仿真性好、信息量大、灵活通用等特点的多层次长系列模拟模型。研究成果表明，整个模型系统简明合理，很好地解决了鉴江流域复杂水资源系统的供需平衡优化决策问题。贺北方等(2002)基于可持续发展理论，以社会、经济、环境的综合效益最大为目标，建立区域水资源优化配置模型，并利用大系统分解协调技术，将模型分解为二级递阶结构成功求解。陈晓宏等建立了以东江流域水资源合理利用为目标，考虑防洪、洪水、航运、压咸等约束，采用大系统分解协调原理，运用逐步宽容约束法及递阶分析法，运用大系统分解协调原理与博弈理论构建了跨边界区域水资源冲突与协调模型体系。黄牧涛等以云南曲靖灌区为例采用大系统分解协调技术对大型灌区水库群系统水资源优化配置问题进行了分析和研究，构建了水资源系统递阶分析协调模型。可见，大系统分解协调理论在水资源优化配置中得到了广泛应用，也取得了不少研究成果。

第四节 水资源优化配置案例分析

区域水资源是一个区域生活、生产、生态价值实现的基础自然资源。王浩教授在题为“面向生态的水资源合理配置与科学调控”的主体综述报告中强调生态问题的提出对原来水资源合理配置的理论方法形成了新的挑战，主要表现在：考虑问题的系统要从水资源与社会经济两个子系统扩展为水资源、社会经济和生态环境三个子系统构成的复合系统，必须从流域水循环的角度考虑生态环境需水量，并将其纳入水资源配置的考虑范围；在配置水资源时，衡量水资源的生态价值，并且要与经济价值进行权衡。

根据区域的具体情况划分为 n 个区域(其中第 n 个区统称为全区域生态环境用水区)，各子区域配水量 $\{W_1, W_2, \cdots, W_n\}^{\mathrm{T}}$，每个子区域(第 n 子区除外)包括生活、工业、农业三类用水部门，第 $i(i=1, 2, \cdots, n-1)$ 自取用水量分别为 $\{X_{i1}, X_{i2}, X_{i3}\}^{\mathrm{T}}$($X_{i1}$ 为生活用水量，X_{i2} 为工业用水量，X_{i3} 为农业用水量)，对于生态环境用水区 n，令 $X_{n1}=X_{n2}=0$, $X_{n3}=W_n$，则建立如下目标函数：

$$Z=\begin{cases}\max\sum_{i=1}^{n}\sum_{j=1}^{3}f_{ij}(C_{ij}X_{ij}, 0) & \text{有效性}\\ \max\sum_{i=1}^{n}\sum_{j=1}^{3}R_{ij}(0)f_{ij}(C_{ij}X_{ij}, 0) & \text{公平性}\\ \min\sum_{t}\sum_{i=1}^{n}\sum_{j=1}^{3}[R_{ij}(t)f_{ij}(C_{ij}X_{ij}, t) \\ \quad -R_{ij}(t+1)f_{ij}(C_{ij}X_{ij}, t+1)] & \text{持续性}\end{cases} \tag{6-1}$$

约束条件为

$$\begin{cases} \dfrac{\mathrm{d}\,\overline{X}_{i1}(t)}{\mathrm{d}t} \geqslant 0 \\ \dfrac{\mathrm{d}\,\overline{X}_{i2}(t)}{\mathrm{d}t} \leqslant 0 \\ \dfrac{\mathrm{d}\,\overline{X}_{i3}(t)}{\mathrm{d}t} \leqslant 0 \\ T(Q(\sum\limits_{i=1}^{n}[X_{i1}(t)+X_{i2}(t)+X_{i3}(t)])) \leqslant B(t) \quad t \in [t_0, +\infty) \\ \dfrac{\mathrm{d}P\{W(t)-\sum\limits_{i=1}^{n}\sum\limits_{j=1}^{3}X_{ij}(t)\}}{\mathrm{d}t} \leqslant 0 \\ \sum\limits_{i=1}^{n}\sum\limits_{j=1}^{3}X_{ij}(t) - W(t) \leqslant 0 \\ \sum\limits_{i=1}^{n}\sum\limits_{j=1}^{3}R_{ij} = 1 \end{cases} \tag{6-2}$$

式中：Z——目标函数值；

n——分区总数；

C_{ij}——i 子区 j 部门用水效率系($i=1, 2, \cdots, n$；$j=1, 2, 3$)：对经济效益而言为与水价有关的效率系数，对社会和环境而言表示与就业机会、粮食产量、BOD 排放量、水环境质量、水面面积等有关的系数；

t——时间，当仅考虑有效性和公平性时，$t=0$，当考虑持续性时，$t>0$，即要求不同时期或时代人类利用水资源的权利和效益应维持不减；R 为各子区用水公平系数，对于收入越高或越富裕的用水对象，R 越小，$0 \leqslant R_{ij} \leqslant 1$；$f$ 为效益函数，反映水资源利用对社会、经济和生态环境等效益的贡献；$\overline{X}_{i1}$ 为 t 时期 i 子区人均生活用水量了；$\overline{X}_{i2}$ 为 t 时期 i 子区工业万元产值用水量；$\overline{X}_{i3}$ 为 t 时期 i 子区单位粮食产量用水量；$Q()$ 各用水部门排污函数；$T()$ 为水体自净函数；$P()$ 为洪灾函数；$B(t)$ 为 t 时期水环境容量；$W(t)$ 为 t 时期水资源可利用量。

以上模型研究区域水资源优化配置还需要考虑区域水源状况，进行区域水源分析，区域水源层次结构如图 6-1 所示。

一般情况下，不同的用水部门对水质的要求也不同，区域内各用水部门按照用水类别从高到低，依次为生活、工业、农业和生态环境等用水部门，水资源配置遵循劣水劣用、优水先优用的分质供水原则，即低类别的水不能供给高级用水部门，而高类别的水首先满足高级别的用水部门，在富裕的情况下也可向低级用水部门供水。

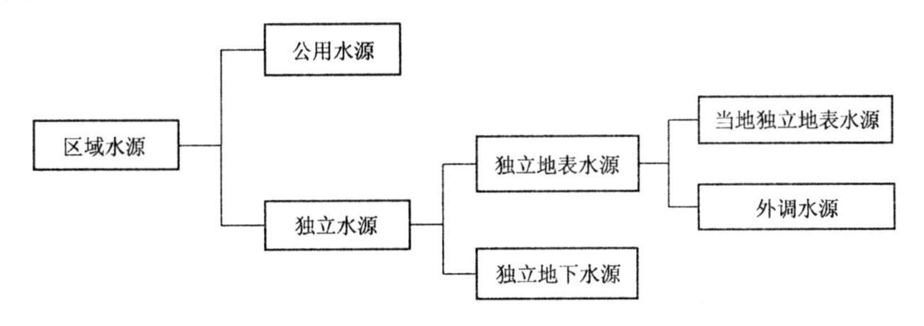

图 6-1　区域水源层次结构图

资料来源：姚荣. 基于可持续发展的区域水资源配置研究[D]. 南京：河海大学，2005.

河海大学姚荣的博士论文“基于可持续发展的区域水资源配置研究”，以浙江省临海市为例，应用区域水资源配置理论模型，对不同规划水平年（2020 年和 2030 年）在 $p=75\%$ 降雨频率下水资源配置进行研究。此案例较为典型，可作为教学参考。现简要介绍如下：

一、自然概况及研究分区目的

临海市地处浙江东中部沿海，位于东经 120°49′～121°41′，北纬 28°40′～29°04′之间。东濒东海，南邻黄岩、椒江，西连仙居，北与天台、三门接壤。东西长 85 km，南北宽 44 km，大陆海岸线长 74 km，岛岸线长 153 km。市域国土总面积2 203 km²，其中山地丘陵面积 1 507 km²、平原面积 553 km²、水域面积 143 km²，分别占总面积的 68.4%、25.1%和 6.5%。另有近海岛屿 74 个，裙礁 3 个，明礁 18 个，干出礁、暗礁 60 个，总面积 19.37 km²，其中有常住人口的岛屿 4 个，计 15.06 km²。

将临海市划分为Ⅰ、Ⅱ、Ⅲ、Ⅳ四个子区，见表 6-1。

表 6-1　各子区行政区划表

分区	范围
Ⅰ分区	白水洋、河头、永丰、括苍 4 个乡镇及大雷山林场、三十六口缸林区、兰辽林场几个林区
Ⅱ分区	灵江及其支流大田港、义城港等沿岸 10 个镇和街道办事处（尤溪镇、江南街道、古城街道、大洋街道、大田街道、汇溪镇、东塍镇、小芝镇、邵家渡镇、汛桥镇以及蛤蟆林区）
Ⅲ分区	杜桥、桃渚、上盘、涌泉 4 个镇
Ⅳ分区	红光办事处

资料来源：姚荣. 基于可持续发展的区域水资源合理配置研究[D]. 南京：河海大学，2005.

区域水资源合理配置涉及社会经济生态环境等各部门，分区是水资源量计算和供需平衡分析的地域单元。由于水资源的开发利用和水环境的保护和治理受自然地理条件、社会经济状况、工农业布局、市镇发展、水资源特点以及水利工程设施等诸多因素的制约，为了因地制宜、合理开发利用水资源、保护和治理水环境，既反映各地区的特点，又探索共同的规律，展望同类型地区的开发前景，需要对水资源的开发利用进行合理的分区。

二、区域可供水量

可供水量是指不同水平年、不同保证率（或不同降雨频率）下，综合考虑来水情况、需水需要，工程设施可提供给各类用水部门（生活、工业、农业、生态环境）的水量。在只考虑现状供水条件下的可供水量，临海市独立水源可供水量如表 6-2 和公用水源可供水量如表 6-3 所示。

表 6-2　2010 年 $p=75\%$降雨频率独立水源可供水量　（单位：万 m^3）

分区	地表水				地下水	外区域调入水	合计
	合计	A类	B类	C类	A类	B类	
Ⅰ区	4 876.8	1 950.7	2 438.4	487.7	470.9	0.0	5 347.7
Ⅱ区	5 223.8	2 089.5	2 611.9	522.4	504.4	300.0	6 028.2
Ⅲ区	3 112.4	1 245.0	1 556.2	311.2	300.5	0.0	3 412.9
Ⅳ区	885.7	354.3	442.8	88.6	85.5	183.0	1 154.2
临海市	14 098.7	5 639.5	7 049.3	1 409.9	1 361.3	483.0	15 943

资料来源：姚荣. 基于可持续发展的区域水资源合理配置研究[D]. 南京：河海大学，2005.

表 6-3　2010 年 $p=75\%$降雨频率公用水源可供水量　（单位：万 m^3）

水库名	A类	B类	C类	合计
牛头山水库		3 740.0	14 960.0	18 700.0
溪口水库	1 700.0	530.0		2 230.0
童燎水库	670.0	500.0		1 170.0
合计	2 370.0	4 770.0	14 960.0	22 100.0

注：溪口水库供台州电厂 A 类水 1 200 万 m^3/年。

资料来源：姚荣. 基于可持续发展的区域水资源合理配置研究[D]. 南京：河海大学，2005.

三、区域水资源合理配置

1）临海市水源分析

遵循优水先优用，劣水劣用的分质供水原则（优质水先向高级用水部门配水，在富余情况下再向低级别用水部门供水；低类别水不可向高级用水部门供水），其供水关系如图 6-2 所示。

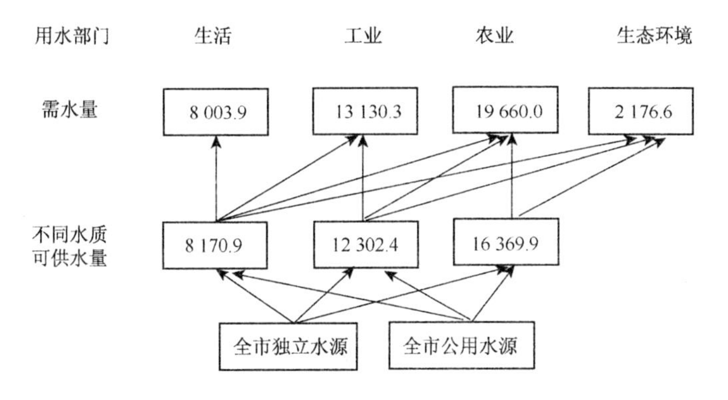

图 6-2 区域水源水质水量供给关系图

资料来源:姚荣.基于可持续发展的区域水资源合理配置研究[D].南京:河海大学,2005.

可求得区域水源配水条件下,临海市各类用水部门(生活、工业、农业、生态环境)缺水量见表 6-4。临海市区域水源配水,工业、农业、生态环境用水部门缺水。

表 6-4 临海市各类用水部门缺水量 (单位:万 m^3)

用水部门	生活	工业	农业	生态环境
缺水量	0	−660.9	−3 290.1	−2 176.6

资料来源:姚荣.基于可持续发展的区域水资源合理配置研究[D].南京:河海大学,2005.

2) 优化配置分析

(1) 水资源合理配置数学模型

根据水资源多目标配置特点,采用线性加权法将各目标归一化,将多目标问题转化为单目标问题求解:

$$F = \min\left(\lambda_1 \frac{F_1}{f_1} + \lambda_2 \frac{f_2}{F_2} + \lambda_3 \frac{f_3}{F_3}\right) \tag{6-3}$$

$$\text{s. t.}\begin{cases} f_1(X) = \sum\limits_{k=1}^{4}\sum\limits_{j=1}^{4}\sum\limits_{i=1}^{I(k)} \partial_k \delta_j^k b_j^k x_{ij}^k + \sum\limits_{k=1}^{4}\sum\limits_{j=1}^{4}\sum\limits_{c=1}^{3} \partial_k \delta_j^k b_j^k x_{cj}^k \\ f_2(X) = \sum\limits_{k=1}^{4}\gamma_k\left\{\sum\limits_{i=1}^{4}\left[d_j^k p_j^k\left(\sum\limits_{i=1}^{I(k)} x_{ij}^k + \sum\limits_{c=1}^{3} x_{cj}^k\right)\right]\right\} \Big/ \left[\sum\limits_{i=1}^{4}\left(\sum\limits_{i=1}^{I(k)} x_{ij}^k + \sum\limits_{c=1}^{3} x_{cj}^k\right)\right] \\ f_3(X) = \sum\limits_{k=1}^{4}\mu_k\left\{\sum\limits_{j=1}^{4}\left[D_j^k - \left(\sum\limits_{i=1}^{I(k)} x_{ij}^k + \sum\limits_{c=1}^{3} x_{cj}^k\right)\right]\right\} \Big/ \sum\limits_{j=1}^{4} D_j^k \end{cases}$$

其中,F_1,F_2,F_3分别为对应的但目标最优值(即不考虑其他两个目标时,各目标的最优值);λ_1、λ_2、λ_3 分别为各目标的权重系数,$0 \leqslant \lambda_1, \lambda_2, \lambda_3 \leqslant 1$,且 $\lambda_1 + \lambda_2 + \lambda_3 = 1$。可根据供需水情况、目标政策倾斜程度、用水优先指数、区域发展协

调性、用水效率以及用水公平性等准则采用 AHP 法确定。

(2) 约束条件参数

① 独立水源供水水质水量约束如表 6-5 所示：

表 6-5 临海市独立水源供水水质水量约束表 （单位：万 m^3）

区域	A类	B类	C类	合计
Ⅰ区	2 421.6	2 438.4	487.7	5 347.7
Ⅱ区	2 593.9	2 911.9	522.4	6 028.2
Ⅲ区	1 545.5	1 556.2	311.2	3 412.9
Ⅳ区	439.8	625.8	88.6	1 154.2
合计	7 000.8	7 532.3	1 409.9	15 943

资料来源：姚荣.基于可持续发展的区域水资源合理配置研究[D].南京：河海大学，2005.

② 公用水源水质水量约束如表 6-6 所示：

表 6-6 临海市公用水源供水水质水量约束表 （单位：万 m^3）

水库名	A类	B类	C类	合计
牛头山水库		3 740.0	14 960.0	18 700.0
溪口水库	1 700.0	530.0		2 230.0
童燎水库	670.0	500.0		1 170.0
合计	2 370.0	4 770.0	14 960.0	22 100.0

注：溪口水库供台州电厂 A 类水 1 200 万 m^3/年。

资料来源：姚荣.基于可持续发展的区域水资源合理配置研究[D].南京：河海大学，2005.

③ 用户需水能力约束。根据各类用水部门的最小、最大需水定额，以及临海市社会、经济、生态环境发展目标，预测 2010 年 $p=75\%$降雨频率各类用水部门最小、最大需水量，见表 6-7。

表 6-7 2010 年 $p=75\%$降雨频率各类用水部门最小、最大需水量 （单位：万 m^3）

分区	生活		工业		农业		生态环境	
	最小	最大	最小	最大	最小	最大	最小	最大
Ⅰ区	750.3	2 033.2	575.0	916.8	3 904.0	5 561.0	451.6	828.9
Ⅱ区	2 172.3	6 039.2	5 578.3	8 346.6	5 771.0	8 154.0	484.9	889.9
Ⅲ区	1 132.0	3 175.8	2 715.2	3 899.9	6 465	9 321	433.5	795.7
Ⅳ区	128.2	343.3	263.5	449.7	684.0	938.0	72.8	133.6
临海市	4 182.8	1 1591.5	9 132.0	13 613.0	16 824	23 974	1 442.8	2 648.1

资料来源：姚荣.基于可持续发展的区域水资源合理配置研究[D].南京：河海大学，2005.

(3) 配置方案

根据基于遗传算法的水资源合理配置二级递阶多目标优化求解方法，可生成如下四个非劣配置方案(方案一～方案四)，见表6-8。

表 6-8　临海市水资源优化配置方案

水利分区	用户	方案一	方案二	方案三	方案四
Ⅰ区	生活	1 406.9	976.9	887.0	863.0
	工业	665.7	884.2	679.7	661.4
	农业	3 904.0	3 904.0	4 609.0	4 490.5
	生态环境	451.6	451.6	451.6	681.3
Ⅱ区	生活	4 104.2	2 828.3	2 568.0	2 498.6
	工业	6 458.2	8 061.9	6 594.5	6 416.3
	农业	5 771.0	5 771.0	6 679.0	6 638.0
	生态环境	484.9	484.9	484.9	731.5
Ⅲ区	生活	2 251	1 473.9	1 338.2	1 302.1
	工业	3 143.5	3 750.4	3 209.8	3 123.1
	农业	6 465.0	6 465.0	7 593.0	7 436.2
	生态环境	433.5	433.5	433.5	654.0
Ⅳ区	生活	241.8	166.9	151.6	147.5
	工业	305.1	433.8	311.5	303.1
	农业	684	684.0	779.0	786.8
	生态环境	72.8	72.8	72.8	109.8
全市	生活	8 003.9	5 446.0	4 944.8	4 811.2
	工业	10 572.4	13 130.3	10 795.5	10 503.9
	农业	16 824.0	16 824.0	19 660.0	19 351.4
	生态环境	1 442.8	1 442.8	1 442.8	2 176.6

资料来源：姚荣.基于可持续发展的区域水资源合理配置研究[D].南京：河海大学，2005.

第七章 用水与节水

第一节 合理用水与节约用水

一、有限的再生资源

水资源通过水循环,可以不断得到更新、再生,可以重复利用,但水资源量是有限的,加之其时空分布不均,供需矛盾日益尖锐。水的循环分为自然循环和社会循环两种。自然循环分为大循环和小循环。从海洋蒸发出来的水蒸气,被气流带到陆地上空,凝结为雨、雪、雹等落到地面,一部分被蒸发返回大气,其余部分成为地面径流或地下径流等,最终回归海洋。这种海洋和陆地之间水的往复运动过程,称为水的大循环。仅在局部地区(陆地或海洋)进行的水循环称为水的小循环。环境中水的循环是大、小循环交织在一起的,并在全球范围内和在地球上各个地区内不停地进行。社会循环是指人们从江河湖泊取水,经过生活工业等使用再排入自然界的过程。

水是生命的源泉,是一切生物赖以生存、经济社会得以发展的重要资源,水不仅用于农业灌溉、工业生产、城市生活,而且还用于发电、航运、水产养殖、旅游娱乐、改善生态环境等。水在人类生活中占有特别重要的地位。随着人口增多,经济社会的快速发展,人民生活水平不断提高,人类对水资源的需求量日益增长,包括中国在内的不少国家、地区都出现了水资源不足的紧张局面,水资源已成为经济社会可持续发展的重要制约因素。水资源是基础性的自然资源,是人类生存、经济发展和社会进步的生命线,是生态环境的控制性要素,也是实现可持续发展的重要物质基础。当前水资源的短缺和不平衡问题已经引起了全世界的不安和关注,水资源问题已成为全球性的课题。实现水资源的可持续利用,支撑和保障经济社会的可持续发展,是世界各国共同面临的紧迫任务,也是我国新时期经济社会发展中具有基础性、全面性和战略性的重大问题。

二、合理用水、节约用水

在当代社会，我国已成为世界第一用水大国，而水资源短缺又成为我国社会经济可持续发展的重要制约因素。节约用水、合理用水已成为我国可持续发展战略中最重要、最基本的内容，直接关系到我国现代化建设的成败和中华民族的兴衰。造成水资源严重短缺的原因，主要有如下三个方面：

首先，水资源浪费几乎无处不在。在农业用水方面，在我国2011年用水量6 107.2亿 m^3 中，农业灌溉用水占74.2%，有效利用率不到45%，比先进国家70%～80%的利用率低25～35个百分点，不少灌区灌溉水量超过作物实际需水量的30%～100%。在城市用水方面，水资源重复利用率一般在30%～50%，而发达国家一般在75%以上。我国的工业每万元产值耗水量相当于发达国家的几倍，特别是我国的钢铁工业耗水量巨大，每生产1 t钢耗水23～56 m^3，而在发达国家平均仅为6 m^3。生活用水浪费现象也很普遍，城市供水网年久失修，据统计漏失率约达7%～8%，有的城市高达10%，仅此一项，全国城市自来水供水损失就达15亿 m^3 左右。

其次，水污染问题突出。随着全国各部门用水的增加，也带来了水污染的严重危害。全国每年有600多亿 m^3 污废水，绝大部分未经处理直接排入各种水体，其中工业废水约占1/3。据有关部门调查，在全国被评价的700多条河流，11 360 km河长中，Ⅳ类水和高于Ⅳ类水的河长占37.6%，受严重污染的河流有淮河、海河和辽河等，污染严重的湖泊有太湖、滇池和巢湖。城市附近的地下水也受到不同程度的污染。水资源受到污染，不仅减少了可供水量，也危及居民身体健康。

第三，对水资源缺乏合理的开采和利用。从水资源总量看，我国是一个水资源大国，水资源总量为2.8万亿 m^3，河川总径流量占了世界总径流量的5%，居世界第6位。但是，我国有13亿人口，人均占有水资源为2 350 m^3，仅相当于世界人均水资源量的1/4。北京市的人均水资源占有量仅为世界平均数的1/25，在120多个国家首都中排名百位之后。人均占有水量少，水资源在时空上分布不均匀，再加上对水资源管理不善，水利工程老化，以及工农业布局不合理等人为因素，全国不少地区，特别是华北、东北、西北地区经常出现水荒，全国有60%～70%的城市存在不同程度的缺水现象。缺水已成为我国北方地区工农业发展的严重限制因素。我国水资源严重不足，其主要原因是水资源浪费巨大、水污染问题突出，对水资源缺乏合理的开采和利用，因此，水资源管理问题就成为头等重要的大事。当今，需水量和用水量急剧增长，使水资源大量消耗，并不断受到污染。水资源的不合理使用和不节约用水，更加剧了水资源供需矛盾。因此，合理用水和节约用水，提高水的利用效率，是缓解水资源短缺的根本性措施。合理用水就是通过水资源合理配置，使有限的水资源得以充分发挥效益，合理用水是节约用水的前提和基础。节水就是节约用水，更加合理用水，采用先进的用水技术，降低水的消耗，提高水的重复利用率，实现合理、科学的用水方式，保障水资源的可持续利用。

建设节水型工业、农业和社会。为了达到合理用水和节约用水目标，必须要做到如下 5 个方面的内容：

1）大力调整产业结构

压缩高耗水产业，发展节水型农业、工业和服务业，特别是水资源短缺的城市要严格限制。当前我国的水污染形势呈现出新的态势：以前主要是工业的点源污染，而随着乡镇企业的迅速发展，农业污染开始逐渐加重。对农业种植业内部结构进行调整，减少高耗水作物的种植面积，增加经济作物的种植比例，发展高效节水农业。在工业和农业，城市和农村，陆地和水体都要实现生活污水、工业废水和农业污染综合治理。

2）积极推广节水技术

强化国家节水技术政策和技术标准执行力度，确保水资源循环发展。2009 年水资源与可持续发展高层论坛开幕式上水利部部长陈雷指出，目前我国正处在由传统水利向现代水利、可持续发展水利转变的关键阶段，要充分发挥水利科技进步的支撑作用，促进水资源管理现代化，实现水资源可持续发展。通过引入先进科学技术实现水资源的循环利用和污水、废水、中水利用，减少水资源的重复浪费，加强节水技术在生活生产等各方面的应用。

3）切实加强用水管理，实行计划用水和定额管理

计划用水是为实现科学合理地用水，使有限的水资源创造最大的社会、经济和生态效益，而对未来的用水行动进行的规划和安排的活动。任何一个地区，可供开发利用的水资源都是有限的，无计划地开发利用水资源，不仅天然水资源环境难以承受，而且还会破坏水资源循环发展的基本条件。同时，使本已紧缺的水资源在利用过程中产生更多的浪费，使管理水资源和用水的各项活动都不能有效地运作，会造成更大的缺水。因此，有计划地用水是实现用水、节水管理目标的重要内容。同时，实施总量控制和定额管理制度也是我国应对水资源短缺、推进节水型社会建设的重要举措。

4）积极稳妥地形成水价机制

水价的改革需要将政府调控手段和经济激励手段有机结合起来，形成在市场运行的基础上兼有政府有效介入与宏观调控的资源配置的准市场，同时建立科学合理的水价机制和管理机制，实行定额管理、分类水价和阶梯式水价，大力推进资源价格合理化改革是唯一的出路。

5）加强节水工作的领导管理

节约用水并不是要在用水目标和用水效果有所降低的情况下减少用水的配额来达到减少供水量的目的。节约用水是指有效的用水，即把无效供水和水的浪费减少到可能的最小程度。节约用水也包含在改进管理和用水技术的前提下，研究可达到统一用水效果而消耗最少用水量的技术途径。节约用水就是高效率用水，减少水的损失和单位产品耗水，对生活用水、工业用水和农业用水都要实行全面节约用水。

三、国内外节水现状

1）国内

在《中国21世纪议程》第16章"水资源开发、利用、保护和管理——保护淡水资源的质量和供应"中，把"开源、节流、保护、管理并重"确定为治水的重要方针，并在全文中多处提到节约用水的必要性。在《中华人民共和国水法》中有明确提出建设节水型农业、节水型工业和节水型社会的目标。为此，应当把节约用水当做基本国策来对待，并且国家也做了大量工作，取得了较大成效。

（1）用水总量的增长得到有效控制

1997—2011年，全国人口从12.36亿增加到13.397亿，增加了8.39%；GDP从7.446万亿元增加到47.156万亿元，增加了6.33倍；用水总量从5 566亿 m^3 增加到6 107.2亿 m^3，仅增加了9.72%。特别是1997—2003年，全国用水总量在5 500亿～5 600亿 m^3 之间波动并略有下降，其中2003年比1997年下降了246亿 m^3。

（2）综合用水效率不断提高

1997年，全国平均万元GDP用水量744 m^3，到2007年万元GDP用水量下降到229 m^3，下降了69.22%；2011年又比2007年减少了100 m^3，下降了43.67%（表7-1）。

表7-1　1980年以来我国部分年份主要用水指标

年份	人均用水量（m^3）	单位GDP用水量（m^3/万元）	亩均用水量（m^3）	人均生活用水量（L/d）		工业万元产值用水量（m^3）
				城镇	农村	
1997年	458	744	516	220	84	103
2002年	428	537	465	219	94	241
2007年	442	229	434	211	71	131
2011年	454	129	415	198	82	78

注：GDP和工业产值按1990年可比价格折算；2002年、2007年和2011年工业万元产值用水量为万元工业GDP增加值用水量。

资料来源：《中国水资源公报》（1997—2011年）

(3) 制定了有关水和废水管理方面的法律法规

现已颁布的直接涉及水和废水管理方面的有《中华人民共和国水法》和《中华人民共和国水污染防治法》两部法律。发布的涉及水和废水管理方面的行政法规有《城市节约用水管理规定》、《关于大力开展城市节约用水的通知》、《国务院办公厅、中央军委办公厅关于保障军队用水用电有关问题的通知》、《进一步做好城市节约用水工作的报告》、《取水许可制度实施办法》、《城市供水条例》、《中华人民共和国水污染防治法实施细则》、《中华人民共和国河道管理条例》、《征收排污费暂行办法》、《污染源治理专项基金有偿使用暂行办法》、《国务院办公厅关于印发建设部和建设部管理的国家测绘局职能配置、内设机构和人员编制方案的通知》、《国务院城市建设技术政策要点》、《国务院环境保护委员会关于防治水污染技术政策的规定》、《关于进一步加强城市环境综合整治工作的若干意见》、《关于征收水资源费有关问题的通知》、《中国节水技术政策大纲》等。

(4) 设置了相关的主管机构

国务院城市建设行政主管部门主管全国城市供水工作和主管全国的城市节约用水工作。

(5) 农业节水

1997 年,全国农田灌溉用水量 3 606 亿 m^3,2000 年为 3 467 亿 m^3, 2004 年农田灌溉耗水量为 3 230 亿 m^3,2011 年农田灌溉耗水量为 2 078.9 亿 m^3。农田灌溉耗水量减少了 42.24%,农业节水取得了明显成效。

经过十几年的发展,全国推广实施节水灌溉工程的面积为 0.29 亿 hm^2,比 2002 年的 0.19 亿 hm^2 增加了 0.1 亿 hm^2。目前,我国正在研究和推广应用的节水灌溉技术措施很多,主要有渠道防渗、低压管道输水灌溉技术、喷灌技术、微灌技术等。

(6) 工业节水

鉴于大量工业废水除少数污染很严重外,大部分经简单处理后可重复使用,因此工业节水也是国内城市节水的重点。1990 年我国城市工业万元产值取水量为 245 m^3/万元,2004 年已降至 196 m^3/万元,但从整体来看,工业用水水平还比较低,同发达国家的 20～30 m^3/万元相比差距很大。在具体节水技术中,国内主要注重重复用水技术,包括冷却水的循环节水、一般循环水节水(指循序用水、闭路用水等)和工艺节水(包括冷却工艺改革、无水少水工艺等),这些技术在火电、钢铁、石化、化工、印染、造纸等行业都有成功应用的范例。

1997—2011 年,全国工业用水从 1 121 亿 m^3 增加到 1 461.8 亿 m^3,年均增长 1.78%,而同期工业总产值年均增长 10%以上。工业用水增长明显趋缓,用水效率显著提高。2000—2004 年全国万元工业增加值用水量从 288 m^3 下降到196 m^3。

1980年全国工业用水重复利用率不足20%,2000年已提高到55%,2004年已接近60%,2011年全国工业用水重复利用率83.1%。2004年与1980年相比,相当于年节约工业用水1 700亿m^3;2011年与2004年相比,相当于年节约用水约2 700亿m^3。

(7) 生活用水节水

目前国内主要节水措施有:①水表安装与计量。②采用节水型器具,包括节水型水嘴、节水型便器、节水型便器系统、节水型便器冲洗阀、节水型淋浴器、节水型洗衣机等。③城市节水灌溉。随着人民生活水平的提高,城市绿化面积不断增加,城市灌溉用水量逐年增长。目前我国着重推广喷灌、微喷灌和滴灌等新技术,比原来的地面灌节水30%~50%,同时节省了大量劳力。④城市污水回用技术(中水技术)。通过污水回用,可以在现有供水量不变的情况下,使城镇的可用水量增加50%以上。国内外的实践经验表明,城市污水的再生利用是开源节流、减轻水体污染、改善生态环境、解决城市缺水的有效途径之一,不仅技术可行,而且经济合理。⑤减少管网的漏损率。供水管网的漏损是城市供水过程中水损失的一个重要方面,由于城市管网老旧,漏损严重,既会造成水的损失,同时又可能会对地质环境造成安全事故。⑥利用价格杠杆,调整水价,促进节水工作。根据《城市供水价格管理办法》和有关规定,合理调整城市供水价格,在满足居民的基本用水要求的前提下超定额用水实行累进加价,提高居民选用节水器具、废水再利用的自觉性。

2) 国外

(1) 节约工业用水是节水的重点

城市中工业用水量的比重逐年增加。2000年世界各国的工业需水量约占世界总需水量的25%。为了解决水资源不足的问题,许多国家和城市把节约用水作为节水的重点。主要措施是重复利用工业内部已使用过的水,即一水多用。美国制造工业的水重复利用次数,1985年为8.63次,2000年达到17.08次。因此到2000年美国制造工业的需水量不但不增加,反而比1978年的需水量减少45%,而美国工业总需水量由1975年的2 033亿m^3降至2000年的1 528亿m^3。

(2) 重复利用污、废水已成为替代水源的一个重要途径

目前,国外有不少城市把处理过的城市污水和废水回用到各个方面,已成为替代水源的一个重要途径。城市污水经二级或三级处理净化后进行回收利用,例如用于冲厕所、浇灌绿化带,作为工业和商业设施的冷却水,也可作为人工补给地下水的水源。

(3) 采用节水型家用设备是城市节约用水的重点

从一些国家的家庭用水调查来看,洗衣、冲洗厕所、洗澡等用水占家庭用水的80%左右。改进卫生设施,采用节水型家用设备是城市节约用水的重点。节水产

品的使用是非常有效的节水措施，既节约了用水又减少了用水费用的开支。

(4) 加强管道检漏工作，避免城市供水的不必要损失

节水的前提是防止漏损，最大的漏损途径是管道。自来水管道漏损率一般都在10%左右。根据美国东部、拉丁美洲、欧洲和亚洲等许多城市的统计，供水管路的漏水量占供水量的25%以上，因此把降低供水管网系统的漏损水量作为供水企业的主要任务之一来对待。

(5) 采取经济措施来促进节约用水

当今世界各国已颁布了许多法规，严格实行限制供水，对违者进行不同程度的罚款处理。许多城市通过制定水价政策来促进高效率用水，偿还工程投资和支付维护管理费用。国外比较流行的是采用累进制水价和高峰用水价。

(6) 依靠科技进步是城市节水工作的根本途径

国外很重视关键的节水技术、设备的开发，节水器具的改进、提高，旧设备、旧工艺的改造等方面的科学技术的应用研究，依靠科技进步进一步提升城市节水工作。

第二节　节 水 措 施

节水是提高水的利用效率，减少污水排放的主要措施，也是节省资源、降低消耗、增加财富的途径。无论是水资源短缺的地区还是水资源丰富的地区，都要建设节水型社会，提高水资源的利用效率和效益。节水措施就是提高用水效率的具体措施。节水措施主要包括生活节水措施、工业节水措施和农业节水措施。

节约用水是指通过行政、技术、经济等手段加强用水管理，调整用水结构，改进用水工艺，实行计划用水，杜绝用水浪费，运用先进的科学技术建立科学的用水体系，有效地使用水资源，保护水资源，适应城市经济和城市建设持续发展的需要。节约用水、高效用水是缓解水资源供需矛盾的根本途径。节约用水的核心就是提高用水效率和效益。节水是以减少短期和长期用水量为目标的，其意义在于：

(1) 减少当前和未来的用水量，维持水资源的可持续利用；

(2) 节约当前给水系统的运行和维护费用，减少水厂的建设数量或降低水厂建设的投资；

(3) 减少污水处理厂的建设数量或延缓污水处理构筑物的扩建，使现有系统可以接纳更多用户的污水，从而减少受纳水体的污染，节约建设资金和运行费用；

(4) 增强对干旱的预防能力，短期节水措施可以带来立竿见影的效果，而长期节水则大大降低了水资源的消耗量而能够提高正常时期的干旱防备能力；

(5) 调整地区间的用水差异，避免用水不公及其他与用水相关的社会问题；

(6) 保护环境，维护河流生态平衡，避免地下水过度开采和地下水污染。

一、生活节水

1）生活用水量变化趋势

1949 年全国生活供水量仅 6 亿 t，1980 年、2000 年和 2007 年，生活用水量分别为 280 亿 t，575 亿 t 和 710 亿 t。到 2011 年，生活用水量为 790 亿 t，生活用水量占用水总量的比例也从 0.6%提高到 12.9%（表 7-2）。

表 7-2　全国生活用水量变化趋势　　（单位：亿 t）

年份	1949	1980	1993	1997	1999	2000	2002	2004	2007	2011
生活用水量	6	280	475	525	563	575	619	651	710	790

资料来源：《中国水资源公报》(1997—2011 年).

2）生活节水措施

(1) 政策措施

生活节水的政策措施包括：把节约用水提高到战略地位；把节水纳入城市总体规划；有效控制城市发展规模；支持节水技术改造，鼓励节水器具的开发和普及等。

节水政策虽然不直接作用于生活节水，但它是行政管理的直接依据。经济、法律和技术手段的制定和实施通常也需要相应政策的支持。因此，它是实行生活节水的前提，为生活节水奠定了基调，是推行生活节水的必要措施。

(2) 技术措施

① 降低管网漏损率

目前城市供水管网水漏损比较严重，许多城市的供水管网年久失修，加上各种事故，供水管网漏损率居高不下，平均在 15%左右，有的城市甚至高达 30%。积极采用城市供水管网的检漏和防渗技术，对老化失修的供水管网加快进行检修和更新改造，是城镇生活节水的重要工程措施。

② 推广节水器具

节水型用水器具的推广应用，是生活节水的重要技术保障。生活用水中的节水型用水器具主要包括：节水型水龙头、节水型便器、节水型淋浴设施等。

- 推广节水型水龙头，推广非接触自动控制式、延时自闭、停水自闭、脚踏式、陶瓷膜片密封式等节水型水龙头。淘汰建筑内铸铁螺旋升降式水龙头、铸铁螺旋升降式截止阀。
- 推广节水型便器系统，推广使用两档式便器，新建住宅便器小于 6 L。公共建筑和公共场所使用 6 L 的两档式便器，推广小便器和非接触式控制开关装置。

淘汰进水口低于水面的卫生洁具水箱配件、上导向直落式便器水箱配件和冲洗水量大于 9 L 的便器水箱。

• 推广节水型淋浴设施，集中浴室普及使用冷热水混合淋浴装置，推广使用卡式智能、非接触自动控制、延时自闭、脚踏式等淋浴装置；宾馆、饭店、医院等用水量较大的公共建筑推广采用淋浴器的限流装置。

除此之外应研究新型节水器具，研究开发高智能化的用水器具、具有最佳用水量的用水器具和按家庭使用功能分类的水龙头等。

③ 节约公共用水

据调查，目前城镇人均公共用水量约为居民人均用水量的 3 倍，城镇公共用水量约占城市生活用水量的 30%～50%，节水潜力很大。城市公共供水节水主要是反冲洗水回用，反冲洗水回用兼具城市节水和水环境保护的双重效能。

④ 再生水利用

全国污水处理率约 40%，但再生水回用率还很低。污水的再生利用保证率较高，可用于低水质要求用水，日本称为中水利用。城市再生水利用技术包括城市污水处理再生利用技术、建筑中水处理再生利用技术和居住小区生活污水处理再生利用技术。

⑤ 雨洪利用

雨水集蓄后用于低水质要求用水。推广城市雨水的直接利用技术，在城市绿地系统和生活小区，推广城市绿地草坪滞蓄直接利用技术，雨水直接用于绿地草坪浇灌；缺水地区推广基于直接利用技术，道路集雨系统收集的雨水主要用于城市景观用水；鼓励干旱地区城市因地制宜采用微型水利工程技术，对广泛分布强度小的雨水资源加以开发利用，如房屋屋顶雨水收集技术等。

(3) 经济措施

建立科学的水价体系，是利用市场机制促进节水的重要举措。水价是调节水资源供需关系的重要的经济杠杆，提高水价可以促进各行各业全面节水。应根据各行业的实际承受能力进行适度调节，并实行累进加价水价、阶梯式水价、季节水价等，对节水者给予相应的补偿。阶梯式水价是新形势下实行水资源优化配置与供应，实行水费成本有效收益与补偿，体现水资源供给的公正与公平，以及用经济杠杆来调节水价市场的必然趋势，能提高居民的节水意识，具有补偿成本、合理收益、节约用水、公平负担等优点，有利于促进水资源的保护和可持续利用。

(4) 行政措施

行政手段是目前我国城市水资源管理中采用的主要手段，也是其他手段具体实施的关键环节，是任何时候、任何情况下都离不开的一种管理手段。生活用水管理的行政措施有：加强节水管理的基础工作，提高管理水平；加强有关节水管理的科研工作;制定用水定额,制定与用水有关的其他标准和规定等。

墨西哥政府为了节约用水,于1989年制定了一项节水方案。该方案的主要内容包括:家用抽水马桶等设备必须严格符合国家规定的用水标准,卫生间水箱每次冲水不得超过6 L;还规定了淋浴器、水龙头、洗碗机和洗衣机的最高用水限额;在公共场所、商业建筑和私人住宅全部改用6 L马桶取代过去的16 L马桶。这项方案实施后,每年节水2 800万 m^3。

北京市政部门于2000年实行了"节水龙头进家门"活动。2001年11月,北京市节约用水办公室又出台了《北京市主要行业用水定额》。这项标准的实施,每年将会节水1 000多万吨。

由此可见,行政手段的节水效果很显著。虽然节约用水的行政措施最终靠技术手段得以实现,但是,行政手段是促进生活节水的必要环节。现阶段节水管理中的行政手段还带有一定的经验性,管理的正确与否在很大程度上取决于管理者的素质和水平。

(5) 法律措施

水资源可持续发展过程中的法律保障包括:水的立法、水行政执法和水行政司法。

水法规中与公众生活节水密切相关的内容有:加强节水法制建设,健全节水法规体系;进一步完善节约用水管理的配套法规,如定额用水、节水设施建设、节水技术和节水器具推广应用、节水产品质量检测等一系列法规;制定和完善有关计划用水管理规定,制定水价政策、计量收费办法、用水浪费处罚等法律法规等。目前有些法律法规不够具体、缺乏可操作性,需要进行补充和修订。

对于各级水主管部门,应建立机制健全的水行政执法和水行政司法组织结构,提高依法治水、依法管水的能力。同时,应加大执法力度,建立执法责任制,明确执法责任、执法程序,真正做到"有法可依、有法必依、执法必严、违法必究"。

依法治水是社会进步的必然趋势,但现行法规的系统性、科学性、合理性和可操作性还有待执法实践的检验。

(6) 教育对策

教育对策主要是让人们认识到水资源危机的严重程度和根源,讲解如何改变行为才能减轻水资源危机,强化公众珍惜、保护水资源的意识,提高公众节水的自觉性。教育对策可以采用宣传、提示和承诺等具体措施。宣传可以利用广播、传单等形式进行;提示是通过随处可见的小标语提醒公众采取节水措施;承诺是让公众做出节约用水的口头或书面保证。

英国著名社会史学家汤普森在《英国工人阶级的形成》和《共有的习惯》中讨论了不同阶层的对立。而斯托腾亚在此基础上进一步研究了不同社会阶层对节约用水宣传教育的反应。实验对象分为两组：一组被试者来自中下阶层；另一组被试者来自中上阶层。实验对比了三种教育方法：一种通过宣传教育告诉被试者保护水资源可以带来的长期经济利益；第二种通过宣传教育告诉被试者保护水资源可以带来的短期经济利益；第三种只是鼓励被试者采取保护水资源的行动，并指导被试者如何节约用水。实验结果表明：对于中下阶层的人，第一种方法的效果更好；对于中上阶层的人，三种方法的作用都不大。

节能实验也表明，宣传教育对节约能源的作用微乎其微，也印证了上面的试验结果。虽然宣传教育的节水效果不太显著，但是，我们有理由相信，宣传教育能促使公众水环境保护意识的提高和用水态度的彻底改变，这些改变终将体现在行为上。今后的宣传教育应着重推广和介绍节水器具，并告知采用节水器具带来的经济收益。

"提示和承诺"在生活节水中的作用还缺乏实验数据，但是，这些措施在能源节约效果中的研究比较多。很多实验表明，简明的提示、用户的高承诺和有效的强化措施可以在一定时期内明显地减少能源的使用量。可以推测，简明的提示、用户的高承诺和有效的强化措施也可以促进节约用水。需要注意的是，提示的效果取决于提示的具体表达方式和被提示者自我意识的一致性程度，因此，不同场合需要使用不同的表达方式。

二、工业节水

1）工业用水量变化趋势

1980—2011年，全国工业用水量从457亿 m^3 增加到1 461亿 m^3，增加了近3.2倍，平均每年增加32亿 m^3。其中，1980—1997年增长较快，年均增加39亿 m^3（表7-3）。

表7-3　全国工业用水量变化情况　（单位：亿 m^3）

年份	1980	1993	1997	1999	2000	2002	2003	2004	2005	2006	2007	2011
工业用水量	457	906	1 121	1 159	1 139	1 142	1 177	1 231	1 284	1 344	1 402	1 462

资料来源：《中国水资源公报》(1997—2011年).

2）工业用水的重复利用率和用水效率变化趋势

（1）工业用水重复利用率

工业企业在生产过程中的用水量，包括制造、加工、冷却、空调、净化、洗涤、蒸汽等用水。工业用水量与工业结构、产品种类、工艺流程、用水管理水平等因素有关。

$$V_t = V_{co} + V_d + V_r \tag{7-1}$$

$$V_f = V_{co} + V_d \tag{7-2}$$

式中：V_t——总用水量，生产设备和工艺流程不变时可视为一定值；

V_{co}——耗水量；

V_r——重复利用水量，包括二次以上用水量和循环用水量；

V_f——取用水量，生产中补充的新鲜水量；

V_d——排水量，指不能重复利用的工业废水量。

重复利用率
$$P_r=\frac{V_r}{V_t}\times 100\% \tag{7-3}$$

工业用水量的水平，通常以单位产品的产量或产值所需的新鲜水量和重复利用率两项指标来衡量。

（2）工业用水效率变化趋势

1980 年，全国工业万元产值用水量为 635 m³，2000 年下降到 288 m³；工业用水重复利用率从 0.18 左右提高到 0.55，重复利用水量达到 1 400 亿 m³，用水效率有了较大幅度的提高。2011 年，工业万元增加值用水量从 2000 年的 288 m³ 下降到 78 m³。

（3）工业节水措施

工业是仅次于农业的第二用水大户，2011 年工业用水约占全国用水总量的 23.9%，如果计入重复用水量，则工业实际用水量已接近 3 000 亿 m³。由于工业增长率远高于农业增长率，所以工业节水在控制用水总量增长中的作用越来越重要。

为贯彻科学发展观，深入落实节约资源的基本国策，加快建设资源节约型、环境友好型社会，国家发展改革委、水利部、建设部联合发布《节水型社会建设“十一五”规划》，全国万元工业增加值用水量由 2005 年 169 m³ 下降到 2009 年的 116 m³，灌溉水有效利用系数由 2005 年的 0.45 提高到 0.49，有了明显成效。而在《十二五》规划中提出单位 GDP 下降 30%，灌溉水利用系数提高到 0.52。

在国家节水方针的指导下，通过近几年的努力，工业节水工作初见成效。在国民经济持续高速发展的情况下，工业用水总量得到了控制，用水效益迅速提高，单位 GDP 用水量从 1980 年的 3 028 m³/万元下降到 2000 年的 610 m³/万元，2002 年降至 537 m³/万元，2004 年降至 399 m³/万元，2011 年为 129 m³/万元。

虽然工业节水取得了一定成绩，但是同经济发达、工业先进的国家相比，我国工业用水效率的总体水平还较低。国内 1999 年每万元工业增加值用水量约为 330 m³，是日本的 18 倍、美国的 22 倍。企业之间单位产品取水量相差甚殊，一般相差几倍，有的达十几倍，个别的甚至超过 40 倍。2011 年每万元工业增加值用水量为 78 m³ 与发达国家的差据正在进一步缩小。

减少工业用水量不仅意味着可以减少排污量，而且还可以减少工业用新鲜水量。因此，发展节水型工业不仅可以节约水资源，缓解水资源短缺和经济发展的矛盾，同时对于减少水污染和保护水环境也具有十分重要的意义。

（1）进一步优化产业结构

严格实行建设项目水资源论证制度，根据水资源承载能力决定经济结构和产业布局，禁止在资源型缺水地区新建高耗水项目，并积极创造条件将原有的高耗水企业转移到丰水地区或沿海地区，逐步在全国范围的宏观层面上优化产业布局。根据水资源状况，按照以水定供、以供定需的原则，调整产业结构和工业布局。缺水地区严格限制新上高取水工业项目，禁止引进高取水、高污染的工业项目，鼓励发展用水效率高的高新技术产业；水资源丰沛地区高用水行业的企业布局和生产规模要与当地水资源、水环境相协调；严格禁止淘汰的高耗水工艺和设备重新进入生产领域。

优化企业的产品结构和原料结构。通过增加优质、低耗、高附加值、竞争力强的产品种类和数量，优化工业产品结构；逐步加大取缔耗水原料的比重，优化原料结构，提高用水效率。

（2）全面推行循环经济和清洁生产

积极推行串联用水、循环用水和再生水重复利用，推广节水、高效、低耗、低排放的新设备、新工艺、新材料，淘汰高消耗、高排放、低效率的旧设备、旧工艺，大力开发以空气介质和其他方法替代水资源的工艺，如用气冷替代水冷。在加热炉等高温设备上推广应用汽化冷却技术，洗涤节水非常规水资源利用技术，发展采煤、采油、采矿等矿井水的资源化利用技术，工业用水计量管理技术，重点节水工艺等。

（3）制定严格节水制度

根据我国国情，制定《工业节水管理办法》，规范企业用水行为，将工业节水纳入法制化管理。实行计划用水，定额管理，执行用水管理目标责任制，在强化企业用水节水管理上取得突破。通过制定行业用水定额，确定用水、节水标准，对企业的用水进行目标管理和考核，建立完善的计量体系，促进企业技术升级、工艺改革、设备更新，逐步淘汰耗水大、技术落后的工艺设备。

严格实行计划用水制度，总量控制和定额管理制度；在新建、改建和扩建工业项目严格执行“三同时、四到位”制度（新建项目的主体工程与节水工程同时设计、同时施工、同时投产，节水目标到位、节水计划到位、节水措施到位、节水监督管理到位）；建立完善的定额指标体系，确保各项节水制度落到实处。

（4）利用价格杠杆促进节水

按照“完全成本补偿、合理收益”与“反映水资源的稀缺性价值”相结合的原则，合理制定工业供水水价，并实行超计划、超定额累进加价收费的制度。依法节约用水，实行节奖超罚，在形成合理工业用水价格机制，促进工业节约用水方面取得突破。按照“取之于水、用之于水”的原则，在保证水价到位的前提下，适时、适地、适度提高工业用水价格标准，实行累进制水价和阶梯式水资源费征收办法，通过水价杠杆的调节，促进工业企业节约用水。

（5）加大海水利用力度

我国沿海城市，淡水资源有限，利用海水，取之不尽，用之不竭，应当是工业用水的重要水源之一。我国沿海城市天津、大连、青岛，在20世纪80年代开始将海水用于冷却水，取得了很好的经济和环境效益。

沿海地区特别是沿海城市具有利用海水的有利条件，同时大部分沿海城市的淡水资源又十分紧缺，应大力开发海水直接利用和海水淡化技术，如利用海水作为火电厂或其他设备的冷却水、降低海水淡化的单位成本、替代淡水资源等。

（6）开展工业节水宣传活动

采取各种有效形式，开展广泛、深入、持久的宣传教育，使人们树立正确的水观念，在认识上要由过去把水作为一般性资源认识向战略性资源认识的转变，由过去粗放型经营方式向集约型经营方式转变，由过去主要依靠增量解决资源短缺向更加重视节约和替代的转变，在全社会形成节约用水、合理用水、防治水污染、保护水资源的良好社会氛围。

三、农业节水

1）农业用水量变化趋势

农业历来是最大的用水户，农业用水占全国用水总量的60%以上。农业用水包括农田灌溉用水和林牧渔用水，农田灌溉用水量占农业用水量的90%以上，农业用水主要是农田灌溉用水量。

2）农业灌溉的几个相关术语

（1）有效降雨量

降雨量中能被作物利用的部分，一般用降雨有效利用系数与降雨量的乘积来表示，称为有效降雨量。

$$P_e = \alpha \cdot P \tag{7-4}$$

式中：P_e——有效降雨量；

P——总降雨量；

α——降雨有效利用系数。

（2）灌溉定额

灌溉定额为作物播种（水稻插秧）前及生育期内各次灌水量之和。每次灌溉水量为灌水定额。灌水定额和灌溉定额均用单位面积的灌水量（m^3/hm^2）或灌水的水层深度(mm)表示。表7-4,表7-5分别列出我国北方主要旱作物和南方水稻的灌水定额和灌溉定额。

表7-4 我国北方主要旱作物的灌水定额和灌溉定额 (m^3/hm^2)

作物	灌水定额	灌溉定额		
		干旱年份	中等年份	湿润年份
小麦	600～900	3 000～4 500	1 800～3 300	1 350～2 250
棉花	450～600	1 200～2 250	750～1 500	450～1 200
玉米	450～750	2 250～3 000	1 500～2 250	600～1 500

资料来源:http://www.docin.com/p-30476389.html.

表7-5 我国南方水稻的灌水定额和灌溉定额 (m^3/hm^2)

	早稻	中稻	双季晚稻	一季晚稻
泡田定额	1 050～1 200	1 200～1 500	750～900	1 050～1 200
生育期灌水定额	105～300	195～300	195～300	195～300
灌溉定额湿润年份	3 000～3 750	3 750～5 250	3 000～3 750	3 750～5 250
中等年份	3 750～4 500	5 250～6 000	3 750～5 250	5 250～6 750
干旱年份	4 500～6 000	6 000～7 500	5 250～6 750	6 750～8 250

资料来源:《中国水利百科全书》编辑委员会.中国水利百科全书[M].第一卷.北京:水利水电出版社,1990:612.

(3) 渠道水利用系数

某一级渠道或渠段净流量与毛流量的比值。它是反映某一级渠道或渠段工程的技术水平及管理水平的重要指标。对任一级渠道或渠段而言,从上一级渠道或渠段引入的流量就是该渠道或渠段的毛流量,分配给下一级各条渠道或渠段的流量之和就是该渠道或渠段的净流量。

按定义,渠道水利用系数(η_c)可用式7-5表示

$$\eta_c = Q_n / Q_G \tag{7-5}$$

式中:Q_n——某一级渠道或渠段的净流量,m^3/s;

Q_G——某一级渠道或渠段的毛流量,m^3/s。

(4) 渠系水利用系数

末端固定渠道(一般为农渠)以上各级输、配水渠道对水的利用程度,为农渠同时向毛渠输水流量之和与渠道总引水流量的比值。它反映了灌区的自然条件

以及整个渠系状况和管理水平，其数值等于各级渠道的渠道水利用系数之乘积，即

$$\eta_{cs} = \eta_m \cdot \eta_b \cdot \eta_d \cdot \eta_L \tag{7-6}$$

式中：η_{cs}——渠系水利用系数；

η_m，η_b，η_d，η_L分别为干、支、斗、农渠的渠道水利用系数。

(5) 田间水利用系数(η_f)

农渠以下的临时毛渠直至田间对水的有效利用程度。地面灌溉时，灌溉水要通过临时毛渠、输水沟才能到达田间，其中还有一定的水量损失，但很小。一般该利用系数在 0.85～0.95 之间。

(6) 灌溉水的利用系数

$$\eta_w = W_f / W_m \quad 或 \quad \eta_w = \eta_q \cdot \eta_t \tag{7-7}$$

式中：η_w——全灌区的灌溉水的利用系数；

W_f——灌入田间的总水量中被作物消耗的部分；

W_m——渠首引进的总水量；

η_q——渠系水利用系数；

η_t——田间水利用系数。

(7) 水分生产率

单位用水量所产出的农作物产量，所消耗单位水量中应包括有效降雨量和灌溉水量。目前中国的粮食水分生产率平均为 1.1 kg/m^3左右，高的地区已超过 1.5 kg/m^3，国外最高的已达到 2.3 kg/m^3。

3) 农业节水措施

农业用水，主要是灌溉用水，为我国最大用水户，是我国合理用水、节约用水的主要对象，节水潜力较大。农业节水的主要措施有以下几点：

(1) 调整农业结构

即农、林、牧业结构的配置要适应自然环境，不同气候区的湿润区、半干旱区及干旱区，应有不同的农业结构，特别是农业的种植业结构要配置合理，此为宏观农业水资源的战略配置。

(2) 发展节水灌溉

节水灌溉是根据作物需水规律和当地供水条件，为有效地减少水资源消耗量而采取的综合措施。其最终目的：一是提高单位水量的产出量，即水分生产率；二是不降低产出量的前提下减少水资源的消耗量。

灌溉水的利用过程包括取水、输水、配水、田间灌水环节。各环节的节水措

施是：

① 在拟定取水计划中，要在充分利用降水的前提下，将各种可用于农业生产的水资源充分合理利用，减少取水量；

② 在输水过程中，通过渠道防渗、管道输水等措施，使输水损失降低；

③ 在配水过程中，采取轮灌等措施，使同时工作的渠道最短，渗漏最少；

④ 在灌水过程中，采用先进的灌溉技术，减少田间渗漏水量，如喷灌、微灌、滴灌、管灌等措施。

此外，节水灌溉工作还有管理、政策法规等措施。节水灌溉必须与农业技术措施相结合，方可产生更良好的节水增产的效果。

(3) 农业灌溉管理模式的创新

按照自主管理灌区的组织模式和要求，积极推进农业灌溉管理模式的创新，这是农业节约用水的组织保证和制度保障。

对现有供水机构进行市场化改革，积极筹建农业供水公司。从改革方向和目标来看，应按现代企业制度的要求，组建规范的农业供水公司，独立经营，自负盈亏；积极组建农民用水者协会(合作组织)，让广大农民参与用水管理，提高农业用水的组织化程度和农田水利设施的管理与维护水平。

节能减排是我国的基本国策。对水资源开发利用，就是合理用水、节约用水，减少废污水排放量。合理、节约用水可以缓解缺水危机，保障国家粮食安全，减少水环境污染，增加生态用水，这是我国解决水资源严重短缺的根本出路。

第三节　创建节水型社会

一、节水型社会

1998年，为了加大节水工作的力度，水利部提出了开展跨世纪节水行动。从2000年开始，这项工作得到了财政部的重视和支持，将跨世纪节水行动项目列为财政专项，给予资金支持。根据水资源严峻的形势、节水工作的需要和节水型社会建设的要求，2006年开始在全国范围内推动节水型社会建设。项目的工作内容涉及节水型社会建设的政策制定、改革管理体制、试点工作开展、技术推广和加强宣传等方面。在国家开展建设节水型社会之初，各地政府非常重视，从宣传、组织管理、经济政策、工程建设等方面给予很多关注，短期内取得非常突出的节水效果，同时，我们更要将节水型社会建设作为一项长期任务给予关注。节水型社会建设极大地降低了我国农业、工业以及区域水资源使用强度，但是工农业之间、东中西部之间以及不同时段之间的节水效果仍然存在明显差别。这需要继续增大对“三农”的投资，加强农村水利工程建设，调整和优化农业内部结构，完善水权分配与水市场运行机制，提高农业生产节约用水的自觉性和主动性，加快农业现代化发展步伐。

节水型社会指人们在生活和生产过程中，对水资源的节约和保护意识得到了极大提高，并贯穿于水资源开发利用的各个环节。在政府、用水单位和公众的参与下，以完备的管理体制、运行机制和法律体系为保障，通过法律、行政、经济、技术和工程等措施，结合社会经济结构的调整，实现全社会的合理用水和高效益用水。

节水型社会建设的内涵应包括以下相互联系的四个方面：

(1) 从水资源的开发利用方式上看，节水型社会是把水资源的粗放式开发利用转变为集约型、效益型开发利用，是一种资源消耗低、利用效率高的社会运行状态。

(2) 在管理体制和运行机制上，涵盖明晰水权、统一管理，建立政府宏观调控、流域民主协商、准市场运作和用水户参与管理的运行模式。

(3) 从社会产业结构转型上看，节水型社会又涉及节水型农业、节水型工业、节水型城市、节水型服务业等具体内容，是由一系列相关产业组成的社会产业体系。

(4) 从社会组织单位看，节水型社会又涵盖节水型家庭、节水型社区、节水型企业、节水型灌区、节水型城市等组织单位，是由社会基本单位组成的社会网络体系。

节水型社会建设是一个平台，通过这个平台来探索和实现新时期水利工作从工程水利向资源水利的根本性转变；探索和实现新时期治水思路和治水理念的大跨越；探索和实现从传统粗放型用水向提高用水效益和效率转变；探索和实践人水和谐、人与自然和谐的新方法。

节水型社会建设的核心就是通过体制创新和制度建设，建立起以水权管理为核心的水资源管理制度体系、与水资源承载能力相协调的经济结构体系、与水资源优化配置相适应的水利工程体系；形成政府调控、市场引导、公众参与的节水型社会管理体系，形成以经济手段为主的节水机制，树立自觉节水意识及其行为的社会风尚，切实转变全社会对水资源的粗放利用方式，促进人与水和谐相处，改善生态环境，实现水资源可持续利用，保障国民经济和社会的可持续发展。

二、建设节水型社会

1) 充分发挥政府的主导作用

把建设节水型社会作为各级政府的任期目标，建立健全水资源节约责任制，做到层层有责任，逐级抓落实。坚决克服以牺牲环境、浪费水资源为代价，片面追求GDP 的短期行为。编制好节水型社会建设规划，抓好试点，要初步建成国家级节水型社会试点和示范区。加大政策支持力度，健全法规体系，制定完善严格的产业准入标准和节水标准；实行阶梯制水价制度和超计划、超定额用水收费制度，推进农业用水价格改革；积极推行有利于水资源节约和保护的财税政策；要拓宽投融资渠道，加大投入力度。

2）全面提高社会的节水意识

节水型社会建设需要全社会的共同努力，社会公众要发挥主力军作用。节水型社会建设与我们每个人都息息相关，需要社会公众的广泛参与，要进一步提高公众对水情的认识，进一步提高人们保护和利用水资源的意识。要积极参与节水型社会建设的规划和政策制定，主动配合实施。要倡导文明的生产和消遣方式，形成良好的用水习惯，建设与节水型社会相符合的节水文化，把节约用水和保护水资源变成每个公民的自觉行动。

3）努力实现节水与治污双结合

节水与防污是一个工作的两个方面，是紧密结合在一起的。减少水资源的浪费，做到水尽其用。治污是挖掘和保护水资源，起到来源作用。因此，要坚持节流优先、治污为本、多渠道开源、重视非传统水源的开发；统筹经济社会发展与水资源的开发利用和保护；协调好生产、生活和生态用水。要结合实际，进一步加强水利工程建设，完善水源调配体系，研究确立全市水资源统一调配的原则、模式和方案。各级人大常委会要高度重视节水型社会建设工作，制定相应的地方法规，规范社会各方面保护、节约及开发利用水资源的权利与义务，使水权制度和用水节水管理工作走向法制化轨道，做到依法治水、管水、用水。要加强对《中华人民共和国水法》及相关法律、法规贯彻实施情况的执法检查，及时发现问题，监督政府及有关部门做好整改。要适时作出有关决议决定，推进节水型社会建设的深入开展；要适时开展以节水型社会建设为专题的工作评议，促进政府工作人员更好地接受人大代表、人民群众的监督，履行好职责，动员和发动全市各级人大代表以科学发展观为统领，在节水型社会建设中起模范带头作用，并深入实际，深入群众，积极参与管理，构建和谐社会，共同实现中华民族伟大复兴！

第八章　水资源保护

第一节　水资源保护概述

我们赖以生存的地球地表有70%是被水覆盖着，而其中97%为海水，与我们生活关系最为密切的淡水只有3%，而淡水中又有78%为冰川淡水，目前很难利用。而有限的淡水资源又很容易受到污染，并且农业、工业和城市供水需求量不断增大导致了有限的淡水资源更为紧张。因此，为了避免水危机，我们必须倍加珍惜和保护这一有限的水资源。水资源保护，就是通过行政、法律、工程、经济等手段合理开发、管理和利用水资源，保护地表和地下水资源的质量、水量及其水生态系统的水生态供应，防止水污染、水源枯竭、水流阻塞和水土流失，尽可能地满足经济社会可持续发展对水资源的需求。

一、水资源保护的内涵

水资源具有水质、水量等物理属性特征，同时又是生态环境的重要控制性要素。良好的水质状况、适宜的水量和良性循环的水生态状况是水资源功能正常发挥的前提。水资源保护应以维护流域水生态系统的良性循环为基本出发点，进行水质-水量-水生态"三位一体"动态分析和综合保护。《中共中央 国务院关于加快水利改革发展的决定》(中发〔2011〕1号)明确提出了到2020年基本建成水资源保护和河湖健康保障体系的目标，提出实施最严格的水资源管理制度，对水资源保护提出了新的要求。为适应新时期水资源保护的要求，水资源保护的内涵必须从以往的水质保护为主，扩展到水质、水量、水生态并重，强化水生态系统的保护与修复，维护河湖生态系统的良性循环来保障水资源可持续利用，并支撑经济社会可持续发展。

水资源保护具有广泛、综合、系统的内涵，主要包括以下几个方面：

(1) 水资源保护的根本任务是保护江河湖泊水域和地下水的水质、水量、水生态等资源属性不受破坏，能够发挥其综合功能并能持续利用。水资源保护不只是水污染的控制，而是包括水量、水质、水功能、水情、水资源配置、水生态等的保护。

(2) 水资源保护的内容主要包括地表水和地下水的水量、水质与水生态。一方面是对水量合理取用及其补给源的保护，即对水资源开发利用的统筹规划、水源地的涵养和保护、科学合理的分配水资源、节约用水、提高用水效率等，特别是保证生态需水的供给到位。另一方面是对水质的保护，主要是制定水质规划，提出防治措施。具体工作内容是：制定水环境保护法规和标准；进行水质调查、监测与评价；研究水体中污染物物质迁移、污染物质转化和污染物质降解与水体自净作用的规律；建立水质模型，制定水环境规划；实行科学的水质管理。第三是对水生态系统的保护，主要是依据水生态存在的主要问题和影响因素，明确各水生态分区保护和修复的方向和重点，提出生态需水保障、重要生境保护与修复等的措施。

(3) 水资源保护的目标是水功能的正常发挥。在水量方面必须要保证生态用水，不能因为经济社会用水量的增加而引起生态退化、环境恶化以及其他负面影响；在水质方面要根据水体的水环境容量来规划污染物的排放量，不能因为污染物超标排放而导致饮用水源地受到污染或威胁到其他用水的正常供应；在水生态方面要根据江河湖泊水生态系统的生态水量来规划地表水和地下水的开发与利用，不能因为水资源的开发而导致水源涵养功能退化，天然湖泊湿地面积萎缩，江河湖泊生态系统退化等水生态问题。

二、水资源保护的原则

在水资源的保护过程中应遵循以下原则：

(1) 开发利用与保护并重的原则。这主要是从水资源的经济属性确定的原则。因为水资源是人类和一切生命不可缺少的物质基础，是人类赖以生存的必要条件，人类需要不断地对水资源进行开发利用，也就需要不断地保护水资源。在水资源的开发利用过程中必然对水资源形成影响，那么就必须重视对水资源的保护，保护的目的是为了更好地开发利用。实践证明，只注重开发利用而忽视了保护，必然会付出沉重的代价；相反，在开发利用的同时，进行了环境保护，就不会出现水资源遭受严重破坏的问题。

(2) 维护水资源多功能性的原则。这是由水的多功能性所决定的。水既能用于灌溉、人畜饮用、工业原料，同时还可以用于渔业、航运、发电等。从经济学角度来分析，应充分发挥水资源最大的使用价值。开发利用水资源的某一种功能时，应注意对水资源其他功能的保护。这一原则可以确定水资源开发利用的顺序和优先保护对象。

(3) 流域管理与行政区域管理相结合的原则。这是由水的流动性和我国以行政区划管理为主的体制现状决定的。一方面，水的流动性决定了水以流域为单元

进行汇集、排泄。整个流域水资源是一个完整的系统，这就从客观上需要对水资源实行流域层次上的统一管理和保护，不仅在水量上，而应在流域内统筹安排和合理分配，同时在水质方面，排污应充分考虑对下游的影响，支流保护目标应符合干流的需要。另一方面，我国目前实行的是以行政区域为主的管理体制，对水资源的开发利用是地方部门的合理需要，但现存体制不可避免地造成地方政府过分强调本地的需要，而忽略了流域整体上的需要及流域其他地方的需要，造成水资源的分割利用；另一个原因是一个地方一般只对本行政区的水资源熟悉，从而容易导致资源开发利用的随意性。水资源保护的理论与实践都需要流域管理，但流域管理也需要地方部门来组织实施。因此，流域管理与区域管理相结合是构建水资源保护管理体制的根本原则。

（4）水资源保护的经济原则。水资源是一种公开资源，在水资源保护时的经费分担的原则是“谁开发，谁保护”，“谁利用，谁补偿”，以及“污染者付费”。这一原则是公平原则的体现，分清了水资源保护中不同主体承担的不同责任。

（5）取、用、排水全过程管理原则。一个完整的用水过程包括取水、用水、排水，这三个过程互相联系、互相影响。同时无论取水、用水、排水都与水体有关，都要服从水资源保护这一目标。从水资源保护的角度出发，考虑对水资源的取、用、排全过程进行统一管理，并最好有一个部门进行管理。这一原则符合水资源统一管理的目标，是客观的需要。

第二节 水功能区划分析

一、水功能区划的依据与目的

1）区划依据

《中华人民共和国水法》第三十二条规定：“国务院水行政主管部门会同国务院环境保护行政主管部门、有关部门和有关省、自治区、直辖市人民政府，按照流域综合规划、水资源保护规划和经济社会发展要求，拟定国家确定的重要江河、湖泊的水功能区划，报国务院批准。”

《中共中央国务院关于加快水利改革发展的决定》（中发〔2011〕1号）明确提出：“到2020年，基本建成水资源保护和河湖健康保障体系，主要江河湖泊水功能区水质明显改善”；“建立水功能区限制纳污制度，确立水功能区限制纳污红线，从严核定水域纳污容量，严格控制入河湖排污总量”。

国务院批复的《全国水资源综合规划》和《全国主体功能区规划》明确提出，至

2020年，主要江河湖泊水功能区水质达标率到80%左右；到2030年，全国江河湖泊水功能区基本实现达标。

2）区划目的

水功能区是指为满足水资源合理开发、利用、节约和保护的需求，根据水资源的自然条件和开发利用现状，按照流域综合规划、水资源与水生态系统保护和经济社会发展要求，依其主导功能划定范围并执行相应的水环境质量标准的水域。

根据我国水资源的自然条件和属性，按照流域综合规划、水资源保护规划及经济社会发展要求，协调水资源开发利用和保护、整体和局部的关系，合理划分水功能区，突出主体功能，实现分类指导，是水资源开发利用与保护、水环境综合治理和水污染防治等工作的重要基础。通过划分水功能区，从严核定水域纳污容量，提出限制排污总量意见，可为建立水功能区限制纳污制度，确立水功能区限制纳污红线提供重要支撑，有利于合理制定水资源开发利用与保护政策，调控开发强度、优化空间布局，有利于引导经济布局与水资源和水环境承载能力相适应，有利于统筹河流上下游、左右岸、省界间水资源开发利用和保护。

二、水功能区划指导思想与原则

1）指导思想

以水资源承载能力与水环境承载能力为基础，以合理开发和有效保护水资源为核心，以改善水资源质量、遏制水生态系统恶化为目标，按照流域综合规划、水资源保护规划及经济社会发展要求，从我国水资源开发利用现状、水生态系统保护状况以及未来发展需要出发，科学合理地划定水功能区，实行最严格的水资源管理，建立水功能区限制纳污制度，促进经济社会和水资源保护的协调发展，以水资源的可持续利用支撑经济社会的可持续发展。

2）区划原则

（1）坚持可持续发展的原则。区划以促进经济社会与水资源、水生态系统的协调发展为目的，与水资源综合规划、流域综合规划、国家主体功能区规划、经济社会发展规划相结合，坚持可持续发展原则，根据水资源和水环境承载能力及水生态系统保护要求，确定水域主体功能；对未来经济社会发展有所前瞻和预见，为未来发展留有余地，保障当代和后代赖以生存的水资源。

（2）统筹兼顾和突出重点相结合的原则。区划以流域为单元，统筹兼顾上下游、左右岸、近远期水资源及水生态保护目标与经济社会发展需求，区划体系和区划指标既考虑普遍性，又兼顾不同水资源区特点。对城镇集中饮用水源和具有特殊保护要求的水域，划为保护区或饮用水源区并提出重点保护要求，保障饮用水安全。

(3) 水质、水量、水生态并重的原则。区划充分考虑各水资源分区的水资源开发利用和社会经济发展状况,水污染及水环境、水生态等现状,以及经济社会发展对水资源的水质、水量、水生态保护的需求。部分仅对水量有需求的功能,例如航运、水力发电等不单独划水功能区。

(4) 尊重水域自然属性的原则。区划尊重水域自然属性,充分考虑水域原有的基本特点、所在区域自然环境、水资源及水生态的基本特点。对于特定水域如东北、西北地区,在执行区划水质目标时还要考虑河湖水域天然背景值偏高的影响。

三、水功能区划分体系

根据《水功能区划分标准》(GB/T 50594—2010),水功能区划为两级体系(图8-1),即一级区划和二级区划。

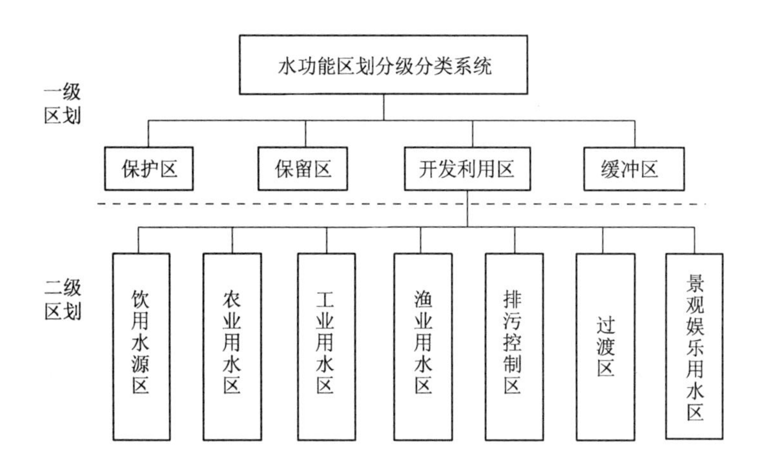

图 8-1 水功能区划分级分类体系图

资料来源:左其亭,王树谦,刘廷玺.水资源利用与管理[M].郑州:黄河水利出版社,2009.

一级水功能区分四类,即保护区、保留区、开发利用区、缓冲区。二级水功能区将一级水功能区中的“开发利用区”具体划分为饮用水源区、工业用水区、农业用水区、渔业用水区、景观娱乐用水区、过渡区、排污控制区七类。

一级区划在宏观上调整水资源开发利用与保护的关系,协调地区间关系,同时考虑持续发展的需求;二级区划主要确定水域功能类型及功能排序,协调不同用水行业间的关系。

1) 水功能一级区划分类和划分指标

(1) 保护区

保护区是指对水资源保护、自然生态系统及珍稀濒危物种的保护具有重要意

义，需划定范围进行保护的水域。

保护区应具备以下条件之一：重要的涉水国家级和省级自然保护区、国际重要湿地及重要国家级水产种植资源保护区范围内的水域或具有典型生态保护意义的自然生境内的水域；已建和拟建（规划水平年内建设）跨流域、跨区域的调水工程水源（包括线路）和国家重要水源地水域；重要河流源头河段一定范围内的水域。

① 划区指标包括集水面积、水量、调水量、保护级别等。

② 保护区水质标准原则上应符合《地表水环境质量标准》中的Ⅰ类或Ⅱ类水质标准。当由于自然、地质原因不满足Ⅰ类或Ⅱ类水质标准时，应维持现状水质。

(2) 保留区

保留区是指目前水资源开发利用程度不高，为今后水资源可持续利用而保留的水域。

保留区应具备以下条件：受人类活动影响较少，水资源开发利用程度较低的水域；目前不具备开发条件的水域；考虑可持续发展需要，为今后的发展保留的水域。

① 划区指标包括产值、人口、用水量、水域水质等。

② 保留区水质标准应不低于《地表水环境质量标准》中规定的Ⅲ类水质标准或按现状水质类别控制。

(3) 开发利用区

开发利用区是指为满足城镇生活、工农业生产、渔业、娱乐等功能需求而划定的水域。

① 划区条件为取水口集中，有关指标达到一定规模和要求的水域。

② 划区指标包括产值、人口、用水量、排污量、水域水质等。

③ 水质标准按照二级水功能区划相应类别的水质标准确定。

(4) 缓冲区

缓冲区是指为协调省际、用水矛盾突出的地区间用水关系而划定的水域。

缓冲区应具备以下划区条件：跨省（自治区、直辖市）行政区域边界的水域；用水矛盾突出的地区之间的水域。

① 划区指标包括省界断面水域、用水矛盾突出的水域范围、水质、水量状况等。

② 水质标准根据实际需要执行相应水质标准或按现状水质控制。

2) 水功能二级区划分类和划分指标

(1) 饮用水源区

饮用水源区是指为城镇提供综合生活用水而划定的水域。饮用水源区应具备以下划区条件：现有城镇综合生活用水取水口分布较集中的水域，或在规划水平年内为城镇发展设置的综合生活供水水域；用水户的取水量符合取水许可管理的有关规定。

① 划区指标包括相应的人口、取水总量、取水口分布等。

② 水质标准应符合《地表水环境质量标准》中Ⅱ或Ⅲ类水质标准，经省级人民政府批准的饮用水源一级保护区执行Ⅱ类标准。

（2）工业用水区

工业用水区是指为满足工业用水需求而划定的水域。工业用水区应具备以下划区条件：现有工业用水取水口分布较集中的水域，或在规划水平年内需设置的工业用水供水水域；供水水量满足取水许可管理的有关规定。

① 划区指标包括工业产值、取水总量、取水口分布等。

② 水质标准应符合《地表水环境质量标准》中Ⅳ类水质标准。

（3）农业用水区

农业用水区是指为满足农业灌溉用水而划定的水域。农业用水区应具备以下划区条件：现有的农业灌溉用水取水口分布较集中的水域，或在规划水平年内需设置的农业灌溉用水供水水域；供水量满足取水许可管理的有关规定。

① 区划指标包括灌区面积、取水总量、取水口分布等。

② 水质标准应符合《地表水环境质量标准》中Ⅴ类水质标准，或按《农田灌溉水质标准》的规定确定。

（4）渔业用水区

渔业用水区是指为水生生物自然繁育以及水产养殖而划定的水域。渔业用水区应具备以下划区条件：天然的或天然水域中人工营造的水生生物养殖用水的水域；天然的水生生物的重要产卵场、索饵场、越冬场及主要洄游通道涉及的水域或为水生生物养护、生态修复所开展的增殖水域。

① 划区指标包括主要水生生物物种、资源量以及水产养殖产量、产值等。

② 水质标准应符合《渔业水质标准》的规定，也可按《地表水环境质量标准》中Ⅱ类或Ⅲ类水质标准确定。

（5）景观娱乐用水区

景观娱乐用水区是指以满足景观、疗养、度假和娱乐需要为目的的江河湖库等水域。景观娱乐用水区应具备以下划区条件：休闲、娱乐、度假所涉及的水域和水上运动场需要的水域；风景名胜区所涉及的水域。

① 划区指标包括景观娱乐功能需求、水域规模等。

② 水质标准应根据具体使用功能符合《地表水环境质量标准》中相应的水质标准。

（6）过渡区

过渡区是指为满足水质目标有较大差异的相邻水功能区间水质要求，而划定的过渡衔接水域。过渡区应具备以下划区条件：下游水质要求高于上游水质要求的相邻功能区之间的水域；有双向水流，且水质要求不同的相邻功能区之间的水域。

① 划区指标包括水质与水量。

② 水质标准应按出流断面水质达到相邻功能区的水质目标要求选择相应的控制标准。

(7) 排污控制区

排污控制区是指生产、生活废污水排污口比较集中的水域，且所接纳的废污水不对下游水环境保护目标产生重大不利影响。排污控制区应具备以下划区条件：接纳废污水中污染物为可稀释降解的；水域稀释自净能力较强，其水文、生态特性适宜作为排污区。

① 划区指标包括污染物类型、排污量、排污口分布等。

② 水质标准应按其出流断面的水质状况达到相邻水功能区的水质控制标准确定。

四、国家水资源一级区重要江河湖泊水功能区划

1) 松花江区

松花江区位于我国的最北端，由额尔古纳河、嫩江、第二松花江、松花江、乌苏里江、绥芬河和图们江等河系组成，地跨黑、吉、辽、内蒙古等 4 个省(自治区)，区域总面积 93.5 万 km^2。该区地貌基本特征是西、北、东部为大、小兴安岭、长白山，腹地为松嫩平原，东北部为三江平原，湿地众多，多为沼泽、湖泊河流湿地。该区工业基础雄厚，其能源、重工业产品在全国占有重要地位；耕地资源丰富，水土匹配良好，光热条件适宜，是我国粮食主产区。松花江区水资源总量为 1 492 亿 m^3，水资源可利用量为 660 亿 m^3。2010 年，该区水资源供(用)水量 456.6 亿 m^3，其中 50.8%的评价河长水质为Ⅲ类或优于Ⅲ类。松花江区纳入全国重要江河湖泊水功能区划的一级水功能区共 289 个(其中开发利用区 102 个)，区划河长 25 097 km，区划湖库面积 6 771 km^2；二级水功能区 219 个，区划河长 11 925 km，区划湖库面积5 km^2。按照水体使用功能的要求，在一、二级水功能区中，共有 318 个水功能区水质目标确定为Ⅲ类或优于Ⅲ类，占总数的 78.3%。

2) 辽河区

辽河区位于我国东北地区南部，由西辽河、东辽河、辽河干流、鸭绿江、浑太河、东北沿黄渤海诸河等河系组成，地跨辽、吉、内蒙古、冀等 4 个省(自治区)，面积 31.4 万 km^2。流域东西两侧主要为丘陵、山地，东北部为鸭绿江源头区，森林覆盖率达 70%以上，有部分原始森林，中南部为平原。辽河区是我国的重要工业基地，工业主要集中在辽河干流、辽东沿海诸河地区。辽河流域中西辽河和辽

河干流水资源开发利用程度较高，沿海诸河和鸭绿江区域水资源开发利用程度较低。

辽河区水资源总量为498亿m^3，水资源可利用量为240亿m^3。2010年，该区水资源供(用)水量为208.9亿m^3，有41.7%的评价河长水质为Ⅲ类或优于Ⅲ类。辽河区纳入全国重要江河湖泊水功能区划的一级水功能区共149个(其中开发利用区78个)，区划河长11 294 km，区划湖库面积92 km^2；二级水功能区262个，区划河长9 092 km，区划湖库面积92 km^2。按照水体使用功能的要求，在一、二级水功能区中，共有231个水功能区水质目标确定为Ⅲ类或优于Ⅲ类，占总数的69.4%。

3) 海河区

海河区是我国政治经济文化中心和经济发达地区，包括滦河及冀东沿海诸河、海河北系、海河南系和徒骇马颊河等河系。地跨京、津、冀、晋、鲁、豫、辽和内蒙古等8个省(自治区、直辖市)，区域总面积32.0万km^2。该区域的北部和西部为燕山、太行山，东部和南部为平原。海河区水资源严重不足，属资源型严重缺水地区。由于上中游用水增加，中下游平原河道大部分已为季节性河流。

海河区水资源总量为370亿m^3，水资源可利用量为237亿m^3。2010年，该区水资源供(用)水量为368.3亿m^3，有37.2%的评价河长水质为Ⅲ类或优于Ⅲ类。海河区纳入全国重要江河湖泊水功能区划的一级水功能区共168个(其中开发利用区85个)，区划河长9 542 km，区划湖库面积1 415 km^2；二级水功能区147个，区划河长5 917 km，区划湖库面积292 km^2。按照水体使用功能的要求，在一、二级水功能区中，共有117个水功能区水质目标确定为Ⅲ类或优于Ⅲ类，占总数的50.9%。

4) 黄河区

黄河区地跨青、川、甘、宁、内蒙古、晋、陕、豫、鲁等9个省(自治区)，总面积79.5万km^2，包括黄河干流、泾洛渭河、汾河等河系，区内包括青藏高原、黄土高原、宁蒙灌区、汾渭河谷，渭北、汾西旱塬，伏牛山地及下游平原。黄河是我国的第二条大河，也是我国西北和华北地区最大的供水水源。目前，该区水资源总量不足，水沙关系日益恶化，生态用水被大量挤占，水污染形势严峻，水资源供需矛盾十分突出。

黄河区水资源总量为719亿m^3，水资源可利用量为396亿m^3。2010年，该区水资源供(用)水量为392.3亿m^3，有42.5%的评价河长水质为Ⅲ类或优于Ⅲ类。黄河区纳入全国重要江河湖泊水功能区划的一级水功能区共171个(其中开发利用区59个)，区划河长16 883 km，区划湖库面积456 km^2。二级水功能区234个，区划河长9 836 km，区划湖库面积8 km^2。按照水体使用功能的要求，在一、二级水功能区中，共有219个水功能区水质目标确定为Ⅲ类或优于Ⅲ类，占总数的63.3%。

5）淮河区

淮河区地处我国东部，由淮河、沂沭泗河和山东半岛诸河组成，地跨鄂、豫、皖、苏、鲁等5个省，总面积33.0万 km^2。淮河区地势西高东低，西部、南部为桐柏山、大别山，东北为山东丘陵。淮河区地貌类型复杂多样，以平原为主，是我国主要农业生产基地之一。该区南靠长江，北临黄河，具有跨流域调水的区位优势。区内水污染防治虽然取得初步成效，但水污染问题仍很突出。

淮河区水资源总量为911亿 m^3，水资源可利用量为512亿 m^3。2010年，该区水资源供(用)水量为639.3亿 m^3，有38.9%的评价河长水质为Ⅲ类或优于Ⅲ类。淮河区纳入全国重要江河湖泊水功能区划的一级水功能区共226个(其中开发利用区107个)，区划河长12 036 km，区划湖库面积6 434 km^2；二级水功能区275个，区划河长8 331 km，区划湖库面积447 km^2。按照水体使用功能的要求，在一、二级水功能区中，共有256个水功能区水质目标确定为Ⅲ类或优于Ⅲ类，占总数的65.0%。

6）长江区

长江(含太湖)区面积178.3万 km^2，约占全国总面积的五分之一，涉及青、藏、川、滇、渝、鄂、湘、赣、皖、苏、沪、甘、陕、贵、豫、桂、粤、闽、浙等19个省(自治区、直辖市)。由长江干流、金沙江、岷沱江、嘉陵江、乌江、汉江、洞庭湖、鄱阳湖、太湖水系等河系组成，区内包括青藏高原、云贵高原、四川盆地、江南丘陵、江淮丘陵及长江中下游平原。长江区贯穿我国东、中、西部三大经济带，长江经济带的建设和发展，在我国宏观经济战略格局中占有重要地位，同时本区水资源总量较丰沛，是全国水资源配置的重要水源地。

长江区水资源总量为9 958亿 m^3，水资源可利用量为2 827亿 m^3。2010年，该区水资源供(用)水量1 983.1亿 m^3，有67.4%的评价河长水质为Ⅲ类或优于Ⅲ类。长江区纳入全国重要江河湖泊水功能区划的一级水功能区共1 181个(其中开发利用区416个)，区划河长52 660 km，区划湖库面积13 610 km^2；二级水功能区978个，区划河长11 031 km，区划湖库面积1 961 km^2。按照水体使用功能的要求，在一、二级水功能区中，共有1 506个水功能区水质目标确定为Ⅲ类或优于Ⅲ类，占总数的86.4%。其中太湖流域面积3.7万 km^2，地处长江三角洲南翼，地势平坦，总体呈周边高、中间低的特点，为典型的平原水网水域，是我国经济最发达、大中城市最密集的地区之一。太湖流域纳入全国重要江河湖泊水功能区划的一级水功能区共254个，区划河长4 472 km，区划湖库面积2 777 km^2，水库库容10.6亿 m^3。在158个开发利用区中划分二级水功能区284个。按照水体使用功能的要求，在一、二级水功能区中，共有 232 个水功能区水质目标确定为Ⅲ类或优于Ⅲ类，占总数的 61.1%。

7) 东南诸河区

东南诸河区主要为浙、闽、台流入海的河流，包括钱塘江、浙东诸河、浙南诸河、闽东诸河、闽江、闽南诸河、台澎金马诸河等，总面积 24.5 万 km^2。东南诸河区是我国东部沿海经济社会发达地区。本区大部分为丘陵山地，占总面积的 81%；平原很少，只占 19%，主要分布在河流下游的沿海三角洲地区。

东南诸河区水资源总量为 1995 亿 m^3，水资源可利用量为 560 亿 m^3。2010 年，该区水资源供(用)水量为 342.5 亿 m^3；有 75.7%的评价河长水质为Ⅲ类或优于Ⅲ类。

东南诸河区纳入全国重要江河湖泊水功能区划的一级水功能区共 126 个(其中开发利用区 71 个)，区划河长 4 836 km，区划湖库面积 1 202 km^2；二级水功能区 179 个，区划河长 3 208 km，区划湖库面积 731 km^2。按照水体使用功能的要求，在一、二级水功能区中，共有 211 个水功能区水质目标确定为Ⅲ类或优于Ⅲ类，占总数的 90.2%。

8) 珠江区

珠江区是我国水资源最丰富的地区之一，主要包括南北盘江、红柳江、郁江、西江、北江、东江、珠江三角洲、韩江及粤东诸河、粤西桂南沿海诸河、海南岛及南海各岛诸河等，涉及滇、黔、桂、粤、湘、赣、闽、琼等 8 个省(自治区)，总面积 57.9 万 km^2。区内有云贵高原、两广丘陵和珠江三角洲。区内水资源总量时空分布不均，局部地区缺水严重。珠江三角洲及沿海地区经济发达、水资源相对丰富，但由于水污染、咸潮上溯以及水库富营养化等问题，季节性缺水问题较为突出。

珠江区水资源总量为 4 723 亿 m^3，水资源可利用量为 1 235 亿 m^3。2010 年，该区水资源供(用)水量为 883.5 亿 m^3，有 70.8%的评价河长水质为Ⅲ类或优于Ⅲ类。珠江区纳入全国重要江河湖泊水功能区划的一级水功能区共 339 个(其中开发利用区 143 个)，区划河长 16 607 km，区划湖库面积 1 213 km^2；二级水功能区 323 个，区划河长 6 608 km，区划湖库面积 218 km^2。按照水体使用功能的要求，在一、二级水功能区中，共有 496 个水功能区水质目标确定为Ⅲ类或优于Ⅲ类，占总数的 95.6%。

9) 西南诸河区

西南诸河区位于我国西南边陲，包括红河、澜沧江、怒江及伊洛瓦底江(缅甸第一大河，中国云南境内称之为独龙江)、雅鲁藏布江、藏南诸河、藏西诸河等，属国际性河流。本区地广人稀，地区经济社会不发达，以农牧业为主，工业化水平低。本区面积 84.4 万 km^2，大部分为青藏高原及滇南丘陵。

西南诸河区水资源总量为 5 775 亿 m^3，水资源可利用量为 978 亿 m^3。2010 年，该区水资源供(用)水量为 108.0 亿 m^3，有 86.9%的评价河长水质为Ⅲ类或优于Ⅲ类。西南诸河区纳入全国重要江河湖泊水功能区划的一级水功能区共 159 个(其中开发利用区 37 个)，区划河长 16 876 km，区划湖库面积 1 482 km^2；二级水功能区 59 个，区划河长 1 012 km，区划湖库面积 26 km^2。按照水体使用功能的要求，在一、二级水功能区中，共有 180 个水功能区水质目标确定为Ⅲ类或优于Ⅲ类，占总数的 99.4%。

10) 西北诸河区

西北诸河区位于我国西北部，地域广阔，包括塔里木河和准噶尔、青海柴达木盆地、河西走廊、内蒙古高原、羌塘高原等内陆河以及外流哈萨克斯坦的伊犁河、额尔齐斯河，总面积约 336.2 万 km^2，跨新、青、甘、藏、内蒙古、冀 6 个省(自治区)。区内主要是绿洲经济，戈壁沙漠比重大。

西北诸河区水资源总量为 1 276 亿 m^3，水资源可利用量为 495 亿 m^3。2010 年，该区水资源供(用)水量为 639.5 亿 m^3，有 95.8%的评价河长水质为Ⅲ类或优于Ⅲ类。西北诸河区纳入全国重要江河湖泊水功能区划的一级水功能区共 80 个(其中开发利用区 35 个)，区划河长 12.146 km，区划湖库面积 10 658 km^2；二级水功能区 62 个，区划河长 5 058 km，区划湖库面积 3 012 km^2。按照水体使用功能的要求，在一、二级水功能区中，共有 97 个水功能区水质目标确定为Ⅲ类或优于Ⅲ类，占总数的 90.7%。

第三节 水域纳污能力计算

水域纳污能力是指在设计水文条件下，某种污染物在满足水功能区水质目标情况下能容纳的该种污染物的最大数量。

一、数学模型的确定

(1) 水功能区基本资料调查收集和分析整理；

(2) 根据规划和管理需求，分析水域污染特性、入河排污口状况，确定计算水域纳污能力的污染物种类；

(3) 确定设计水文条件；

(4) 根据水域扩散特性，选择计算模型；

(5) 确定 C_S 和 C_0 值；

(6) 确定模型参数；

（7）计算水域纳污能力；

（8）合理性分析和检验。

二、数学模型计算法

1）河流纳污能力计算模型

目前计算水域纳污能力的模型有很多,且在理论上相对而言已经比较完善。河流纳污能力计算模型主要有零维、一维和二维模型。

（1）零维模型

假定污水及污染物进入河流后瞬时完全混合。对于点源的情况,纳污能力计算模型为:

$$M = 31.536 \times \left[C_S(Q_0 + Q_w) - C_0 Q_0 + \frac{kC_S V}{86\,400} \right] \tag{8-1}$$

式中:M——河流水域纳污能力,t/a;

C_S——计算河段水质保护目标值,mg/L;

Q_0——计算河段上游设计来水流量,m^3/s;

C_0——污染物背景浓度,mg/L;

Q_w——计算河段接纳的废污水量,m^3/s;

V——水功能区水体体积,m^3;

31.536,86 400——换算系数。

（2）一维模型

在实际计算时,常将计算河段内的多个排污口概化为一个集中的排污口,概化排污口相当于一个集中点源,其位置即至下断面的自净长度对纳污能力有很大影响。因此,概化排污口的关键是确定好该集中点源的位置。此时,纳污能力计算公式为:

$$M = 31.536 \times \left[C_S(Q_0 + Q_w)\exp\left(\frac{-kx}{2} \times 86.4 \times u\right) - C_0 Q_0 \exp\left(\frac{-kx}{2} \times 86.4 \times u\right) \right] \tag{8-2}$$

式中:M——河流水域纳污能力,t/a;

Q_0——功能区设计流量,m^3/s;

Q_w——功能区入河污水量,m^3/s;

C_S——功能区水质目标值,mg/L;

C_0——初始浓度值,取上一个功能区的水质目标值,mg/L;

k——污染物综合自净系数,L/d;

x——纵向距离,km;

u——设计流量下的平均流速,m/s。

(3) 宽阔水域纳污能力计算的二维水质模型

对于宽阔水域的江河湖库,污染物自岸边排入水体后,需要很长距离才能在断面上充分混合,浓度在排放口附近断面沿横向变化很大,若用一维方法来求解纳污能力,使得计算出的纳污能力大大超过实际纳污能力。因此需采用二维水质模型来计算纳污能力。二维水质模型如下:

$$M=\left[C_S\exp\left(-k\frac{x}{86.4u}-C_0\right)\right]\times h\cdot u\sqrt{\pi E_z\frac{x}{u}} \tag{8-3}$$

式中:C_S——功能区水质目标值,mg/L;

k——污染物综合自净系数,L/d;

x——纵向距离,km;

C_0——初始浓度值,取上一个功能区的水质目标值,mg/L;

u——河段纵向平均流速,m/s;

h——河段平均水深,m;

E_z——横向扩散系数,m^2/s。

2) 湖库纳污能力计算数学模型

目前,湖库纳污能力计算数学模型也比较多,常用的主要有以下几种。

(1) 均匀混合湖(库)纳污能力计算的均匀混合模型

$$C(t)=\frac{m+m_0}{K_hV}+\left(C_0-\frac{m+m_0}{K_hV}\right)\exp(-K_ht) \tag{8-4}$$

$$K_h=\frac{Q}{V}+K \tag{8-5}$$

平衡时:

$$C(t)=\frac{m+m_0}{K_hV} \tag{8-6}$$

式中:$C(t)$——计算时段污染物浓度,mg/L;

m——污染物入湖(库)速率,g/s;

m_0——污染物湖(库)现有污染物排放速率,g/s($m_0=C_0Q$);

K_h——中间变量,1/s;

V——湖(库)容积,m^3;

Q——入湖(库)流量,m^3/s;

K——污染物综合衰减系数,1/s;

C_0——湖(库)现状浓度;

t——计算时段,s。

(2) 非均匀混合湖(库)纳污能力计算的非均匀混合模型

$$C_r = C_0 + C_P \exp\left(-\frac{K_q \phi H r^2}{2Q_P}\right) = C_0 + \frac{m}{Q_P}\exp\left(-\frac{K_q \phi H r^2}{2Q_P}\right) \tag{8-7}$$

式中:C_r——距排污口 r 处污染物浓度,mg/L;

C_P——污染物排放浓度,mg/L;

Q_P——污水排放流量,m^3/s;

K_q——中间变量,1/s;

ϕ——扩散角,由排放口附近地形决定。排污口在开阔的岸边垂直排放时,$\phi = \pi$;排污口在湖(库)中排放时,$\phi = 2\pi$ — 中间变量,1/s;

H——扩散区湖(库)平均水深,m;

r——距排污口距离,m。

以上模型无论是零维(均匀混合)模型、一维模型,还是二维模型,关键的问题是,如何针对不同水域的具体情况,科学地选取恰当的评价方法以使量化结果符合实际情况,避免过分夸大水域纳污能力而造成水资源保护工作的失误。

第四节　水污染控制

一、水污染控制概述

1) 水污染来源

水污染,是指在人为因素直接或间接的影响下,污染物质进入水体,使其物理、化学或生物特性发生改变,以致影响水的正常用途和水生态系统的平衡,危害国民健康和生活环境。

水污染的发生源称为污染源。根据污染物的来源可以将污染源分为两大类:自然污染源和人为污染源。自然污染源又可以进一步分为生物类污染源和非生物类污染源。人为污染源又可以分为生产性污染源和生活污染源。

根据污染物存在的空间形态可以将其分为点源污染物、线源污染物和面源污染物。点源污染物主要是指污染物的产生地点比较集中,以“点”的形式将污染物排放到环境中的污染源。点源污染主要包括：城镇工业中的各类企业；城镇生活中的城镇居民；畜禽养殖场等。线源污染物是指那些以“线”的形式向环境排放污染物的污染源。线源污染在水污染中较少出现。面源污染是指那些以“面”的形式向环境排放污染物的污染源。农田、没有下水道的农村和城镇都属于面源污染，它们在降水径流过程中产生大量污染物都以“面”的形式进入水环境。面源污染主要分为流域面源污染，包括(林地、荒地、草地、山地等)地面径流、内源、大气沉降等；城市面源污染，包括屋面径流、路面径流、绿地径流、下水道溢流等；农村面源污染，包括种植业、农村居民生活、畜禽的放养等。

此外，按照水体中主要污染物质的种类大致可作如下划分：固体污染物、需氧污染物、营养性污染物、酸碱污染物、有毒污染物、油类污染物、生物污染物、感官性污染物和热污染等。

2) 水污染控制的基本原则与方法

(1) 水污染控制的基本原则

水污染控制的基本原则，首先是从清洁生产的角度出发，改革生产工艺和设备，减少污染物，防止污水外排，进行综合利用和回收。必须外排的污水，其处理方法随水质和要求而异。

(2) 水污染控制的方法

水污染控制的方法按对污染物实施的作用不同，大体上可分为两类：一类是通过各种外力作用，把有害物质从废水中分离出来，称为分离法；另一类是通过化学或生化的作用，使其转化为无害的物质或可分离的物质，后者再经过分离予以去除，称为转化法。习惯上也按处理原理不同，将水污染控制的方法分为物理处理法、化学处理法、物理化学法和生物处理法四类。

① 按对污染物实施的作用不同

a. 分离法。废水中的污染物以各种存在形式，大致有离子态、分子态、胶体和悬浮物。存在形式的多样性和污染物特性的不同，决定了分离方法的多样性，有混凝法、气浮法、吸附法、离心分离法、磁力分离法、筛滤法等。

b. 转化法。转化法可分为化学转化和生化转化两类。

现代废水处理技术，按处理程度可划分为一级处理、二级处理和三级处理。

• 一级处理，主要去除废水中的悬浮固体和漂浮物质，同时还通过中和或均衡等预处理对废水进行调节以便排入受纳水体或二级处理装置。

• 二级处理，主要去除废水中呈胶体态和溶解态的有机污染物质，主要采用各种生物处理方法。

• 三级处理，是在一级、二级处理的基础上，对难降解的有机物、氮、磷等营养性物质进行进一步处理。

废水中的污染物组成相当复杂，往往需要采用几种方法的组合流程才能达到处理要求。对于某种废水，采用哪几种处理方法组合，要根据废水的水质、水量，回收其中有用物质的可能性，经过技术和经济的比较后才能决定，必要时还需进行实验。

② 按处理原理不同

a. 物理处理法。物理处理法是通过物理作用，分离、回收污水中不溶解的呈悬浮态的污染物质（包括油膜和油珠）的污水处理法。根据物理作用的不同，又可分为重力分离法、离心分离法和筛滤法等。

b. 化学处理法。化学处理法是通过化学反应来分离、去除废水中呈溶解态、胶体态的污染物质或将其转化为无害物质的污水处理法。

c. 物理化学法。物理化学法是利用物理化学作用去除污水中的污染物质的污水处理法。主要有吸附法、离子交换法、膜分离法、萃取法、汽提法和吹脱法等，如混凝、吸附、化学氧化还原、气浮、过滤、电渗析、反渗透、超滤、离子交换、电解等。

d. 生物处理法。生物处理法是通过微生物的代谢作用，使废水中呈溶解态、胶体态以及微细悬浮状态的有机污染物质转化为稳定物质的污水处理方法。根据起作用的微生物不同，生物处理法又可分为好氧生物处理法和厌氧生物处理法，如活性污泥法、生物膜法、厌氧生物处理法、生物脱氮除磷技术等。

二、点源污染控制

点源污染主要包括工业废水和城市生活污水污染，通常由固定的排污口集中排放，非点源污染正是相对点源污染而言，是指溶解的和固体的污染物从非特定的地点，在降水（或融雪）冲刷作用下，通过径流过程而汇入受纳水体（包括河流、湖泊、水库和海湾等）并引起水体的富营养化或其他形式的污染。

一般工业污染源和生活污染源分别产生的工业废水和城市生活污水，经城市污水处理厂或经管渠输送到水体排放口，作为重要污染点源向水体排放。这种点源含污染物多，成分复杂，其变化规律依据工业废水和生活污水的排放规律，具有季节性和随机性。点源污染的主要特征有：①集中排放；②易于检测和污染控制；③便于管理等。

点源污染的控制对策有以下几种：

（1）节水控源。在污染产生流域推广节水控源措施，如开展户内分级用水，再生水利用等。通过源头减污和污水回用，使实际外排污水量和污染负荷同时减少，缓解污水管网和污水处理厂的压力，有利于维护城市的生态水量，对于城市水环境改善和流域生态恢复具有重要意义。

（2）完善排水管网。在城市地区查明城市排水管网现状的基础上，进行管网优化方案设计，分区、分段、分块完善末梢庭院管—支次干管—主干管的连接，解决雨水和污水出路问题，改变内部分流，出口处合流的问题。

（3）截污溢清、动态调蓄。针对短时期内部分区域合流制排水体制无法改变的情况下，对于现有污水处理厂，必须在现有工艺的基础上针对雨季合流污水水质和水量的特点，探索合理有效的工艺参数调整方案，增加污水处理能力和抗冲击负荷能力，防止雨季合流污水对受纳水体的污染；合流制初期暴雨径流含有较多的受雨水冲刷的地表污染物，初期降雨径流的污染程度通常较高，直接排放势必造成水环境的严重污染，有必要采取截污溢清措施，将高浓度的初期降雨径流污水截流入污水处理厂进行处理，低浓度的中后期降雨径流污水则经撇流进入河道，利用现有设施最大程度地削减水体污染负荷。

（4）污水深度处理。针对水资源短缺和使用量大的现状，合理提高污水处理厂出水水质标准与要求，如提升污水处理厂出水水质达到再生水娱乐性景观环境用水、再生水观赏性景观环境用水、再生水补充水源水要求或地表Ⅴ类水、Ⅵ类水质标准后排放，将其作为流域生态补水水源之一。

三、内源污染控制

内源污染主要指进入水体中的营养物质通过各种物理、化学和生物作用，逐渐沉降至水体底质表层。积累在底泥表层的氮、磷营养物质，一方面可被微生物直接摄入，进入食物链，参与水生生态系统的循环；另一方面，可在一定的物理化学及环境条件下，从底泥中释放出来而重新进入水中，从而形成水体内污染负荷。积极采取措施减少水体内污染负荷，如实施底泥疏浚，是控制水体富营养化的对策之一。

（1）水文学方法

水文学方法主要包括稀释、冲刷、底部引流、人工造流等方法。

稀释和冲刷方法的基本原理是通过稀释降低水中的污染物浓度，通过增加水的循环、缩短水的更新周期，来减少污染物的累积，达到改善水质的目标。

底部引流方法的基本原理是通过抽吸的方法，把湖泊或水库底部污染物排出水库或湖泊。该方法适用于较小区域的水污染治理。

人工造流也称之为底部曝气，目的是破坏水体中的温跃层，减少底部的内源释放。适用于内源污染比较严重而水体深度较小的水域。人工造流的方法有水泵和射流相结合的方式，也有将压缩空气加入到水底再向上喷射的方法。

（2）物理方法

物理方法主要有覆盖和疏浚两大类。

原位覆盖是将粗沙、土壤甚至未污染底泥等均匀沉压在污染底泥的上部，以有效地限制污染底泥对上覆水体影响的技术。将污染沉积物与底栖生物，用物理性的方法分

开并固定污染物沉积物,防止其再悬浮或迁移,降低污染物向水中的扩散通量。沉积物覆盖方法的基本原理是利用未受污染的黄沙、黏土或其他材料覆盖在富含有机物和污染物的沉积物上,形成一个物理隔离层,阻碍底泥向上覆水体释放污染物。

沉积物疏浚,也称之为底泥疏浚,原称异位处理,其基本原理就是把富含污染物的底泥取走,适用于外源污染物已得到控制的水域(表 8-1)。

表 8-1 内源污染主要处理方法的比较

技术	适用条件	优点	局限性
原位处理	要求反应剂与沉积物原地就能充分反应	通常发挥作用较快	处理效果因地而异,难以发挥长效作用
原位覆盖	水动力强度不大,污染程度不高的沉积物	环境潜在的危害较小,施工方便	治标不治本,清洁泥沙来源困难,使水体库容变小
底泥疏浚	污染程度较高的悬浮层淤泥	见效快,增加湖泊水体容量	治理费用昂贵;破坏生态系统;施工过程艰苦

资料来源:张建利. 湖泊内源污染治理技术研究进展 PPT. [EB/OL]. (2014-02-22)[2014-04-01]. http://www.docin.com/p-768855731.html.

(3) 化学方法

化学方法主要有铝、铁、钙絮凝和深水曝气法等。

铝、铁、钙絮凝方法的基本原理是通过向污染水体中投加混凝剂,使细小的悬浮态的颗粒物和胶体微粒聚集成较大的颗粒而沉淀,将氮磷等污染物从水体中清除出去。

深水曝气法是指通过改变底泥界面厌氧环境为好氧条件来降低内源性污染的负荷,如磷。通过向底泥上覆水充氧的做法能有效地增加深水层的溶氧,同时可以降低氨氮和硫化氢的浓度。也可以采取强化的植被修复,阻止沉积物的再悬浮和污染物的溶解扩散。

(4) 生物修复

生物修复是指应用有机物,主要是用微生物降解污染物质,减小或者消除污染物的危害。优点:生物修复作为传统生物治理技术的扩展,生物修复技术通常比传统治理技术应用对象面积要大。

(5) 原位处理技术和异位处理技术

原位处理技术是将污染底泥留在原处,采取措施阻止底泥污染物进入水体,即切断内源污染物污染途径。广泛应用的原位处理技术主要有覆盖、固化、氧化、引水、物理淋洗、喷气和电动力学修复等。

异位处理技术是将污染底泥挖掘出来运输到其他地方后再进行处理,即将水体中的内污染源转移走，以防止污染水体。异位处理技术主要有疏浚、异位淋洗、玻璃化等。

四、面源污染控制

面源污染(Diffused Pollution，DP)，也称非点源污染(Non-point Source Pollution，NPS)，是指溶解的和固体的污染物从非特定地点，在降水或融雪的冲刷作用下，通过径流过程而汇入受纳水体(包括河流、湖泊、水库和海湾等)并引起有机污染、水体富营养化或有毒有害等其他形式的污染。

根据面源污染发生区域的不同，面源污染可分为农业面源、城市面源、矿山面源、大气沉降等主要类型。

农业面源是最主要的类型，污染源发生在农田、菜地、草地、森林和村庄等区域。污染物主要包括来自于农业生产所带来的氮、磷和农药，农村水土流失造成的泥沙，还有农民生活所产生的粪便、生活垃圾、洗涤用化学品，以及牲畜饲养产生的动物粪便和食物残渣。农业面源污染具有分布范围广泛，贡献量大等特点，是面源污染控制的重点和难点所在。

城市面源污染也被称之为城市暴雨径流污染，是指在降水条件下，雨水和径流冲刷城市地面，污染径流通过排水系统的传输，使受纳水体水质受到污染。与农业面源污染不同，城市的商业区、居民区、工业区和街道等地表含有大量的不透水地面。这些地表由于日常人类活动而累积有大量污染物，当遭受暴雨冲刷时极易随径流流动，通过排水系统进入水体。城市面源污染物种类、排放强度与城市发展程度，经济活动类型和居民行为等因素密切相关，自然背景效应影响较小。

1) 城市面源污染控制

(1) 城市面源污染控制的核心思想

城市面源污染控制在于对城市暴雨径流污染的产生与输出进行调控。控制进入城市水体的面源污染物总量；改善城市水环境，提升城市水生态系统的服务功能，构建人水和谐的生态城市。城市面源污染控制的核心思想主要包括增大透水面积、源头减量控制、利用雨水资源、净化初期雨水、清污分流处理、径流时空缓冲、过滤沉积净化、自动生态处理等方面。

城市面源污染控制就是根据水与面源污染物在城市系统中的流动规律，围绕暴雨径流的形成和空间流动过程的调控。其控制的工程措施要与城市景观、远景规划和已有的结构、设施紧密联系起来。

(2) 城市面源污染控制的主要原则

① 城市面源污染控制必须要有明确的责任主体。

② 同城市规划、区域防洪、城市景观建设、生态恢复相结合。

③ 以流域集水区为单元，分区、分级系统控制。

④ 已建城区以排水管网的改造调控为主，构建为辅；新建城区尽可能建设生态型排水系统。

⑤ 工程措施与规划、管理措施并重。

(3) 城市面源污染控制：源—迁移—汇系统

城市面源污染的源控制指的是城市流域的顶端，即居民区、商业区、文化区、工厂、仓库、道路等，雨水在这里形成径流，冲刷地面并汇集成水流，通过排水系统或地表沟渠排向下游。面源污染区的地表可渗透性和持水性决定着流域的产水能力，源区地表的污染物积累数量决定着流域径流的水质。城市面源污染的源控制技术主要有增大透水面积、减量源头污染、改善环境管理等技术。面源污染控制处理的“迁移”指的是城市径流产生后到受纳径流水体之间的空间和过程。空间指的是传输暴雨径流的沟渠、管道或其他形体；过程是指城市径流在这些迁移形体中流经的时间和变化。城市面源污染的“迁移”阶段防治技术主要有径流时空缓冲、清污分流处理、过滤沉积净化等。城市径流到达受纳水体时，径流和水体在水陆交错带汇集，这里的空间和过程称之为面源污染控制的“汇”节点。

(4) 城市面源污染控制技术及应用

目前在城市面源污染控制中应用较广泛的工程措施有植被过滤带、滞留/持留系统、人工湿地、渗透系统、过滤系统等，这些工程技术在应用中都取得了良好的除污效果，但还存在许多不足，如工程的设计、监测、评价的制定依据多为经验公式，在污染物迁移转化机制、影响效率的定量化因子等方面的认识还存在欠缺。

① 植被过滤带。植被过滤带主要控制以薄层水流形式存在的地表径流，它既可输送径流，又可对径流中的污染物进行处理。从不透水面(如屋顶、停车场、加油站、道路等)产生的小流量径流流经植被过滤带时，经植被过滤、颗粒物沉积、可溶物入渗及土壤颗粒吸附后，流量大幅削减，径流中的污染物也得到部分去除。根据过滤带的形状可分为草地过滤带、植草洼地两种，从永久水面的存在与否可分为湿式过滤带和干式过滤带。植被过滤带是非常简单有效的暴雨径流治理措施，但其对污染物的去除机理却很复杂。对颗粒物及吸附于其表面的污染物(重金属、磷等)的去除，主要是通过渗透、过滤和沉积等物理过程实现；反硝化、生物累积和土壤交换则是氮去除的主要途径。污染物在过滤带中的去除过程涉及水力学、物理、化学、生物等作用，并与场地条件(如土壤、填料、入渗率等)密切相关。在植被过滤带中草是最常用的植物，与灌木、树等植物相比，它具有较高的除污效率，但草的种类、密度及叶片的尺寸、形状、柔韧性、结构等都会影响污染物的去除效果。

② 滞留/持留系统。滞留/持留系统包括塘、地下水池、涵管、储水罐等，由于这两种系统的功效较接近，因此在使用中易发生混淆。但这两种系统存在明显的区别：滞留系统只用于径流流量的控制，而持留系统则对流量和水质都加以控制。滞留系统在暴雨间歇期进行排空，以利于暴雨时最大限度地存储雨水径流；暴雨结束后，将存储的雨水排入下游水体或雨水处理设施。系统对颗粒物具有一定的去除效果，但大部分沉积的颗粒物在下次暴雨中会发生再次悬浮，所以该系统更适于对径流流量的调控，以降低河道下游流量峰值，起到保护河道的作用。持留系统储存的雨水径流在暴雨间歇期不加以排空，其永久水面的存在提高了水生植物和微生物的除污效率，避免了沉积颗粒物的再悬浮。另外，持留系统中植物对重金属和营养物的吸收、有机物挥发、基质入渗都强化了系统对污染物的去除。滞留/持留系统在城市面源污染治理中应用最广泛的是地下储水设施和塘，前者一般用在土地紧张或含重污染径流的区域(如繁华商业区、加油站、停车场等)，该设施一般修建费用较高，清理维护相对困难；而塘不仅具有控制径流的作用，还有娱乐、景观、教育、动物栖息地等多重价值，因而在土地资源充足的区域得到较广泛的应用。塘对颗粒物的去除效率很高，由于大量的重金属吸附在颗粒物上，并随颗粒物的沉积而被去除，大大降低了重金属对环境的危害。

③ 人工湿地。人工湿地技术已被广泛用于暴雨径流的处理。在城市地表径流处理中，人工湿地技术可以和其他技术灵活地组合使用，在径流进入湿地前可以修建过滤带加强对水中颗粒物的截留，在湿地后可以增加渗透措施对出水进行强化处理。人工湿地中的植物在污染物的去除中起到了重要的作用，它的去除机理主要包括过滤颗粒物、减少紊流、稳定沉积物和增加生物膜表面积。由于暴雨径流具有突发性，其水质和水量的变化较剧烈，因此采用人工湿地处理暴雨径流时，必须针对暴雨径流的特点进行合理设计。暴雨径流颗粒物浓度较高，在进入湿地前应进行预处理，去除大粒径的颗粒物，以避免堵塞湿地基质。在雨季，湿地最高水位应限制在一个合理的范围内，避免植物长时间被淹没；而在旱季，水面则应保持足够深度，以利于水生植物的生存。暴雨湿地选种的植物应耐冲击，且能适应长期干旱或浸泡的环境。

④ 渗透系统。渗透系统在暴雨期间可存储部分流量的径流，并在暴雨后使其逐渐渗入地下，它在径流就地处理方面具有突出的优势。渗透系统可对径流进行水质和水量的控制，既削减了下游洪峰流量，又降低了下游径流中的污染物含量。另外渗透系统还能对地下水进行补给，维持附近河流的基流流量。渗透系统通常包括渗坑、渗渠、多孔路面等，其中渗坑在高速公路、道路和停车场等地表径流污染严重的地区使用较多，也可设计成公园或运动场地，成为居民的休闲娱乐场所，提高其社会效益和居民接纳程度。由于渗坑通常用于重污染径流的处理，长时间使

用后土壤和基质对重金属的吸附易达到饱和，需要对其进行更换，以免污染地下水。渗渠通常埋于地下，地表可以植草加以美化。由于渗渠的容积有限，故主要处理高频率小流量的暴雨径流及不透水地表的初期径流。一般认为在高密度建筑群的城市区域内，渗渠功能会有所下降。渗渠对径流水量的削减较少，在实际应用中可以将渗坑和渗渠组合使用，以达到水量和水质的双重控制。渗渠对土壤和亚表土的入渗性能要求比渗坑高，因此前期调查应更充分和全面。

多孔路面是为了减少城市路面径流水量、提高径流水质而特别设计的路面，它的透水能力比渗坑和渗渠小，使用范围也有限，但在人行道、街道、停车场等场所使用较广泛。多孔路面不仅对重金属和有毒有机物具有很高的去除效率，而且对氮、磷等湖泊富营养化物质也有很好的处理效果。多孔路面的孔隙较小，在颗粒物含量较高的地区易发生堵塞，需要比较好的维护条件。

⑤ 过滤系统。过滤系统一般以砂粒、碎石、卵石或它们的混合物为过滤介质，还可以根据场地条件、材料价格、出水要求等灵活选用，如木屑、堆肥后的碎叶、矿渣等。该系统主要进行径流水质的控制，去除其中的大颗粒物，因而与其他水量控制措施组合使用效果会更好。在使用中，可以在系统前加滞留塘或对径流进行预处理，以减少大颗粒物对介质的堵塞。过滤系统通常包含表层砂滤器和地下砂滤器两种类型。过滤系统也可以是多室的，前面的主要用于沉降大颗粒物和短时间滞留径流，后面的则主要处理细小的颗粒物和其他污染物。过滤系统主要采用地下管道收集出水，出水可排放至下游河道或经进一步处理后加以回用。该系统多用于处理初期径流或较小汇水面积上的重污染径流，若维护不当则易堵塞，在应用时应避免大流量径流的冲击，以延长其使用寿命。

2）农业面源污染控制

（1）农业面源污染发生机理及特点

农业面源污染主要是由于耕作或者砍伐扰动土壤而引起，土壤类型、气候、管理措施和地形等因素也会影响污染负荷。污染物来源于广泛使用的肥料和农药，在降雨或灌溉过程中，经地表径流、农田排水、地下渗漏等途径而造成水体污染。降雨径流是农业面源污染的主要诱因，是面源污染负荷产生的动力和输移条件的载体，下垫面地表污染物质类型及其积累数量是面源污染的物质基础，这两个条件随时空差异具有显著的随机性，常使面源污染负荷变化范围超过几个数量级。

农业面源污染具有污染发生时间的随机性、发生方式的间歇性、机理过程的复杂性、排放途径及排放量的不确定性、污染负荷时空变异性大和监测、模拟与控制困难等特点。

（2）农业面源污染控制技术

对于农业面源污染的控制，目前普遍采用美国环保署（USEPA）提出的“最佳管理措施(BMPS)”。最佳管理措施是指任何能够减少或预防水资源污染的方法、措施或操作程序,包括工程、非工程措施的操作和维护程序,现已提出并应用的有人工湿地、植被过滤带、草地缓冲带、岸边缓冲区、免耕少耕法、综合病虫害防治、灌溉水的生态化、生物废弃物的再利用、防护林、地下水位控制等方法和措施。BMPS 因其高效、经济、符合生态学原则,现已得到广泛的应用。

① 农业面源污染控制的人工湿地技术。人工湿地是 20 世纪 70 年代发展起来的一种污水处理技术,和传统的二级生化处理相比,人工湿地具有氮、磷去除能力强,处理效果好,操作简单,维护和运行费用低等优点。人工湿地按水流方式的不同主要分为地表流湿地、潜流湿地、垂直流湿地和潮汐流湿地等 4 种类型。人工湿地中不同植物对湿地内污染物的去除效率是不同的,季节性和挺水植物比一年生植物和沉水植物具有更高的去除营养物的能力。去除效率还和湿地内废水的性质、当地的气候、土壤等性质有关。同时,为了达到一定的处理效果,流经湿地的污水必须有一定的水力停留时间,水力停留时间受湿地长度、宽度、植物、基底材料空隙率、水深、床体坡度等因素的影响。湿地去除氮磷效率的变化很大,主要取决于湿地的特性、负荷速率和所涉及的营养物质。通常湿地的去氮效率比去磷效率高,这主要是由于 N、P 循环过程存在较大的差异。湿地中氮的循环主要是通过一系列复杂生物化学作用方式发生,硝化、反硝化作用是人工湿地去除氮的一种重要途径。湿地中磷主要是通过植物和藻类的吸收、沉淀、细菌作用、床体材料吸收及和其他有机物质结合在一起而去除,而在湿地中通过湿地植物直接吸收的磷素养分一般很少。另外,湿地中不溶性有机物主要是通过湿地的沉淀、过滤作用而被截留在湿地中,可溶性有机物则通过植物根系生物膜的吸附、吸收及生物降解过程而被分解去除。湿地植物还对金属离子具有较强的生物富集作用,可以起到消除重金属污染的目的。由于湿地对总悬浮物(TSS)具有良好的沉降性能,一些沉淀物会积累在湿地底部,沉淀物中有机物含量可达 16%,这些有机物为湿地众多生物提供了营养物质,不会引起大量沉淀物的积累。

② 农业面源污染控制的缓冲带和水陆交错带技术。所谓缓冲区就是指永久性植被区,宽度一般为 5~100 m,大多数位于水体附近,这种缓冲区降低了潜在污染物与接纳水体之间的联系,并且提供了一个阻止污染物输入的生化和物理障碍带。缓冲区能有效地去除水中 N、P 和有机污染物,其效率取决于污染物的运输机制。缓冲区的植被通常包括树、草和湿地植物,缓冲区已成为控制农业面源污染最有效的方式之一。一个健康的水陆交错带可以对流经此带的水流及其所携带的营养物质有截留和过滤作用,其功能相当于一个对物质具有选择性的半透膜。目前,有关农业面源污染的缓冲带或缓冲区技术主要有美国的植被过滤带(Vegetated Filter Strips)、新西兰的水边休闲地(Retirement of Riparian Zones)、英国的缓冲

区(Buffer Zones)、中国的多水塘和匈牙利的Kis-Palaton工程等。

③ 农业面源污染控制的水土保持技术。农业面源污染主要是由地表径流引起的，因而治理水土流失是解决水体污染的根本之策。换言之，所有控制水土流失的对策都可以治理水体污染问题。水土保持措施可从两个方面来探讨：一方面是使表土稳定化或以植被覆盖来减少雨水对表土的冲击；另一方面是降低坡度，以渠道化手段分散径流或降低流速，以减弱径流的侵蚀力，并减少雨水在地面溢流的数量。许多水土保持技术都在水体污染防治中发挥着重要作用。如我国发展起来的坡面生态工程对减少流域上游土壤侵蚀有明显效果；复合系统空间上有林木、农作物等不同类型的组合，它对雨滴的打击、坡面地貌的发育、侵蚀泥沙和径流的运动有明显的作用；在适当区域构筑必要的拦水截沙引水槽、拦沙坝、山塘等工程设施，以减少泥沙冲刷，可取得防治水体污染的良好效果；另外还有农田免耕法、保护性耕作法、草地轮作制、梯田建设等高线耕作，以及我国目前在西部大开发中的退耕还林还草等水土保持措施，也对水体污染的控制起到了重要作用。

④ 农业面源污染控制的农业生态工程技术。农业生态工程是通过生态学原理，同时应用系统工程方法，将生态工程建设与治污工程并举，从根本上减少化肥、农药的投入和降低能源、水资源的消耗，从而减少污染物的排放，达到治理与控制面源污染的目的。对湖泊面源污染的研究表明在湖区及上游水源区开展农业生态工程建设，将显著地改善该地区的农业生产状况，极大地减少生产过程中资源的消费，特别是减少化肥、农药的使用，有效地控制和减少面源污染。开展生态农业建设，也可极大程度地降低农业水体的污染。如我国江西省和四川省最近几年逐渐完善的"种植—养猪—沼气"生态模式，以种植业带动养猪业，以养猪业带动沼气工程，又以沼气工程促进种植业和养猪业的发展，如此往复循环，使生物能得到多层次的重复利用，从而显著降低了化肥的使用量，提高了养分的利用效率，达到综合治理水体污染的目的。同时，将膜控制释放技术用于农业，开发膜控制释放化肥、膜控制释放农药，也是控制农业面源污染的一条重要途径，这种化肥和农药的施用，能明显地提高化肥和农药的利用率，减少农用化学物质对水体的污染。

第五节　水资源保护与生态修复

一、水源涵养与水源保护

随着社会经济的快速发展，水资源紧缺的问题越来越突出，而水资源同其他资

源一样，在一定程度上是不可恢复的，需要从各方面进行涵养和保护。涵养水源可以大大地改善生态环境、保护水资源，同时生态环境的改善和水资源的保护又可以有效地涵养水源、保证水资源的可持续利用。涵养水源、改善生态环境主要包括两方面：以生物措施为主的植被建设和以工程措施为主的工程建设。

1）植被建设

植被包括森林、灌丛、草地、荒漠植被和湿地植被各种类型，是生态环境的重要组成部分。它可以涵养水源，保持水土，调洪削峰，减少泥沙入库或淤积，具有良好的理水效能。植树种草、保护天然植被是水资源管理的一项重要措施。

森林植被改变了降水的分配形式，其林冠、林下灌草层、枯枝落叶层、林地土壤通过拦截、吸收、蓄积降水，起到涵养水源作用。同时灌丛、草地等的水文功能也不可忽略，在植被建设中，应根据当地天然的生态环境条件，规划乔、灌、草，以至荒漠植被的合理布局。

森林对降水的多层拦蓄，能阻止或延缓地表径流的产生，把部分地表径流转变为土壤及地下水补给。因此，森林对河川径流的调节作用在于削减洪峰流量、延缓洪峰时间、增加枯水流量、推迟枯水期的到来，有效地涵养了水源，提高了水资源的利用效率。

森林植被通过对水文过程的调节和对土壤的改良作用，能显著减轻土壤侵蚀，减少流域产沙量及河川泥沙含量，防止河道与水库的淤积，从而提高水资源的利用率。森林植被一方面可减少土壤侵蚀，降低径流中土壤颗粒物质的含量；另一方面，森林生态系统通过养分循环中过滤、吸收、吸附等作用，减少径流中各种有害细菌的含量。

森林植被与其他植被一样，为维持其生命系统是要消耗一定水分的。在湿润地区，森林对河川总径流量没有明显影响；而在干旱、半干旱地区，由于森林植被被蒸腾的水分较大，森林有明显减少径流的作用，减少了持产水量。

综上所述，植被建设一方面能涵养水源，减少洪峰流量，增加枯水期流量，改善水质，控制土壤侵蚀，减少流域泥沙量等；另一方面植物蒸腾需要消耗部分水分，从而减少了流域的产水量，在干旱地区随着森林覆盖率的增加，这种影响会更加明显。但是为了发挥森林植被的多种效益，其生态用水量必需首先得到满足。

2）工程建设

水土保持是一项综合治理性质的生态环境工程，主要通过水土保持农业技术措施、水土保持林草措施和水土保持工程措施，拦蓄和利用降水资源，控制土壤侵蚀，改善生态环境。

水土保持农业技术措施，主要是水土保持耕作法。结合耕作，在坡耕地上修成有一定蓄水能力的临时性小地形，如区田、畦田、沟垄种植等。美国、前苏联等国还广泛采用覆盖耕作、免耕法和少耕法等。此外,还有深耕、密植、间作套种、增施肥料、草田轮作等,都是水土保持农业技术措施。水土保持林草措施,或称水土保持的植物或生物措施。其主要作用是改善大地植被,增大地表植被和糙率,从而减轻雨滴对地面的击打,增加土壤入渗,减少地表径流量,减缓流速和削弱冲刷力。水土保持工程措施的主要作用是通过修建各类工程改变小地形,拦蓄地表径流,增加土壤入渗,从而达到减轻或制止水土流失,开发利用水土资源的目的。根据所在位置和作用,可分坡面治理工程、沟道治理工程和护岸工程三大类。

水土保持工程措施是小流域水土保持综合治理措施体系的主要组成部分,它与水土保持生物措施及其他措施同等重要,不能互相代替。

水土保持工程措施可以分为以下四种类型:

(1) 山坡防护工程

山坡防护工程的作用在于用改变小地形的方法防止坡地水土流失,将雨水及融雪水就地拦蓄,使其渗入农地、草地或林地,减少或防止形成坡面径流,增加农作物、牧草以及林木可利用的土壤水分。同时,将未能就地拦蓄的坡地径流引入小型蓄水工程。在有发生重力侵蚀危险的坡地上,可以修筑排水工程或支撑建筑物防止滑坡作用。属于山坡防护工程的措施有:梯田、拦水沟埂、水平沟、水平阶梯、鱼鳞坑、山坡截流沟、水窖(旱井)及稳定斜坡下部的挡土墙等。

(2) 山沟治理工程

山沟治理工程的目的在于防止沟头前进、沟床下切、沟岸扩张,减缓沟床纵坡、调节山洪洪峰流量,减少山洪或泥石流的固体物质含量,使山洪安全排泄,对沟口冲积堆不造成灾害。属于山沟治理工程的措施有:沟头防护工程,谷坊工程,以拦蓄调节泥沙为主要目的的各种拦沙坝,以拦泥淤地,建设基本农田为目的的淤地坝及沟道护岸工程等。

(3) 山洪积压层工程

山洪排导工程的作用在于防止山洪或泥石流危害沟口冲积堆上的房屋、工矿企业、道路及农田等具有重大经济意义及社会意义的防护对象。山洪排导工程有排洪沟、导流堤等。

(4) 小型蓄水用水工程

小型蓄水用水工程的作用在于将坡地径流及地下潜流拦蓄起来,减少水土流失危害,灌溉农田,提高作物产量。其工程包括小水库、蓄水塘坝、淤滩造田、引洪灌地、引水上山等。

二、水生态保护与修复

随着我国人口的快速增长和经济社会的高速发展,生态系统尤其是水生态系统承受越来越大的压力，出现了水源枯竭、水体污染和富营养化等问题，河道断流、湿地萎缩消亡、地下水超采、绿洲退化等现象也在很多地方发生。水生态系统是指自然生态系统中由河流、湖泊等水域及其滨河、滨湖湿地组成的河湖生态子系统，其水域空间和水、陆生生物群落交错带是水生生物群落的重要生境，与包括地下水的流域水文循环密切相关。良好的水生生态系统在维系自然界物质循环、能量流动、净化环境、缓解温室效应等方面功能显著，对维护生物多样性、保持生态平衡有着重要作用。

1）湿地的生态修复

（1）存在的生态问题

湿地生态系统目前存在着许多生态问题，主要是物理干扰、生物干扰、化学干扰等原因导致的湿地生态系统退化和丧失。具体表现为：盲目围垦和改造湿地，造成湿地面积迅速减少；过度开发湿地内的水生生物资源，导致生物多样性锐减；任意排放污染物和堆积废弃物，导致湿地污染加剧；人为破坏剧烈，海岸侵蚀严重；全球气候变化可能导致湿地退化或消失。

（2）湿地恢复的方法

恢复湿地生态系统的目标、策略不同，采用的关键技术也不同，因此很难有统一的模式方法。根据目前国内外的研究进展，可以概括成以下几项技术：废水处理技术，包括物理处理技术、化学处理技术、氧化塘技术；点源、非点源控制技术；土地处理（包括湿地处理）技术；光化学处理技术；沉淀物抽取技术等。根据湿地生态恢复的具体对象不同，又可以将恢复方法技术划分为湿地生境恢复技术、湿地生物恢复技术、湿地生态系统结构和功能恢复技术。

① 湿地生境恢复技术。这一类技术指通过采取各类技术措施提高生境的异质性和稳定性，包括湿地基底恢复、湿地水状态恢复和湿地土壤恢复。

a. 基底恢复。通过运用工程措施，维持基底的稳定，保障湿地面积，同时对湿地地形、地貌进行改造。具体技术包括湿地及上游水土流失控制技术和湿地基底改造技术等。

b. 湿地水状态恢复技术。此部分包括湿地水文条件的恢复和湿地水质的改善。水文条件的恢复可以通过修建引水渠、筑坝等水利工程来实现。前者为增加来水，后者为减少湿地来水。通过这两个方面来对湿地进行补水保护措施。对于湿地水质的改善，可以应用污水处理技术、水体富营养化控制技术等来进行。

c. 湿地土壤恢复。这部分包括土壤污染控制技术、土壤肥力恢复技术等。

② 湿地生物恢复技术。这一技术方法主要包括物种选育和培植技术、物种引入技术、物种保护技术、种群动态调控技术、种群行为控制技术、群落演替控制技术与恢复技术。对于湿地生物恢复而言，最佳的选择便是利用湿地自身种源进行天

然植被恢复，这样可以避免因为引用外来物种而发生的生物入侵现象。

③ 湿地生态系统结构与功能恢复技术。主要包括生态系统总体设计技术、生态系统构建与集成技术等。这部分是湿地生态恢复研究中的重点及难点。对不同类型的退化湿地生态系统，要采用不同的恢复技术。

2）湖泊的生态修复

（1）存在的生态问题

当前我国湖泊生态系统存在的生态问题，主要有以下几个方面。

① 污染导致水质恶化，尤其是富营养化问题。富营养化是指氮、磷等营养物质和有机物不断输入水体中，造成藻类大量繁殖，溶解氧耗竭，水质恶化的现象。湖泊富营养化分为天然富氧氧化和人为富营养化。富营养化的具体表现为，氮、磷等营养物质大量进入水体，藻类及其他浮游生物迅速繁殖而导致水体的溶解氧下降、透明度降低、水质恶化、鱼类及其他生物大量死亡，即水华现象。造成富营养化的原因比较复杂，但很大一部分是由于社会经济的发展，产生大量工业、生活方面的无处理污水排入湖泊。同时由于农业生产，施用大量化肥，产生的面源污染也使大量营养物质进入湖泊。富营养化已经成为影响我国乃至全球湖泊生态系统最严重的一个问题。

② 湖泊的水文及物理条件发生改变。由于全球气候变暖以及人类活动的加剧，如经济发展的需要，土地资源紧张，产生大量围湖造田工程，导致湖泊萎缩和干涸现象明显，水域面积锐减。另外，湖泊建造闸坝等水利工程，导致江湖阻隔。还有湖岸湖堤固化工程的修建，破坏原有自然湖岸的生物净化作用。另外也破坏了湖泊生态系统中两栖动物的生活环境，很有可能导致湖泊两栖动物的生物多样性锐减。

③ 湖泊泥沙沉积及淤塞现象。由于农业、采矿、水源林破坏而导致水土流失加剧，进而引起湖泊中泥沙的沉积和淤塞。我国东部平原和云贵高原等地区的淡水湖泊泥沙淤积问题普遍存在，其中尤以长江中游地区湖泊为甚。

综上所述，除气候变化以外，主要是由于人为活动——围垦、修河湖隔离工程、修湖岸湖堤固化工程会引起湖泊天然的水文及物理条件等发生改变，从而引起湖泊水生生物的生长、发育环境改变，很有可能导致湖泊生态系统的退化。

④ 过度养殖。湖泊、水库进行水产养殖，合理开发利用水生生物资源，既能产生经济效益，又能实现湖泊生态系统的物质能量输出，延缓湖泊沼泽化进程。但往往人们为了过分追求经济利益，而忽视了生态系统的平衡性。过度的养殖，对湖泊生态系统反而造成了巨大的破坏。

⑤ 生物多样性受损。由于污染、富营养化等问题出现后，湖泊水质恶化，生态系统退化，生物量降低，往往最终形成以藻类为主体的富营养型的生态系统。另外

还有外来物种入侵问题。当有意或无意引入外来物种后，往往会引起水体乡土生态群落的退化，会导致物种入侵问题，必然会使生物多样性受损。

⑥ 其他问题。除了以上这些问题，还有一些突发状况引发的水环境问题，比如有毒物质污染、重金属污染等。这一情况虽然发生概率较小，分布范围不大，但危害严重，影响巨大。当前只重视湖泊中的富营养化问题，其实通过面源污染很有可能造成湖泊中重金属的积累，现在也许量很小，危害不到人类，但现在如果不及时防范，未来也许会带给人类灾难性的打击。因此，湖泊中的重金属污染问题是今后研究的热点。

(2) 湖泊恢复的方法

湖泊生态修复的方法，总体而言可以分为外源性营养物质的控制措施和内源性营养物质的控制措施两大部分。

① 外源性方法

a. 截断外来污染物的排入。由于湖泊污染、富营养化基本上来自外来物质的输入，因此要采取如下几个方面进行截污。首先，对湖泊进行生态修复的环节是实现流域内废、污水的集中处理，使之达标排放，从根本上截断湖泊污染物的输入。其次，对湖区来水区域进行生态保护，尤其是植被覆盖低的地区，要加强植树种草，扩大植被覆盖率。最后，应加强管理，严格控制湖滨带度假村、餐饮的数量与规模，并监管其废污水的排放。

b. 恢复和重建湖滨带湿地生态系统。湖滨带湿地是水陆生态系统间的一个过渡和缓冲地带，具有保持生物多样性、调节相邻生态系统稳定、净化水体、减少污染等功能。建立湖滨带湿地，恢复和重建湖滨水生植物，利用其截留、沉淀、吸附和吸收作用，净化水质，控制污染物。

② 内源性方法又可以分为物理、化学、生物三大类方法。

a. 物理方法包括：

• 引水稀释。通过引用清洁外源水，对湖水进行稀释和冲刷。

• 底泥疏浚。多年的自然沉积，湖泊的底部积聚了大量的淤泥。这些淤泥中富含营养物质及其他污染物质，因此疏浚底泥是一种减少湖泊内营养物质来源的方法。

• 底泥覆盖。目的与底泥疏浚相同，在于减少底泥中的营养盐对湖泊的影响。这一方法是在底泥层的表层铺设一层渗透性小的物质，如生物膜或卵石，可以有效减少水流扰动引起底泥翻滚的现象，抑制底泥营养盐的释放，提高湖水清澈度，促进沉水植被的生长。

• 其他一些物理方法。如水力调度技术、气体抽提技术和空气吹脱技术。

b. 化学方法就是针对湖泊中的污染特征，投放相应的化学药剂，应用化学反

应去除污染物质，净化水质的方法。磷的沉淀和钝化、投加石灰法、原位化学反应技术等。但需要注意的是化学方法处理虽然操作简单，但费用较高，而且往往容易造成二次污染。

c. 生物方法也称生物强化法，主要是依靠湖水中的生物，增强湖水的自净能力，从而达到恢复整个生态系统的方法。主要有以下几种：

• 深水曝气技术。当湖泊中出现富营养化现象时，往往是水体溶解氧大幅降低，底层甚至出现厌氧状态。深水曝气便是通过机械方法将深层水抽取上来，进行曝气，之后回灌，或者注入纯氧和空气，使得水中的溶解氧增加，改善厌氧环境为好氧条件，使得藻类减少，水华程度明显减轻。

• 水生植物修复。水生植物是湖泊中主要的初级生产者之一，往往是决定湖泊生态系统稳定的关键。水生植物生长过程中能将水体中的富营养物质如氮、磷元素吸收固定，既满足生长需要，又能净化水体。具体的技术方法有人工湿地技术、生态浮床技术、前置库技术。对水生植物修复而言，能较为有效地恢复水质，其投入较低，实施方便，但由于水生植物有其一定的生命周期，应该及时予以收割处理，减少因自然凋零腐烂而引起的二次污染。

• 水生动物修复。主要利用湖泊生态系统中食物链关系，通过调节水体中生物群落结构的方法来控制水质。主要是调整鱼群结构，针对不同的湖泊水质问题类型，在湖泊中投放、发展某种鱼类，抑制或消除另外一些鱼类，使整个食物网适合鱼类自身对藻类的捕食和消耗，从而改善湖泊环境。

• 生物膜技术。这一技术指根据天然河床上附着生物膜的过滤和净化作用，应用表面积较大的天然材料或人工介质为载体，利用其表面形成的黏液状生态膜，对污染水体进行净化。由于载体上富集了大量的微生物，能有效拦截、吸附、降解污染物质。本方法在发达国家工程实践中已经进行了应用，效果较好，而我国在此方面仍处于试验阶段。

3）平原区小河沟的生态修复

（1）存在的生态问题

平原小河沟生态问题主要表现为污染严重，河道断流甚至干涸、河岸及河床的侵蚀、河道淤积及生物多样性锐减。原因在于：平原区小河沟多在城市郊区及农村地区，贫穷落后，人们的环保意识低甚至毫无环保意识。

（2）平原区小河沟生态恢复的方法

要从根本上解决农村平原小河沟的生态问题，需要从以下两个方面入手：一是在沟渠生态系统外围地区防止环境污染及生态破坏的产生；二是在沟渠生态系统内建沟岸、渠岸绿化带等。

① 沟渠外防污、防止生态破坏。为解决农村能源问题，减轻对植被的破坏，主

要从四个途径进行：一是进行薪林薪草种植，既可解决能源问题，又可保持水土；二是推广节柴灶，节约薪林薪草；三是开发沼气资源，发展“四位一体”的农业生态模式；四是使用太阳能源，开发新能源，包括开发利用太阳能资源、风能资源、微水地热等资源。

a. 建人工湿地和保护原有湿地。在农村小河沟的入口段，建人工湿地，起到净化污染的作用。保护原有湿地是修复水生生态系统的一项重要手段。

b. 作物非生长期覆盖土地。在作物非生长期，采用作物秸秆或塑料薄膜覆盖土地，防止水土流失。

c. 改善排污除污系统。在建设新农村的同时，也进行改造农村的排污系统，尽量能统一收集，统一排放，最后排放到人工湿地。有条件的地方可建生活污水处理工厂，进行农村生活污水处理。

d. 种草种树，加快绿化建设。这里种草种树，不仅是种植薪草薪树，还要种植其他树木。

② 沟、渠生态系统内生态修复方法。建沟岸、渠岸绿化带。在沟、渠两岸种植树冠巨大的树木，逐步形成林带，地面则栽上草本植物，形成草坪，贴岸的树冠还可以伸向河道上空。这样不仅可以增强生态功能，改善空气质量，还可以发挥景观作用。

a. 建生物护坡。在沟、渠坡种草或小灌木或灌木，形成生物护坡。从修复水生态系统出发，有条件的边坡都应该植上草坪或灌木，护坡上的草坪和灌木所起的作用更大。

b. 建河床湿地。具体做法是在河床上的水边河漫滩上栽植多样性亲水植物。在种植方法上，一般可以直接栽在河边的滩地上、斜坡上，也可以栽在盆、缸及竹木框之类的容器做成的定床上。

c. 保持河道形态多样化。在基本满足行洪需求的基础上，要有水流多样化的新河道治理理念，宜宽则宽、宜弯则弯、宜浅则浅，形成河道的多形态、水流的多样性。

d. 种植水生植物。一种是根在水里的浮水植物，如水葫芦、水葫狸等；另一种是根在河、湖底泥里的浮叶植物，如荷花、水鳖等。水下种草实践证明，水草茂盛的水体，往往水质很好，清澈见底。

e. 在水里养鱼虾。鱼虾在水里自由洄游，在水面泛起阵阵涟漪，使河道、湖泊显得生机勃勃。

f. 有计划地采沙、挖沙，并做好填埋工作，不要影响水流的力学结构，以防止边坡坍塌。

g. 保护水底动物。保护水底螺蚌等贝类动物和大量的底栖动物，它们是名副其实的水滴清道夫，其作用不可小看。

h. 坚决打击药鱼、电鱼等破坏水生生态环境的犯罪行为，保护水生态平衡。

i. 曝氧放细菌。细菌、真菌等生物种群的生存和繁衍，将水中的有机物分解成无机物和水。它们需要充足的氧气，所以应尽量用各种方法和手段进行曝氧，通过增加水体中的氧气的方法来促使好氧细菌的生长繁殖，以达到加快分解水中有机污染物的目的。

4）城市河流的生态修复

（1）存在的生态问题

造成城市河道生态系统退化，不能进行正常的信息传递、能量流动和物质循环，从而不能提供应有的生态服务功能的原因主要有两个方面，一方面是城市化进程加快本身会对城市河流产生影响，加大了对河流生态系统的干扰和胁迫，破坏了河流生态系统结构，改变了其物质生产与循环、能量流动与信息传递的规模、效率与方式，损害了河流生态系统的健康，主要体现在城市河流污染严重、城市河流生态环境用水短缺和城市河流生态系统破坏严重。另一方面，人们对城市河流规划利用的理念理解不当，在经济发展的大潮中，人们渐渐忘记了城市水系对于城市的重要作用，仅仅从经济利益出发，对城市水系进行了任意的破坏，改变了城市水系的整体功能，使城市水系生态系统服务功能降低或丧失。

（2）城市河流生态恢复的方法

进行河流生态修复主要包括三方面内容：

① 水质条件、水文条件的改善；

② 河流地貌特征的改善；

③ 生物物种的恢复。总目的是改善河流生态系统的结构与功能，主要标志是生物群落多样性的提高。

水质水文条件恢复主要通过水资源的合理配置维持河流最小生态需水量，通过河道内外污染源处理改善河流水系的水质，提倡多目标水库生态调度，以恢复下游的生态环境。河流地貌学特征通过恢复河流的纵向连续性和横向连通性，保持河流纵向蜿蜒性和横向形态的多样性，采用生态型护坡进行修复，为生物多样性创造栖息环境。生物物种的恢复主要包括濒危、珍稀、特有生物物种，恢复河湖水库水陆交错带植被以及水生生物资源，以恢复水生生态系统的功能。

改善水环境的总体思路一般是：首先针对污染成因进行源头控制，减少进入水体的污染物的总量；然后对已污染的水体采取相应的物理、化学、生物处理技术及生态工程措施进行净化，改善水环境质量。目前国内外常见的城市河流水体水质改善技术主要有以下措施：物理措施，如底泥疏浚、水体稀释、隔离和覆盖、悬浮物打捞；化学措施，如投加除藻剂、投加沉磷剂；生物修复措施；生物修复与工程修复相结合；工程修复，如建闸、拓岸、营造生物栖息环境等。

三、地下水资源保护

1）地下水资源开发利用中存在的问题

中国地质调查局最新公布的我国地下水资源与环境调查结果显示，近年来我国地下水的实际年开采量达到了 1 100 亿 m^3，约占全国供水总量的 1/5。全国 400 多个城市开采利用地下水，在城市用水总量中地下水占 30%。然而由于不尊重科学，在开发利用地下水资源时缺乏科学发展观，大量超采地下水和对地下水的严重污染，已经引发了一系列生态问题：地下水水位下降形成降落漏斗，导致地面沉降；大量或大强度开采岩溶区地下水引起地面塌陷，地裂缝；地下水水位下降易使海水倒灌入侵，地下水水质恶化；地下水位的下降使生态景观遭到破坏，易形成荒漠化和石漠化；大面积区域性的地下水位下降，造成大范围的疏干漏斗，破坏了自然界的水循环系统。

2）地下水资源保护的对策与措施

鉴于我国地下水资源开发利用中存在的问题和我国地下水资源保护现状，对地下水资源的保护应采取如下的对策与措施。

（1）加强组织机构建设，建立国家地下水资源保护中心。我国地下水资源的保护机构还不完善，联网系统没有建立，为避免地下水开采失控带来灾难性的后果，建议在水利部建立“国家地下水保护中心”。利用先进的信息技术（如 RS、GIS、Internet、Grid 等）建立了国家地下水资源监控网，对地下水资源进行动态管理和规划，实施不间断的动态联网监控，并重新编绘中国地下水水文地质图。根据地下水的储量和更新速度，确定地下水资源的可利用量，建立地下水资源的分级预警制度和地面塌陷预警、预报系统，对各省市特别是大中城市的地下水过量开采、污染做好早期预警，对西部等缺水地域的地下水实施严密监控，对沿海地区的海水倒灌随时进行预警，把地下水生态灾难消灭在萌芽状态。

（2）地下水可持续利用理念贯穿于地下水资源保护立法中。这种理念应该通过一切地下水水污染防治法和地下水资源保护法的立法目的和立法原则体现。因此要求立法者在制定每一部地下水污染防治相关法规时，要充分体现地下水资源可持续利用的立法理念，防止地下水污染行为的发生，以地下水资源的可持续利用为发展方向，确保社会经济实现可持续发展。在地下水资源污染防治方面，应确立预防为主，综合治理的原则，要求管理者在切实做到防止地下水污染的前提下，控制更加严重的地下水污染和破坏的发生，并采取各种措施治理已被污染的地下水资源，达到对地下水资源合理规划，对地下水污染严格治理的目的。

（3）健全地下水污染防治监管体制。地下水资源的一大天敌就是污染，污染也是影响地下水资源的主要原因之一，因此地下水污染的防治工作是保护地下水资源的关键，着重侧重于地下水污染源的防止和地下水资源污染的治理两方面。同时我国现如今在管理体制方面，水资源开发利用由水利部管理而水污染问题由环保总局管辖，形成了权限重叠，权力分散的多元化体制。在这种体制下，各管理机构的职权相互交叉并缺乏相应的协调机制，从而导致地下水资源管理体制的混乱，形成了“多龙治水”的格局。这种多部门同时对地下水资源利用问题进行管辖的局面，很大程度上阻碍了地下水污染防治法律的贯穿执行。因此我们可以成立一个专门管理部门，直接负责国家地下水污染情况的监测和地下水资源保护，确保地下水水质及水量的可持续利用。

（4）依法治水，完善地下水资源保护立法及法律修改工作依法治水，是改善我国水环境的关键所在。首先，全国人大法制委员会要制定和完善地下水保护法，要尽快修改《中华人民共和国水法》、《中华人民共和国水污染防治法》、《取水许可制度实施办法》等综合性法律法规，理顺地下水资源保护机构的内外关系，制定地下水各种配套法规，如《供水水源地管理办法》、《水资源保护条例》和《保护地下水资源经济补偿办法》的起草工作，使地下水资源保护工作有法可依，也使保护工作法制化、制度化。其次，各级水利部门要进一步加大对取水许可审批管理的力度，强化取水许可的管理，严格控制取水量，限制耗水量大、污染严重的企业用水，还要对退水水质进行严格管理。

第九章　水资源管理

1992年1月，联合国在都柏林召开的“水与环境”国际会议（ICWE）上通过的《都柏林声明》中指出：“淡水资源的紧缺和使用不当，对于持续发展和保护环境构成了十分严重又不断加剧的威胁。人类的健康和福利、粮食的保障、工业发展和生态系统，都依赖于水。但现在我们却处于危险之中，除非从现在起，在十年左右的时间内，能够采取比以往更为有效的对水的管理措施。”在人类开发利用水资源的全过程中，水资源管理是贯穿其中的重要问题，只有通过有效的水资源管理措施，才能比较完整地使水资源开发利用达到其预期效益的目标。本章将主要阐述水资源管理内涵、体制和权属，介绍水资源管理的行政措施、经济手段和法律法规等内容。

第一节　水资源管理内涵

一、水资源管理内容

从广义上讲，水利管理包括水资源管理，因为水利管理的内容中也有对水资源的开发、利用、保护和管理的内容，但还包括了对已建水利工程系统的管理。

陈家琦等（2002）认为，水资源管理是水行政主管部门对水资源开发、利用和保护的组织、协调、监督和调度等方面得实惠。运用法律、行政、经济、技术等手段，组织各种社会力量开发水利和防治水害；协调社会经济发展与水资源开发利用之间的关系，处理各地区、各部门之间的用水矛盾；监督、限制不合理的开发水资源和危害水源的行为；制定供水系统和水库工程的优化调度方案，科学分配水量，对水资源开发、利用、治理、配置、节约和保护进行管理，以求可持续地满足经济社会发展和改善生态环境对水需求的各种活动。

李宪法等人认为，水资源管理是为防治水资源危机，保证人类生活和经济发展的需要，运用行政、技术、立法等手段对淡水资源进行管理的措施。水资源管理工作的内容包括调查水量，分析水质，进行合理规划、开发和利用，保护水源，防治水资源衰竭和污染等。同时也涉及与水资源密切相关的工作，如保护森林、草原、水生生物，植树造林，涵养水源，防止水土流失，防治土地盐渍化、沼泽化、沙化等。

李石认为，水资源管理是运用、保护和经营已开发的水源、水域和水利工程设施的工作。水利管理的目标是：保护水源、水域和水利工程，合理使用，确保安全，消除水害，增加水利效益，验证水利设施的正确性。为了实现这一目标，需要在工作中采取各种技术、经济、行政、法律措施。随着水利事业的发展和科学技术的进步，水利管理已逐步采用先进的科学技术和现代管理手段。

左其亭等人认为，水资源管理是水行政主管部门的重要工作内容，它涉及水资源的有效利用、合理分配、保护治理、优化调度以及所有水利工程的布局协调、运行实施及统筹安排等一系列工作。其目的是通过水资源管理的实施，以做到科学、合理地开发利用水资源，支持经济社会发展，保护生态系统，并达到水资源开发、经济社会发展及生态系统保护相互协调的目标。

水资源管理工作主要包括以下几部分内容：水资源统一管理，坚持利用与保护统一，开源与节流统一，水量与水质统一；制定明确的国家和地区水资源合理开发利用实施计划和投资方案；在自然、社会和经济的制约条件下，实施最适度的水资源分配方案；为管理好水资源，必须制定一条合理的管理政策，通过需求管理、价格机制和调控措施，有效推动水资源合理分配政策的实施；加强对有关水资源信息和业务准则的传播和交流，广泛开展对用水户的教育。

二、水资源管理目标

根据国家制定的《中国21世纪议程》，综合水资源管理建立在水是生态系统的一个完整部分、一种自然资源和一个社会经济的产物，并且水质和水量决定了其利用的自然属性的基础之上，其具体目标如下：

(1) 建立高效用水的节水型社会。即在对水的需求有新发展的形势下，必须把水资源作为关系到社会兴衰的重要因素来对待，并根据中国水资源的特点，厉行计划用水和节约用水，大力保护并改善天然水质。

(2) 建设稳定、可靠的城乡供水体系。即在节水战略指导下，预测社会需水量的增长率将保持或略高于人口的增长率。在人口达到高峰以后，随着科学技术的进步，需水增长率将相对也有所降低，并按照这个趋势，制定相应计划以求解决各个时期的水供需平衡，提高枯水期的供水安全度，即遇特殊干旱的相应对策等，并定期修正计划。

(3) 建立综合性防洪安全社会保障体系。由于人口增长和经济的发展，如遇同样洪水给社会经济造成的损失将比过去增长很多。在中国的自然条件下江河洪水的威胁将长期存在。因此,要建立综合型防洪安全的社会保障体制,以有效地保护社会安全、经济繁荣和人民生命财产安全,以求在发生特大洪水情况下,不致影响社会经济发展的全局。

(4) 加强水环境生态系统的建设和管理。建立国家水环境监测网。水是维系经济和生态的最关键性要素,通过建立国家和地方水环境监测网和信息网,掌握水环境质量状况,努力控制水污染发展的趋势,加强水资源保护,实行水量和水质并重、资源和环境一体化管理,以应付缺水和水污染的挑战。

三、水资源管理的工作流程

水资源管理的工作目标、流程和手段受人为作用影响的因素很多,其工作流程如图 9-1 所示。首先要确立管理目标,确立管理目标和方向是管理手段得以实施的依据和保障,获取信息和传输是水资源管理工作得以顺利开展的基础条件,通常需要获取的信息有水资源信息、社会经济信息等;其次,建立管理优化模型寻找最优管理方案,根据研究区的社会、经济、生态环境状况、水资源条件、管理目标,建立该区属自愿管理优化模型,紧接着对选择的管理方案实施的可行性、可靠性进行分析;最后,水资源运行调度。通过决策方案优选,实施可行性、可靠性分析之后,做出及时的调度决策。

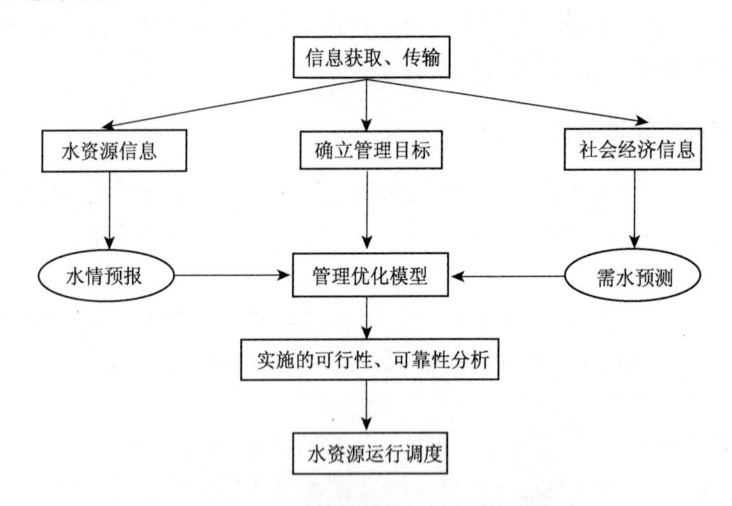

图 9-1 水资源管理的一般工作流程图

资料来源:左其亭,窦明,吴泽宁. 水资源规划与管理[M]. 北京:中国水利水电出版社,2005.

第二节 水资源管理体制

水资源管理是当前世界中各个国家都十分重视的问题,加强水资源的管理是缓解当前水危机、推动社会经济发展的途径。水资源管理的组织体系是关于水资源管理活动中的组织结构、职权和职责划分等的总称。水资源管理的复杂性,使得各国对水资源管理的体制无统一的模式,主要是集中管理、分散管理和集中管理与分散管理结合三种模式。集中管理实质上是以国家和地方政府机构为基础的行政管理体制,借助于各级政府部门的行政职权,以协调、监督各用水部门的工作;分散管理则是由国家各有关部门按分工职责对水资源分别进行有关业务的管理,或者将水资源管理权交地方当局执行,国家只制定有关法令和政策。各个国家的水资源现状以及经济发展水平都存在差异,但是在水资源管理的体制建设以及实施办法上能够相互起到借鉴的作用。

一、国外水资源管理的组织体制

美国水资源管理的形式经历了分散—集中—分散的过程。在 20 世纪 50 年代以前,美国的水资源管理形式是分散的,通过大河流域委员会来执行,到 1965 年鉴于水资源的分散管理不利于全盘考虑水资源的综合开发利用,由国会通过水资源规划法案,成立了全美水资源理事会(Water Resource Council),负责水资源及其有关的土地资源的综合开发利用。在此期间美国的水资源管理走向集中,但导致联邦政府和州政府之间在水资源管理上的矛盾和冲突。80 年代初,美国联邦政府撤销水资源理事会,成立了国家水政策局,只负责水资源的各项政策,而不涉及具体业务,把具体业务交给各州政府全面负责,其水资源管理形式趋于分散。现在,美国水资源管理机构分为联邦政府机构、州政府机构和地方政府机构三级,此外,直属于联邦机构的还有环境保护局、田纳西流域管理局、国家水政策局以及一些流域委员会等,他们的职能主要是起协调作用;各州具体的水业务由各州下属的水资源局完成,负责本州的水资源开发与管理,承担本州内工程的规划、设计、监理、评估、分析、管理等业务。

英国水资源管理基本上没有统一的水管理形式,主要是在英格兰和威尔士建立了水法和水资源法,因此英国的水资源管理经验实际上属于省级的经验。早在 20 世纪 40 年代设立了河流局,负责排水、发电、防洪、渔业、防治污染和水文监测,自 60 年代起英国开始改革水资源管理体制,该河流局为河流管理局,在英格兰和威尔士共设立了 29 个河流管理局和 157 个地方管理局,水资源管理仍比较分散。

到70年代对水资源管理实行集中，把上诉河流管理局合并为10个水务局(Water Authourities)实行其管辖范围内地表水和地下水、供水和排水、水质和水量的统一管理。为了进一步加强对水资源的统一管理，在1973年英国成立了国家水理事会(National Water Council)，负责全国水资源的指导性工作。但到了1989年，水法对水务局的机构、职能和任务重新做了调整，并开始走向水服务私有化的唯水公司(Water-Only Company)，把水务局的资源管理部分改组为国家河流管理局，成立水服务办公室。到1995年又通过环境法，把国家河流管理局并入新成立的环境署，并将所有水资源规划和管制职责并入到环境署。因此，英国对水资源管理尚未最后形成一个比较完善的体制。

日本对水资源的管理形式是由许多个部门分管，在中央政府一级的有关部门有建设省、农林水产省、通商产业省、厚生省和国土厅等。对于河流的管理则按照日本河川法的规定，一级河流由建设大臣任命的建设省河流审议会管理；二级河流由河流所在的都、道、府、县知事管理。农林水产省则负责灌溉排水工程的规划、施工和管理。通商产业省则负责工业用水和水力发电，厚生省负责城市供水和监督水道法的实施。国土厅设有水资源部，负责水资源长期供求计划的制订及有关水资源的政策，并协调各部门间的水资源问题。因此，日本的水资源管理属于分部门、分级管理的类型。

法国对水资源的管理基本上采用以流域为主的方式，属于分散管理模式。水资源管理业务属于环保部的职能范围。法国实行的是供水、排水、水质保护、污水处理一体化的水务管理体制。水资源管理分四级管理，第一级为国家级，领导机构主要由国家水委员会和环境部，国家水委员会负责商讨解决涉及大地区和流域间共同关心的问题，制定和修订水法和其他有关的法律，编制或共同编制全国水资源规划和水治理及管理的指导性纲要等。环境部作为全国水资源、水环境的主管部门，负责协调财政部、工业部、农业部等八个部门的活动，其中财政部负责核查水工程的经费开支和计划，工业部负责能源生产污染控制，农业部负责农业面源污染控制。第二级为流域级，法国共有六大流域，流域及主要管理机构有流域委员会(水议会)及其执行机构——流域水管理局。流域委员会是水与水资源管理的最高决策机构，它由代表国家利益的政府官员和专家代表、地方行政当局的代表和企业与农民利益的用户代表，三方代表各占1/3。流域委员会的重要任务就是审议和批准流域水管理局董事会提交的管理局的五年计划和各年度工作计划及其他计划，委员会的工作重点主要是审批流域水管理局逐年增加征收水费的五年计划方案中资助污染治理工程和饮用水供应的投资方案。流域委员会通过的行动计划和政策纲要必须得到执行。流域水管理局是一个独立于地区和其他行政辖区的流域公共管理机构，它接受环境部的监管，负责流域水资源的统一管理，而且在管理权限和财务方面完全自治，同时在流域内还必须执行流域委员会的指令。流域水管理局对水资源实行不分区的统一管理，负责收取流域内取水费和排污费；且收取费用的90%以上用于水开发、供水和水处理工程。流域水管理局不具备水域管理行政强制手段，也不是各项水利设施的业主。流域水管理局的主要任务是对流域各地区、省、市、镇的水污染防治活动进行金融和技术激励。即对好的项目进行投资和技术倾斜，在所有水用户之间确保水资源供需平衡，尽力将流域内水质达到法规所确定的质量目标。第三级为地区级(州级)，主要管理机构有地区水董事会、地区环境办公室和流域水管理局地区代表团。地区水董事会是水资源开发和水环境整治的咨询、协调机构，地区环境办公室是隶属环境部的环境监督管理机构。法国有22个地区环境办公室，其中6个设在流域水管理局总部所在地的地区环境办公室，负责全流域的环境执法，并与流域水管理局平行开展工作，流域水管理局地区代表团负责流域管理局所在地区的全部事务。第四级为省市级，主要管理机构是省、市级水行政主管部门，负责有关水资源管理事务的实施和监督。

二、国内水资源管理的组织体制

1) 水利部

1994年，国务院再次明确水利部是国务院水行政主管部门，统一管理全国水资源，负责全国水利行业的管理等，此后在全国范围内兴起的水务体制改革则反映了我国水资源管理方式由分散管理模式向集中管理模式的转变。水利部为国务院29个部、委、行、署之一，机关组织机构如图9-2所示。

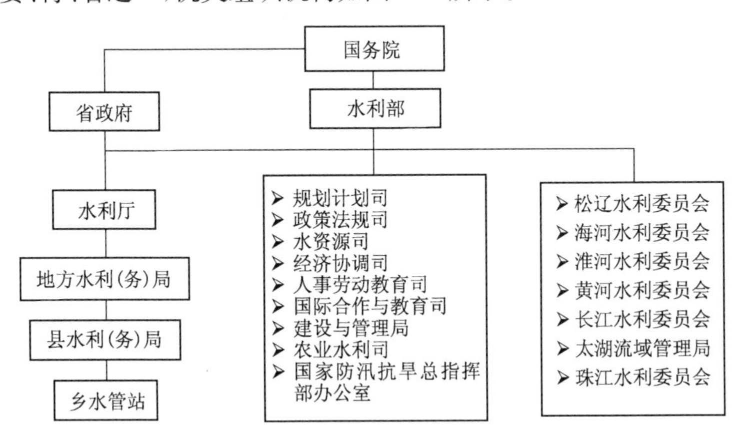

图9-2 水利部机关组织结构

资料来源：何士华，徐天茂，武亮. 论我国水资源管理的组织体系和管理体制[J]. 昆明理工大学学报(社会科学版)，2004，4(1)：35-38.

水利部与水资源管理有关的主要职责为：

（1）负责保障水资源的合理开发利用，拟定水利战略规划和政策，起草有关法律法规草案，制定部门规章，组织编制国家确定的重要江河湖泊的流域综合规划、防洪规划等重大水利规划。按规定制定水利工程建设有关制度并组织实施，负责提出水利固定资产投资规模和方向、国家财政性资金安排的意见，按国务院规定权限，审批、核准国家规划内和年度计划规模内固定资产投资项目，提出中央水利建设投资安排建议并组织实施。

（2）负责生活、生产经营和生态环境用水的统筹兼顾和保障。实施水资源的统一监督管理，拟订全国和跨省、自治区、直辖市水中长期供求规划、水量分配方案并监督实施，组织开展水资源调查评价工作，按规定开展水能资源调查工作，负责重要流域、区域以及重大调水工程的水资源调度，组织实施取水许可、水资源有偿使用制度和水资源论证、防洪论证制度，指导水利行业供水和乡镇供水工作。

（3）负责水资源保护工作。组织编制水资源保护规划，组织拟订重要江河湖泊的水功能区划并监督实施，核定水域纳污能力，提出限制排污总量建议，指导饮用水水源保护工作，指导地下水开发利用和城市规划区地下水资源管理保护工作。

（4）负责防治水旱灾害，承担国家防汛抗旱总指挥部的具体工作。组织、协调、监督、指挥全国防汛抗旱工作，对重要江河湖泊和重要水工程实施防汛抗旱调度和应急水量调度，编制国家防汛抗旱应急预案并组织实施，指导水利突发公共事件的应急管理工作。

（5）负责节约用水工作。拟订节约用水政策，编制节约用水规划，制定有关标准，指导和推动节水型社会建设工作。

（6）指导水文工作。负责水文水资源监测、国家水文站网建设和管理，对江河湖库和地下水的水量、水质实施监测，发布水文水资源信息、情报预报和国家水资源公报。

（7）指导水利设施、水域及其岸线的管理与保护，指导大江、大河、大湖及河口、海岸滩涂的治理和开发，指导水利工程建设与运行管理，组织实施具有控制性的或跨省、自治区、直辖市及跨流域的重要水利工程建设与运行管理，承担水利工程移民管理工作。

（8）负责防治水土流失。拟订水土保持规划并监督实施，组织实施水土流失的综合防治、监测预报并定期公告，负责有关重大建设项目水土保持方案的审批、监督实施及水土保持设施的验收工作，指导国家重点水土保持建设项目的实施。

（9）指导农村水利工作。组织协调农田水利基本建设，指导农村饮水安全、节水灌溉等工程建设与管理工作，协调牧区水利工作，指导农村水利社会化服务体系建设。按规定指导农村水能资源开发工作，指导水电农村电气化和小水电代燃料

工作。

(10) 负责重大涉水违法事件的查处，协调、仲裁跨省、自治区、直辖市水事纠纷，指导水政监察和水行政执法。依法负责水利行业安全生产工作，组织、指导水库、水电站大坝的安全监管，指导水利建设市场的监督管理，组织实施水利工程建设的监督。

2) 水资源管理现状

(1) 水资源管理主要由水利部负责。水利部同时负责全国大江大河的综合治理和开发等。

(2) 在水利部隶属下，长江、黄河、珠江、松花江、辽河、海河、淮河以及太湖分别设立流域管理委员会，内设有水资源保护局，由水利部和国家环保局共同领导。

(3) 各省设有水利厅，负责本地区的水资源管理工作(图 9-3)。

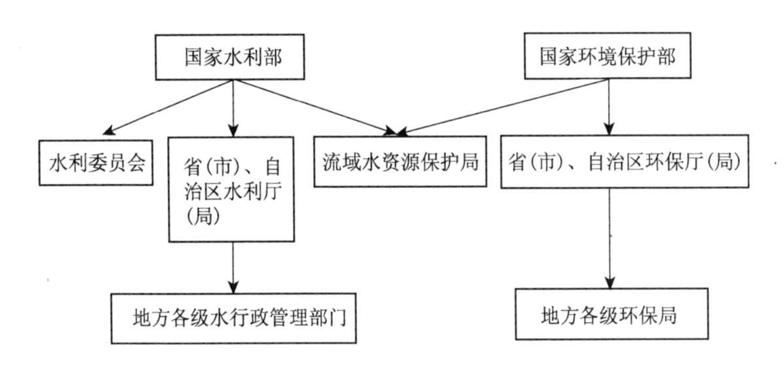

图 9-3　我国现行流域管理体制

资料来源：钱冬. 我国水资源流域行政管理体制研究[D]. 昆明：昆明理工大学，2007.

3) 水资源管理存在的问题

(1) 水资源管理责、权、利界定不清，水污染和水资源浪费严重。我国水资源管理在产权上的一个主要问题是要对水资源的使用权进行合理界定。目前，我国对部门之间的水资源使用权界定不清，导致其责、权、利不明确，存在“多龙治水”和“多龙管水”现象，水资源利用效率低下。一方面，人类在生活和生产活动中，需要从天然水体中抽取大量的淡水，并把使用过的生活污水和生产废水排放到天然水体中。由于工业废水未经处理或未经充分处理就排入河流、湖泊和水库，造成了这些水体的污染。工业污水中的有毒物质危害着水体中的水生生物；生活污水，水土流失，农田灌溉形成的肥料流失等还可使水体富营养化，受污染水域的水资源无法再直接使用。地球上的地表水和地下水面临着来自不同方面的污染。另一方面，水价偏低导致人们对水的价格不敏感，节水观念淡薄，造成用水过程中大量浪费。在我国，大部分地区的农业采用大水漫灌的方式，水的有效利用率仅为 40%～

50%，损耗量高出发达国家两倍，造成水资源的严重浪费。为此，保护水资源，防止水体污染和水资源的浪费，已成为人类必须重视的大问题。

(2) 流域管理与行政区域管理在管理上的差异。流域管理和行政区域管理是两种不同性质的管理模式，两者边界往往不重合。一个流域区可能跨越几个行政区，而一个行政区也可能包含几个不完整的流域区。一直在区域开发管理中出现许多矛盾和问题，责权划分不清楚：在纵向上，环境保护部对地方各级环保机关实行业务指导，而地方各级环保机关隶属于本级政府，财权和人事任免权均受限于地方政府；在横向上，政府的水资源保护职能分散在环保、水利、国土、农业等部门。

(3) 水资源管理的法律体系不健全，执法力度不够。目前，我国有关水资源管理和水体保护的法律、法规及规章之间缺乏有机的联系。现有的环境、水利建设等方面的法律、法规及规章对水资源保护工作规定得不具体、不明确，可操作性差，不能体现出环境与资源协调发展的战略思想。同时现行的环境法规对水资源保护仅是从环境角度管理，而没有从水资源可持续发展的角度考虑。水利部门缺乏水资源保护的统一思想、条例、规章，工作随意性大，没有系列条例作为行政依据来管理和保护水资源。同时，由于执法力度不够，往往因地方保护等种种原因不能严格执法。对污染单位大多只象征性地收取排污费，而不强调达标排放，从而造成对水资源的严重破坏。

(4) 水资源的市场配置不合理，市场价格太低。一般人们的节约意识尤其是节水意识比较低下，人们都认为水资源是可再生的资源，是取之不尽的，没有必要过分节约。同时，国家为了大家用水方便，对水的价格定价较低，甚至可以说完全与价值不符，这更使人们在利用水资源时不懂得珍惜和节约，使水资源浪费严重。

第三节　水资源的权属

一、水的权属理论

水权的定义，既是水权制度建设的基石，也是研究水权相关问题的逻辑起点。因此，国内外许多学者从不同角度对水权定义进行了讨论和研究，但至今仍尚未形成统一的定义。Renato 等认为水权是享有或者用水资源的权利；傅春等认为水权是依法获取的水资源使用权，包括保护和治理水环境的各种权益；姜文来(1998)、冯尚友(1991, 1998, 2000)、周玉玺和胡继连(2003)等认为水权是包括水资源的所有权、经营权和使用权在内的三种权力的总和。钟玉秀认为，水权是水资源的所有权、使用权，水产品和服务经营权等与水资源有关的一组权利的总称。董文虎认为水权是指"国家、法人、个人或外商对于不同经济类属的水，所获得的所有权、分配权、经营权、使用权，以及由于取得水权而拥有利益和应承担减少或免除相应类属衍生出的水负效应的义务"。学者王亚华从广义和狭义两个层面定义了水权，认为广义水权是指所有涉水事务（例如水利工程修建、防洪治涝、水运）相关活动的决策权，它反映各种决策实体在涉水事务中的权力义务关系；而狭义水权专指水资源产权，是与水资源用益（例如分配和利用）相关的决策权，它反映各种决策实体在水资源用益中相互的权利义务关系。

对权力性质的主张中，也有几种，但总的主张水权是一种特殊的用益物权。原因在于水权的享有人在法律规定的范围内对财产可以独立进行支配，且所有权以外的权利人不仅可以向第三人主张权利，而且还可以对抗所有人的非法干涉，具有鲜明的物权性质。但总的来说，在水的权属上，无论是哪种观念，都承认了水资源的所有权与使用权的分离，对水资源的使用权通常简称水权。水资源是一个相关的权力体系，以水资源的所有权与他物权；水（产品水）的所有权与他物权为核心内容。这里主要谈以下几类：

1）水资源所有权

由于水资源的自然性质决定了它是一种具有"公共属性"的资源，具有整体性和不可分割性，它的这种性质决定了在现实中它应该是每一个人的财产，或者说它不是任何人的财产。因此在水资源的产权的界定上，只有水资源国有才能适应水资源的这种特性。为了便于加强政府对水资源的控制，在国际上水的所有权也呈现出向公有制方向发展的趋势。1976 年，在委内瑞拉首都加拉加斯由国际水法协会召开的"关于水法和水行政第二次国际会议"，公开提倡："一切水都要公有，为全社会所有，为公共使用，或直接归国家管理，并在水法中加以固定"。与此相适应，法国的水法改革按照水的所有权将河流分为公河和私河。日本在《日本河流法》中规定河流属公共财产。《苏联各加盟共和国水立法纲要》（1970 年）规定水资源属国家所有。

我国《宪法》第九条规定，水流湖泊均为国家资源，属于全民所有。《水法》第三条规定，水资源属于国家所有。新出台的《物权法》（草案）第五十四条亦规定水流属于国家所有，由国务院代表国家行使所有权。这些规定都表明了我国水资源的所有权属于国家。

2）水资源使用权

在水资源国家产权的制度下，国家必须将水资源的使用权转让给他人，才不至于使水资源永远处在国家手中，从而出现水资源闲置，自然人、法人和其他组织无水可用的境地。依照现代各国水法的一般规定，水权是指权利人依法对地表水和地下水进行使用、收益的权利，它是汲水权、蓄水权、排水权、航运水权、竹木流放水权等一系列权利的总称。这条规定指的水权即水资源使用权。我国《水法》第六条规定国家鼓励单位和个人依法开发、利用水资源,并保护其合法权益。这是单位和个人对水资源享有使用权的法律依据。水资源使用权的重要意义在于将资源的使用权量化赋予具体的区域、群体和个人,使水资源国家所有即全民所有权的属性具体化,付诸实践。这反映在,水资源使用权体现了水资源的"共有属性"或公民均可使用的属性,其具有包含个体的集合性(例如流域、区域、市、乡镇、村共有,及至个体拥有),但可以分割和量化,因此是相对具体和量的概念,是水权"度"的属性。

水资源的使用权是一个集合概念,在水资源使用权下各种类型的水的相关权力在性质、功能上有很大的差异,所对应的客体是一定时间、一定区域内的一定量的水,它通过时间、空间和数量等因素的限制已从水资源整体中独立出来,可以被特别认定。

二、我国对水资源权属改革历程

新中国成立后的相当一段时期,由于实行计划经济以及社会发展还没有给水资源造成太大的压力,除了在宪法中对自然资源的公有制作出过规定,其他法律法规没有对水资源权属作明确设定。

进入 20 世纪 80 年代,随着经济社会的发展,用水量急剧增加,水资源供需矛盾日趋突出。为适应新形势的要求,国家和各级地方政府都开始探索建立新的水资源管理制度和社会用水机制,一些地区开展了水资源调查评价和取水管理,初步涉及水资源权属管理的内容。1988 年,在总结水资源开发利用和管理的经验教训基础上,我国颁布实施了《中华人民共和国水法》,规定了除属于集体经济组织的水塘、水库中的水资源归集体所有外,水资源归国家所有。同时还设定了取水许可制度和水资源有偿使用制度,初步搭建了新的水资源权属制度框架。

1993 年,我国颁布了《取水许可制度实施办法》,对通过取水许可获得的权利和义务、获取程序和监督管理等都作了规定,水资源权属制度的框架内容更加明朗。同时,一些地区开始制定并实施了征收水资源费的地方性法规或规章,一些重要河流的水量分配方案也应势出台。为适应经济社会高速发展和市场经济体制建立的要求,我国加快了水资源权属改革的步伐。从 2000 年开始,国家推进了水资源调查评价、水资源综合规划和专项规划、用水定额测算等基础工作,开展了水权转换和节水型社会建设试点。部分流域开始探索流域水量分配,确定区域用水总量,加强对区域用水的宏观管理。不少地方在水资源权属改革上也取得了阶段性成果,一些地区颁布了行业用水定额,实施了用水定额管理。

2002 年新修订的水法中吸收了近年来水资源权属改革的实践探索经验,重申了水资源属国家所有,明确了农村集体经济组织的用水权利,增加了水量分配制

度、总量控制和定额管理相结合等管理制度,设定了取水权。为理清水资源权属制度的基本内容,进一步推进水资源权属改革,水利部2005年印发了水权制度建设框架,明确了水权制度体系建设的内容。同年,水利部下发了关于水权转让的若干意见,对水权转让的基本原则、范围、费用、年限、监督管理及制度完善等方面作出了明确规定。国家还陆续出台了一系列法规规章,在不同的方面充实了水资源权属制度的内容。2006年,国务院以第460号令发布了《取水许可和水资源费征收管理条例》,为适应水资源权属管理的需要,明确规定了"依法获得取水权的单位或者个人,通过调整产品和产业结构、改革工艺、节水等措施节约水资源的,在取水许可的有效期和取水限额内,经原审批机关批准,可以依法有偿转让其节约的水资源,并到原审批机关办理取水权变更手续",市场机制在水资源配置中的作用得到进一步发挥。2008年,水利部公布的《水量分配暂行办法》正式实施,首次对跨省(自治区、直辖市)的水量分配,以及省(自治区、直辖市)以下其他跨行政区域的水量分配的原则、分配机制、主要内容等,做了比较全面的规定。作为国家水权制度中一项起支架作用的重要制度,《水量分配暂行办法》在初始水权分配的关键环节上完善了法律制度,与2006年颁布实施的《取水许可和水资源费征收管理条例》互为补充。这两部法规规章的颁布实施,标志着我国初始水权分配制度已经基本建立。

水资源和其他许多自然资源不同,多数地上或地下的自然资源常附着于土地上,并随土地的所有权而转移,但水资源却因其具有自高向低流动的天然属性,并能通过自然界水文循环的作用而在以年为周期的期限内不断补充更新,土地的边界不能控制其流动范围,因此即使在土地私有制的国家里,尽管河流流经其土地上,也不能把河流中的水据为已有。这些特点使水资源的权属问题比较复杂,并常在开发利用中出现一些矛盾。

我国现行《水法》中规定"水资源属于国家所有,水资源的所有权由国务院代表国家行使。"水资源所有权归属国家所有的制度,决定了水资源权属管理的主体只能是国家,国务院及其授权的地方政府有权管理水资源,对水资源进行分配。同时,在责、权、利明晰的基础上,水资源的所有权和使用权分离,国家通过一定的程序将水资源使用权分散化、个性化、确定化,将特定的水资源由共享资源变为专有资源;在一定的规则程序制约和监督下,使水资源的使用权可以依法进行有序的有偿转让。

对地下水资源的所有权问题各国实行的不完全一样。多数国家认为水资源应包括地表水和地下水,但也有不少国家认为地下水资源应附属于土地。在英国认为在私人土地上的地表水和地下水都属土地所有者所有。中国税法的水资源是指天然状态下的水,包括地表水和地下水都属国家所有。但在中国农村的土地是集体所有，前述对农民集体投资或投劳修建的水塘、水库中拦蓄的水，已不是天然状态下的水而是由人工开发的水，已经规定是集体所有，那么农民打井后在尽可能取水范围内的地下水，其所有制虽未明确规定，但却规定了国家对开采地下水要统一规划，加强监督管理，如果出现超采地下水要严格控制开采，以及必要时要征收水资源费等，说明地下水资源也是为国家所有。因此，世界多数国家都认为在天然状态下的水资源是属国家所有或社会所公有，对所有权的管理则是由国家制定的机构分级负责。

水资源权属明确对水资源的分配和使用是由水的主管部门进行控制，并且是在服从国家规定的方针政策原则指导下进行管理。许多国家实行取水许可制度，有的明确使用水资源应按规定交纳水费或水资源费，由国家指定的单位或机构收取。为扩大水的使用目的需要对天然水资源进行控制，如在河流、湖泊上修建闸、坝、引水渠道和管道、打井、泵站等，均须由相应水的管理部门审批，有的须经地方或中央一级政府审批，防止无计划地任意开发利用水资源。

第四节　水资源管理的行政措施

行政手段又称为行政方法，它是依靠行政组织或行政机构的权威，运用决定、命令、指令、指示、规定和条例等行政措施，以权威和服从为前提，直接指挥下属的工作。采取行政手段管理水资源主要是指国家和地方各级行政管理机关依据国家行政机关职能配置和行政法规所赋予的组织和指挥权利，对水资源及其环境管理工作制定方针、政策，建立法规、颁布标准，进行监督协调。实施行政决策和管理是进行水资源活动的体制保障和组织行为保障。

水资源特有属性和市场经济对资源配置方式决定了政府对水资源管理应以宏观管理为主，宏观管理的重点是水资源供求管理和水资源保护管理。在水资源配置、开发、利用和保护等环节，围绕处理水资源供给与需求、开发和保护的关系，以及处理由此而产生的人们之间的关系，成为水资源管理的永恒主题。以水资源可持续利用支撑经济社会可持续发展，保障国家发展战略目标的实现，这是水资源管理的根本任务。实现经济效益、社会效益和环境效益高度协调统一的水资源优化配置是管理的最高目标。

水资源行政管理主要包括如下内容：

（1）水行政主管部门贯彻执行国家水资源管理战略、方针和政策，并提出具体建议和意见，定期或不定期向政府或社会报告本地区的水资源状况及管理状况。

（2）组织制定国家和地方的水资源管理政策、工作计划和规划，并把这些计划

和规划报请政府审批，使其具有行政法规效力。

（3）某些区域采取特定管理措施，如划分水源保护区、确定水功能区、超采区、限采区、编制缺水应急预案等。

（4）对一些严重污染破坏水资源及环境的企业、交通等要求限期治理，甚至勒令其关、停、并、转、迁。

（5）对易产生污染、耗水量大的工程设施和项目，采取行政制约方法，如严格执行《建设项目水资源论证管理办法》、《取水许可制度实施办法》等，对新建、扩建、改建项目实行环保和节水“三同时”原则。

（6）鼓励扶持保护水资源、节约用水的活动，调解水事纠纷等。

2011年的中央一号文件明确提出，实行最严格的水资源管理制度，把严格水资源管理作为加快转变经济发展方式的战略举措，划定“三条红线”，建立“四项制度”，到2020年基本建成水资源合理配置和高效利用体系、水资源保护和江河湖泊健康保障体系。最严格的水资源管理制度基本建立，有利于水资源节约和合理配置的水价形成机制基本建立，顺应自然规律和社会发展规律，合理开发、优化配置、全面节约、有效保护水资源，实现水资源可持续利用。这是在我国水资源与经济社会发展变化的新形势下做出的重大战略决策，坚持像重视国家粮食安全一样重视水资源安全，像严格土地管理一样严格水资源管理，像抓好节能减排一样抓好节水工作，对于解决我国复杂的水资源问题，实现经济社会可持续发展具有深远意义和重要影响。

最严格的水资源管理，是以水资源配置、节约和保护为主线，全面贯彻落实水资源管理的各项法律、法规和政策措施，划定水资源开发利用控制、用水效率控制、水功能区限制纳污“三条红线”，选择用水总量、万元工业增加值用水量、农业灌溉水有效利用系数和水功能区达标率作为考核指标，明确县级以上地方人民政府对水资源管理和保护的职责，建立能操作、可检查、易考核、有奖惩的水资源管理红线指标体系。贯彻落实最严格的水资源管理制度，必须围绕水资源配置、节约保护、流域管理等领域完善法律法规，围绕用水总量控制制度、取水许可制度和水资源有偿使用制度、水资源论证制度、节约用水制度、入河排污口管理制度等各项法律制度完善政策措施，围绕水量水质监测能力建设，严格实施水资源管理考核制度完善保障体系，使水资源管理目标更加明晰、制度体系更加明确、管理措施更加严格、责任主体更加明确。内蒙古自治区地域辽阔、资源富集、水资源短缺、经济欠发达，境内黄河、辽河、嫩江、海滦河、内陆河流域水资源条件迥异，国土资源、产业布局与水资源分布不相匹配，水资源问题复杂。按照实行最严格的水资源管理制度的战略部署，必须从本地区的实际出发，结合东中西部资源禀赋条件和水资源条件，不断完善配套政策措施，保障水资源管理“三条红线”和“四项制度”的贯彻落实。

行政手段一般带有一定的强制性和准法治性，否则管理功能无法实现。长期实践充分证明，行政手段既是水资源日常管理的执行渠道，又是解决水旱灾害等突发事件强有力的组织者和执行者。只有通过有效力的行政管理才能保障水资源管理目标的实现。

第五节　水资源管理的经济手段

水利是国民经济的一项重要基础产业，水资源既是重要的自然资源，又是不可缺少的经济资源，在管理中利用价值规律，运用价格、税收、信贷等经济杠杆，控制生产者在水资源开发中的行为，调节水资源的分配，促进合理用水、节约用水，限制和惩罚损害水资源及其环境以及浪费水的行为，奖励保护水资源、节约用水的行为。

自20世纪70年代后期，我国北方地区出现严重的水危机，各级水资源管理部门开始采用经济手段以强化人们的节水意识。1985年国务院颁布了《水利工程水费核定、计收和管理办法》，对我国水利工程税费标准的核定原则、计收办法、水费使用和管理首次进行了明确的规定，这是我国利用经济手段管理水资源的有益尝试。为将经济手段管理的方法纳入法制轨道，1988年1月全国人大常委会通过的《中华人民共和国水法》明确规定："使用供水工程提供的水，应当按照规定向供水单位缴纳水费"，"对城市中直接从地下取水的单位，征收水资源费"。这是水资源的经济管理手段在全国内开展获得了法律保证。随着市场经济体制的不断完善，水权及水市场理论得到积极探索与实践，2005年水利部颁布了《水利部关于水权转让的若干意见》，首次为水权交易提供了政策依据。此外，用水户的用水权交易也得到积极尝试，一些城市开始推进用水制度改革，对用水户实行总量控制、定额管理，用水户根据定额指标购买用水权，并推行用水权有偿转让，交易价格由交易双方自行商定，促进了用水权的市场流转和水资源的市场化配置。

水资源管理的经济手段，就是以经济理论作为依据，由政府制定各种经济政策，运用有关的经济政策作为杠杆，来间接调节和影响水资源的开发、利用、保护等水事活动，促进水资源可持续利用和经济社会可持续发展。具体来说，水资源管理的经济措施，目前应用比较广泛的有水价和水费政策、排污收费制度、补贴措施以及水权和水市场等，下面分别进行详细介绍。

1）制定合理的水价、水资源费等各种水资源价格标准

水价制度作为一种有效的经济调控杠杆，涉及经营者、普通用户、政府等多方面因素，用户希望获得更多的低价用水，经营者希望通过供水获得利润，政府则希

望实现其社会稳定、经济增长等经济目标。但从整体角度来看，水价制度的目的在于在合理配置水资源，保障生态系统、景观娱乐等社会效益用水以及可持续发展的基础上，鼓励和引导合理、有效、最大限度地利用可供水资源，充分发挥水资源的间接经济、社会效益。

水价是水资源使用者为获得水资源使用权和可用性需支付给水资源所有者的一定货币额，它反映了资源所有者与使用者之间的经济关系，体现了对水资源有偿使用的原则、水资源的稀缺性、所有权的垄断性及所有权和使用权的分离，其实质就是对水资源耗竭进行补偿。水费是水利工程管理单位（如电管站、闸管所）或供水单位（如自来水公司）为用户提供一定量的水而收取的一种用于补偿所投入劳动的事业型费用。

水价制定的过程中，要考虑用水户的承受能力，保障起码的生存用水和基本的发展用水；而对不合理用水部分，则通过提升水价，利用水价杠杆来强迫减小、控制、逐步消除不合理用水，以实现水资源有效利用。我国的供水行业经历了公益性无偿供水阶段（1949—1965 年）、政策性有偿供水阶段（1965—1985 年）、水价改革起步阶段（1985—1995 年）和水价改革发展阶段（1995—2003 年）。2003 年 7 月国家发展和改革委员会与水利部联合发布《水利工程供水价格管理办法》，并与 2004 年 1 月 1 日在我国正式实行，这也是我国现行的水价政策。该办法将水费由“费”推向“价”的层次，将水费从行政事业性收费的性质推向经营性收费，完全纳入市场经济的商品价格范畴，不再作为预算外资金纳入财政专户管理。水价属于商品价格范畴，按商品核算法则计算交易价格，并建立了规范的水价核定和执行机制，我国的水价开始以供水价格的形式出现。

我国目前的水价制定主要以《水利工程供水价格管理办法》（国家发展和改革委员会与水利部联合发布，2004 年 1 月 1 日起实行）为准，基本上由市行政主管部门核算。目前普遍所采用的水费计价方法已经不适合我们节水的基本要求，如《北京市实施〈中华人民共和国水法〉办法》规定，北京市民和单位用水将全部实行计量收费，超出定额部分要累进加价，水资源由水行政主管部门统一征收，上缴财政，用于水资源的开发、利用、节约、保护及相关学科的技术研究。2012 年，广州推出《广州市居民生活用水阶梯式计量水价办法》，居民生活用水户实施阶梯水价。用水人口为 4 人及以下的，每户每月用水量 26 m^3（含 26 m^3）以下的部分为第一级水量，按核定的基本水价收取水费；每户每月用水量 27 m^3（含 27 m^3）至 34 m^3（含34 m^3）的部分为第二级水量，按基本水价的 1.5 倍收取水费；每户每月用水量超过34 m^3（不含 34 m^3）的部分为第三级水量，按基本水价的 2 倍收取水费。

阶梯式计量水价计算公式为：阶梯式计量水价＝第一级水价×第一级水量基数＋第二级水价×第二级水量基数＋第三级水价×第三级水量基数

对于我们国家目前的现状来说，全面实行阶梯式计量水价基础条件较差，但是进行水价改革有利于促进节约用水，建设节水型社会，也有利于提高供水质量和服务水平，保证供水安全，进而加强我们整个国家的供水现代化建设。

2）排污收费制度

排污收费制度是对于向环境排放污染物或者超过国家排放污染物标准的排污者，根据规定征收一定的费用。这项制度运用经济手段可以有效促进污染治理和新技术的发展，又能使污染者承担一定的污染防治费用。排污收费制度是我国现行的一项主要的环境管理制度，在水资源管理过程中，也发挥着重要的作用。

我国现行的排污收费制度，主要是遵照2003年颁布的《排污费征收使用管理条例》和《排污费征收标准管理办法》、《排污费资金收缴使用管理办法》等执行。

《排污费征收使用管理条例》和《排污费征收标准管理办法》中规定：对向水体排放污染物的，按照排放污染物的种类、数量计征排污费；超过国家或者地方规定的水污染物排放标准的，按照排放污染物的种类、数量和本办法规定的收费标准计征的收费额加一倍征收超标准排污费。对向城市污水集中处理设施排放污水、按规定缴纳污水处理费的，不再征收污水排污费。对城市污水集中处理设施接纳的符合国家规定标准的污水，其处理后排放污水的有机污染物（化学需氧量、生化需氧量、总有机碳）、悬浮物和大肠菌群超过国家或地方标准的，按上述污染物的种类、数量和本办法规定的收费标准计征的收费额加一倍向城市污水集中处理设施运营单位征收排污费，对氨氮、总磷暂不收费。对城市污水集中处理设施达到国家或地方排放标准排放的水，不征收污水排污费。在《排污费征收标准管理办法》中详细规定了污水排污费征收标准及计算方法。

对于征收到的排污费资金，则纳入财政预算作为环境保护专项资金管理，主要用于污染防治项目和污染防治新技术、新工艺推广项目的拨款补助和贷款贴息，以达到促进污染防治、改善环境质量的目的。此外，通过向企业征收排污费，使得企业承担其污染环境的责任，同时，企业为了减少缴纳的排污费，会进行公益的改革，减少污染物的排放，这样也可以使得企业达到清洁生产的目标。

3）建立水资源保护、恢复生态环境的经济补偿机制

实施水资源补偿一方面可以抑制水资源利用不当造成的水资源价值流失、经济损失和生态环境破坏；另一方面可以筹集资金进行水源涵养、污染治理等水资源保护行为，促进受损水资源自身水量补给与水体功能的恢复，保障水资源可持续利用。实施水资源补偿是为了实现水资源恢复。总体来讲，现代水资源统一管理需要建立三个补偿机制，即"谁耗用水量谁补偿，谁污染水质谁补偿，谁破坏生态环境谁补偿"。同时，利用补偿建立三个恢复机制，即"恢复水量的供需平衡，恢复水质

需求标准，恢复水环境与生态用水要求”。

4）培育水市场，推进水资源使用权的有偿转让

水权是水资源所有权，是包括占有权、使用权、收益权、处分权以及与水资源开发利用相关的各种权利和义务的总称，也可以成为水资源产权。从广义上讲，水市场是指水资源及与水相关商品的所有权或使用权的交易场所，以及由此形成的人与人之间各种关系的总和。水权制度的发展，也使得水市场的相关研究取得了显著进展。实际上，水市场包含的范围非常广泛，如取水权市场、供水市场、排污权市场、废水处理市场、污水回用市场等。因此，从严格意义上来讲，水费的征收也可以看做是水权明晰下的供水市场交易。水市场是市场经济条件下的产物，在进行水资源及与水相关商品的所有权或使用权的市场交易时，除了要遵循市场经济条件下市场的交易原则外，因水资源本身的特殊性，还有一些特殊的原则需要考虑。结合水利部《关于水权转让的若干意见》，总结水市场交易原则如下：

（1）持续性原则。水资源是关系国计民生的基础自然资源，在进行水市场交易时，除了尊重水的商品属性和价值规律外，更要尊重水的自然属性和客观规律。水资源的开发利用必须从人类长远利益出发，保证人类社会可持续发展的需求，协调好水资源开发利用和节约保护的关系，充分发挥水资源的综合功能，实现水资源的可持续利用。

（2）公平和效率原则。水市场交易要充分发挥效率原则，利用经济规律作用，使得水资源向低污染、高效率产业转移。此外，市场经济在追求效率的同时，也要兼顾公平的原则，必须保证城乡居民生活用水，保障农业用水的基本要求，满足生态系统的基本用水；防止为了片面追求经济效益，而影响到用水户对水资源的基本需求。

（3）有偿转让和合理补偿的原则。水市场中交易的双方主体，应遵循市场交易的基本准则，合理确定双方的经济利益。因转让对第三方造成损失或影响的必须给予合理的经济补偿。

（4）整体性原则。水资源交易时，应着眼于整体利益，达到整体效益最佳，即实现社会效益、经济效益、环境效益的统一。在实现水资源高效配置，取得较大经济效益的同时，也要考虑到社会效益、环境效益。

（5）政府调控与市场调节相结合的原则。在市场经济条件下，能够高效地实现水资源的优化配置，但是在市场经济过分追求效益的同时，会失去很多对公平的考虑。为了能够保证遵循公平、整体性原则进行水市场交易，在注重市场对水资源配置调节的同时，政府的宏观调控也是必不可少的。国家对水资源实行统一管理和宏观调控，各级政府及其水行政主管部门依法对水资源实行管理，建立政府调控与市场调节相结合的水资源配置机制。

第六节 水资源管理法律法规

依法治国，是我国《宪法》所确定的治理国家的基本方略。水资源关系到国民经济、社会发展的基础，在对水资源进行管理的过程中，必须通过依法治水才能实现水资源开发、利用和保护的目的，满足经济、社会和环境协调发展的需要。

一、水资源法律概述

法规体系，也叫立法体系，是指国家制定并以国家强制力保障实施的规范性文件系统，是法的外在表现形式所构成的整体。水资源管理的法规体系就是现行的有关调整各种水事关系的所有法律、法规和规范性文件组成的有机整体。水法规体系的建立和完善是水资源管理制度建设的关键环节和基础保障。

中国古代有关水资源管理的法规最早可追溯到西周时期，在我国西周时期颁布的《伐崇令》中规定“毋坏屋、毋填井、毋伐树木、毋动六畜。有不如令者，死无赦。”这大概是我国古代最早颁布的关于保护水源、动物和森林的法令。此后，我国历代封建王朝都曾颁布过类似的法令。历代著名的法典如《唐六典》、《唐律疏议》、《水部式》等都有水法规可考。在欧洲，水法规则最早体现于罗马法系，其中著名的《十二铜表法》(*Law of the Twelve Tables*)颁布于公元前 450 年前后，而《查士丁尼民法大全》于公元 534 年完成，后来体现在大陆法系和英美普通法系的民法中。

近代经济社会发展对水资源的需求不断增加，很多地方出现了供水水源不足、水污染、生态环境恶化的趋势。世界各国都开始重视水资源管理的法规制定，很多国家制定了关于水资源开发、利用和保护等各项水事活动的综合性水法，有些国家还制定了水资源开发利用的专项法律。如美国的《水资源规划法规》，日本的《河川法》、《水资源开发促进法》、《水污染防治法》、《防洪法》等专项法规。

1930 年我国颁布了《河川法》，1942 年颁布了《水利法》。此后随着水问题的不断发展，我国的水资源管理的法规也在不断修改、不断完善。

水资源管理的法规体系就是现行的有关调整各种水事关系的所有法律、法规和规范性文件组成的有机整体。水法规体系的建立和完善是水资源管理制度建设的关键环节和基础保障，主要包括水的立法、水行政执法和水行政司法。概括来讲，水资源管理的法规体系主要作用就是借助国家强制力，对水资源开发、利用、保护、管理等各种行为进行规范，解决与水资源有关的各种矛盾和问题，实现国家的管理目标。

我国在水资源方面颁布了大量具有行政法规效力的规范性文件，如1961年颁布的《关于加强水利管理工作的十条意见》，1965年颁布的《水利工程水费征收使用和管理试行办法》，1982年颁布的《水土保持工作条例》等。1984年颁布施行的《中华人民共和国水污染防治法》是中华人民共和国的第一部水法律。1988年颁布的《中华人民共和国水法》，初步建立了一系列水法规体系，各项水事活动基本做到有法可依，在推进我国依法治水方面取得了突出的成绩。但随着经济社会的发展及水资源状况的变化，出现了一些新情况和新问题，使得其中一些规定不能适应客观实际的需要和社会发展的要求。《中华人民共和国水法》于2002年10月1日起施行，标志着我国依法治水进入全面推进传统水利向现代水利、可持续发展水利转变，建设节水防污型社会、保障经济社会实现可持续发展的新阶段。新《中华人民共和国水法》规定，开发、利用、节约、保护水资源和防治水害，应当全面规划、统筹兼顾、标本兼治、综合利用、讲求效益，发挥水资源的多种功能，协调好生活、生产经营和生态用水。因此，水法对于合理开发、利用、节约和保护水资源，防治水害，实现水资源的可持续利用，适应国民经济和社会发展的需要具有重要意义。它的出台标志着中国进入了依法治水的新阶段，其主要有以下几个特点：

（1）强化水资源统一管理，确立了流域管理机构的法律地位，注重水资源合理配置。新水法强化了水资源的统一管理和流域管理，明确规定国家对水资源实行流域管理与行政管理相结合的管理体制，并规定国务院水行政主管部门负责全国水资源的统一管理和监督工作，流域管理机构在所管辖的范围内行使法律、法规规定的和国务院水行政主管部门授予的水资源管理和监督职责。

在新水法的许多条款里，也对流域管理机构和有关部门的具体职责做了明确规定，这样便于各流域管理机构和有关部门有明确的分工，又使之互相衔接，便于操作。流域机构的职能和法律地位的明确，必将使流域管理机构在本流域的水资源管理中发挥更加重要的作用。

（2）把节约用水放在突出位置，核心提高用水效率。我国是一个水资源配发的国家，人均占有水资源量只有世界人均占有量的1/4，随着我国经济社会的发展，水资源缺乏、水环境恶化等问题日趋严重，干旱缺水不仅对工业、农业造成了很大影响，而且也直接影响了人民的生活用水，造成了生态环境的恶化。水资源可持续利用是我国经济社会发展的战略问题，核心是提高用水效率，把节水放在突出位置；大力推行节约用水措施，发展节水型农业、工业和服务业，建立节水型社会。

（3）加强了水资源宏观管理，明确水资源规划的法律地位。水资源规划是开发、利用、节约、保护水资源和防治水害的重要依据。新水法明确规定，开发、利用、节约、保护水资源和防治水害要按照流域、区域统一制定规划，并明确规定规划一经批准必须严格执行。另外，新水法对规划的种类、范围、制定原则、权限与程序等方面做了明确、详细的规定。

(4) 重视水资源与人口、经济发展和生态环境的协调。为适应社会主义市场经济体制和水资源可持续利用的要求，新水法在原水法的基础上做了较大的修改，其主旨也由原来的“合理开发、利用和保护水资源，防治水害，充分发挥水资源的综合效益”变为“合理开发、利用、节约和保护水资源，防治水害，实现水资源的可持续利用”。

(5) 适应依法行政要求，加强执法监督，强化法律责任。新水法对国务院水行政主管部门和流域管理机构及有关部门的职责做了明确规定，又明确了水事纠纷处理与执法监督检查范围、内容和程序，规定了水行政主管部门和流域管理机构及其水行政监督检查人员的执法权利和义务，使之能够有法可依、依法行政。另一方面，新水法强化了法律责任，加大了违法处罚的力度，对各种情况下有关部门、单位和个人的违法行为应承担的法律责任做了详细和明确的规定，使水行政执法具有较强的可操作性。

新的水法中规定，水资源属于国家所有。水资源的所有权由国务院代表国家行使。农村集体经济组织的水塘和由农村集体经济组织修建管理的水库中的水，归该农村集体经济组织使用。国家对水资源实行流域管理和行政区域管理相结合的管理体制，国务院水行政主管部门负责全国水资源的统一管理和监督工作。国务院水行政主管部门在国家确定的重要江河、湖泊设立的流域管理机构，在所管辖的范围内行使法律、行政法规规定的和国务院水行政主管部门授予的水资源管理和监督职责。县级以上地方人民政府水行政主管部门按照规定的权限，负责本行政区域内水资源的统一管理和监督工作。

二、水资源管理法规体系的作用和特点

1) 水资源管理法规体系的作用

水资源管理是人类赖以生存和发展的一种必须自然资源，随着人类社会和经济的发展，对水资源的需求范围越来越广，需求量也越来越大。然而水资源又是一种有限资源，因此必然会出现水资源的供需矛盾。这一矛盾的加剧又会带来水资源开发利用中人与人、人与自然之间的冲突发展。因此，必须用法律法规来规范人类的活动，进行有效的水资源管理。概括地说，水资源管理的法规体系，其主要作用就是借助国家强制力，对水资源开发、利用、保护、管理等各种行为进行规范，解决与水资源有关的各种矛盾和问题，实现国家的管理目标，具体表现在以下几个方面。

(1) 建立水资源管理的体制。水资源管理是关系水资源可持续开发利用的事业，是关系国计民生的工作，其有效开展需要社会各界、方方面面的配合。因此，就

需要建立高效的组织机构来承担指导和协调任务。一方面要确保有关水资源管理机构的权威性,另一方面要尽量避免管理机构及其人员滥用职权。因此,有必要在有关水资源管理的法规中明确规定有关机构设置、分工、职责和权限,以及行使职权的程序。我国水资源管理的法规规定了我国对水资源实行流域管理与行政区域管理相结合的管理体制,这是我国水管理的基本原则。同时,科学界定了水行政主管部门、流域管理机构和有关部门的职责分工,明确了各级水行政主管部门和流域管理机构负责水资源统一管理和监督工作,各级人民政府有关部门按照职责分工负责水资源开发、利用、节约和保护的有关工作。

(2) 建立一系列水资源管理制度和措施。水资源管理的法律法规确立了进行水资源管理的一系列制度,如水资源配置制度、取水许可制度、水资源有偿使用制度、水功能区划制度、排污总量管理制度、水质监测制度、排污许可审批制度、饮用水水源保护制度等,并以法律条文的形式明确了进行水资源开发、利用、保护的具体措施。这些具有可操作性的制度和措施,以法律的形式固定下来,成为有关主体必须遵守的行为规范,更好地指导人民进行水资源开发、利用和保护工作。

(3) 建立有关主体的权利、义务和违法责任。各种水资源管理的法律、法规规定了不同主体(指依法享有权利和承担义务的单位或个人,主要包括国家、国家机关、企事业单位、其他社会组织和公民个人)在水资源开发利用中的权利和义务,以及违反这些规定时应依法承担的法律责任。有关法规使人们明确什么样的行为是法律允许的,保障主体依法享有对水资源进行开发、利用的权利。同时,也使得主体明确什么行为是被禁止的,违反法律规定要承担什么样的责任。只有对违法者进行制裁,受害人的权利才能得到有效保障。通过对主体权利、义务和责任的规定,法规对人们从事的活动产生规范和引导作用,使其符合国家的管理目标,有利于促进水资源的可持续利用。

(4) 为解决各种水事冲突提供了依据。各国水资源管理的法律法规中都明确规定了水事法律责任,并可以利用国家强制力保证其执行,对各种违法行为进行制裁和处罚,从而为解决各种水事冲突提供了依据。而且,明确的水事法律责任规定,使各行为主体能够预期自己行为的法律后果,从而在一定程度上避免了某些事故、争端的发生,或能够减少其不利影响。

(5) 有助于提高人们保护水资源和生态环境的意识。通过对各种水资源管理相关的法律法规的宣传,对违法水事活动的惩处等,能够有效地推动不同群体、不同个人对节约用水、保护水资源和生态环境等理念的认识,这也是提高水资源管理效率,实现水资源可持续利用的根本。

2) 水资源管理法规体系的特点

水资源管理的法规体系的特点,除了具有普通法律法规所具有的规范性、强制性、普遍性等特点之外，因其调节对象本身的原因，还具有以下特点。

(1) 调整对象的特殊性。水资源管理的法律规范所调整的对象，与其他法律规范一样，也是人与人之间的关系。通过各种相关的制度安排，规范人们的水事活动，明确人们在水资源开发利用当中的权利和义务关系。但是，水资源管理的法律规范，其最终目的是通过调整人与人之间的关系达到调整人与自然关系的目的，促进人类社会与水资源、生态环境之间关系的协调。这也是所有环境法规的最终目的，通过间接调整人与人之间的关系，最终实现对人与自然关系的调整。但是这一过程的实现又依赖于人类对人与自然关系认识的不断深入。

(2) 技术性。水资源管理法规的调整对象包括了人与水资源、生态环境之间的关系，而水资源系统的演变具有其自身固有的客观规律，只有遵循这些自然规律才能顺利实现水资源管理目标。同时，要制定能够实现既定管理目标的法律规范，必须依赖与人们对水资源相关的客观规律的研究和认识。这就使得水资源管理的法规具有了很强的科学技术性，众多的技术性规范如水质标准、排放标准等都是水资源管理法规体系中的基础。

(3) 动态性。随着人类社会的发展，对水资源的需求不断增加，所面临的水问题也越来越复杂。相关的水问题是在不断发展、不断演化的，因此与其配套的水资源管理的法规必然也具有不断发展、不断演化的动态特性。

(4) 公益性。水资源具有公利、公害双重特性。不管是规范水资源开发利用行为、促进水资源高效利用的法律制度安排，还是防治水污染、防洪抗旱的法律制度安排，都是为了实现人类社会的持续发展，具有公益性。

三、水资源管理的法规系统分类

水资源管理的法规体系包括了一系列法律法规和规范性文件，按照不同的分类标准可以分为不同的类型。

从立法体制、效力等级、效力范围的角度来看，水资源管理的法规体系由宪法、与水有关的法律、水行政法规和地方性水法规等构成。

从水资源管理的法规内容、功能来看，水资源管理的法规体系应包括综合性水事法律和单项水事法律法规两大部分。

综合性水事法律是有关水的基本法，是从全局出发，对水资源开发、利用、保护、管理中有关重大问题的原则性规定，如世界各国制定的《水法》、《水资源法》等。

单项水事法律法规则是为解决与水资源有关的某一方面的问题而进行的较具体的法律规定，如日本的《水资源开发促进法》、荷兰的《防洪法》、《地表水污染防治法》等。目前，单项水事法律法规的立法主要从两个方面进行，分别是水资源开发、利用有关的法律法规和与水污染防治、水环境保护有关的法律法规。

此外，水资源管理的法规体系还可以分为实体法和程序法；专门性的法律法规和与水资源有关的民事、刑事、行政法律法规；奖励性的法律法规和制裁性的法律法规等。对一些单向法律法规还可以根据所属关系或调整范围的大小分为一级法、二级法、三级法、四级法等。

第十章 水资源管理信息系统

第一节 水资源管理信息系统概述

一、水资源管理信息系统概念

水资源管理信息系统是以计算机、地理信息系统技术为手段，进行水资源信息的获取、分析、处理、存储与表达，并为水资源管理工作提供水资源空间信息支持和管理决策依据的计算机系统。

水资源管理信息系统是一个典型的应用型地理信息系统，其最大特点在于把社会生活中的各种信息与反映地理位置的图形信息有机地结合在一起，并可根据用户需要对这些信息进行分析，把结果交有关领导和部门作为决策的参考和依据。

根据水资源管理信息系统的概念及管理内容，水资源管理信息系统存在下列几个方面的特征：

(1) 管理信息系统(MIS)与地理信息系统(GIS)一体化特点

水资源管理信息系统是一个管理信息系统，用于水资源数据的管理，并且由于这个信息系统是基于地理数据解决地理问题的，更准确地说，水资源管理信息系统是一个 GIS。此外，为满足利用 Internet 在 Web 上发布有关的水资源管理数据，并为用户提供数据浏览和分析的功能，水资源管理信息系统也要求具有 WebGIS 的功能。

(2) 空间辅助决策系统的特点

水资源管理信息系统具有高级应用层次—空间决策支持系统(SDSS)的特点。也就是说，水资源管理信息系统是一个决策支持型的地理信息系统。不但可以实现基于 UIS 的水资源管理报表生成、数据统计、可视化表达、信息查询、地图浏览等功能，而且可以通过水资源管理模型与 GIS 的集成，形成水资源管理空间辅助决策支持系统，实现对水资源开发利用过程的动态模拟及水资源管理的空间辅助决策支持。

(3) 工作流系统的特点

行政许可审批管理是水资源行政管理业务的主要组成内容，它是一系列业务

流过程。为此，水资源管理信息系统中行政许可审批管理子系统是一个基于工作流的应用系统，系统将行政许可管理业务流程和业务逻辑独立出来，由用户来定义业务流程，系统解释执行。

（4）多技术集成特点

水资源管理信息系统的功能决定了它既需要计算机技术和地理信息系统技术作支撑，又需要水文学、水文地质学、地图学、环境学、地理学、测绘学、数学、计算机科学、生态学、气象学、地理信息科学、管理学等众多学科的有关理论为基础。因此，它是多学科知识与技术的集成。通常水资源管理信息系统利用遥感(RS)技术作为其数据更新的手段；数据库技术作为其数据管理的手段；地理信息系统(GIS)技术作为其数据处理的手段；数学模型技术作为其数据分析的手段。

（5）动态变化特点

由于水资源管理信息具有时序性，水资源的动态要素始终处于变化之中，作为服务于水资源管理和水资源保护工作的水资源管理信息系统就必须适应动态变化这一特点，并具备动态水资源空间信息的获取和处理能力，以及时序综合分析能力。另外，随着水资源管理业务的拓展，水资源管理信息系统的管理内容也随之增加，其业务模块、功能模块不是一成不变的，而是随着管理业务的变化而变化的。

（6）应用特点

水资源管理信息系统具有广泛实用性特点，水资源信息是国民经济的基础信息，水资源保护工作是关系到全社会的基础性工作，这就要求水资源管理信息系统具有较好的兼容性、开放性。系统不仅要面向水资源保护的内部管理人员，而且要面向社会公众。因此，水资源管理信息系统的数据质量、数据结构、数据编码、系统开发及网上协议都要符合国家有关标准与规范，同时系统要能够广泛支持水资源信息的分析、管理、规划、评价、预测等各方面的工作。

二、水资源管理信息系统的构成

水资源管理信息系统的总体构成框架一般由三个主体部分构成：水资源管理信息系统数据库系统、水资源管理信息系统平台和水资源管理信息系统应用系统三部分。水资源管理信息系统数据库系统为水资源管理信息系统提供数据支持，可由水资源管理属性与空间数据获取、空间数据组织存储和管理等部分组成；水资源管理信息系统平台为水资源管理信息系统提供GIS基本功能及其开发环境，可由水资源管理属性与空间数据查询、数据编辑、数据分析、数据发布、空间分析、专题制图等部分组成；水资源管理信息系统应用系统为水资源管理信息系统提供应用功能，可由取水许可管理系统、排污口管理系统、水资源监测管理系统、水资源年报系统、机井管理系统、水资源评价系统、水资源费征收管理系统、水政管理系统、水质污染模拟系统、水资源公报系统、需水预测系统、供水计划管理系统、水资源规划系统、水资源保护规划系统、水资源简报系统、数据库维护系统等部分组成。

水资源管理信息系统是个复杂的综合系统。一个具体的水资源管理信息系统，包括管理信息系统(MIS)、决策支持系统(DSS)、地理信息系统(GIS)、办公自动化(OA)等。

(1) 管理信息系统(MIS)

目前，对管理信息系统(MIS)的定义是指一个由人和计算机设备或其他信息处理手段组成并用于管理信息的系统。

(2) 决策支持系统(DSS)

决策支持系统(DSS)是辅助决策者通过数据、模型和知识，以人机交互的方式进行的半结构化或非结构化决策的计算机应用系统。由于 DSS 正处于不断发展过程中，自身的结构、功能等也处于不断完善中。新一代决策支持系统包括群决策支持系统(GDSS)、分布式决策支持系统(DDSS)、智能型决策支持系统(IDSS)、会商决策支持中心(DSC)等。这些形式的决策支持系统是目前决策支持系统研究和发展的重要方向。

(3) 地理信息系统(GIS)

地理信息系统(GIS)是随着遥感技术、计算机技术和信息科学的发展而不断发展起来的学科。GIS 结合了地理学与地图学以及遥感和计算机科学，已经广泛应用于不同的领域，是用于输入、存储、查询、分析和显示地理数据的计算机综合利用系统。

(4) 办公自动化(OA)

办公自动化(OA)是将现代化办公和计算机网络功能结合起来的一种新型的办公方式。在水资源管理信息系统中，主要改变过去复杂、低效的手工办公方式，为科学管理和决策服务，从而达到提高办事效率的目的。

第二节　水资源管理信息系统设计

一、设计目标和任务

水资源管理信息系统总体设计是在需求分析的基础上，寻找能够实现水资源管理和决策支持特定功能的最佳软件结构，把一个软件系统划分成多个功能模块，形成优化的、完整的系统构图，并回答各模块间调用关系、数据传送、如何实现等一系列具体设计问题。

一般而言，系统设计主要可以分成 3 个部分进行：首先是系统的总体结构设计，包括系统的框架、运行平台等；其次是系统的功能设计，根据系统研制目标，确定系统必须具备的空间操作功能；最后进行数据采集设计、数据存储和检索设计等，确定空间数据的存储和管理模式。

系统应具备使用性强、技术先进、功能齐全等特点，并在信息、通信、计算机网络系统的支持下，达到以下几个具体目标：

（1）实时、准确地完成各类信息的收集、处理和储存；

（2）建立和开发水资源管理系统所需的各类数据库；

（3）建立适用于可持续发展目标下的水资源管理模型库；

（4）建立自动分析模块和人机交互系统；

（5）具有水资源管理方案提取及分析功能，辅助科学决策。

二、系统结构设计

从计算机系统的角度看，水资源信息管理系统实际上是一个由后台数据库与前台应用软件组成的综合系统，一般可采用 C/S 或 B/S 结构。

（1）Client/ Server(C/ S)结构

采用 C/S 结构，由于把数据（特别是基础属性数据）集中在服务器上，统一管理，较单机情况有很多优点，不需在每一台计算机上都安装同样的数据库，保证在不同计算机上所用的数据及时更新、完全一致，有利于数据维护和数据安全。C/S 结构具有开发灵活、运行高效的特点，可以满足用户个性化的要求，由于采用高级语言编程，在图形操作、界面定制、表格处理方面十分灵活。但 C/S 结构也存在开发效率低、开发周期长、系统维护不方便等缺点。

（2）Browser/ Server(B/ S)结构

随着 Internet/Intranet 越来越广泛的应用，B/S 结构与 Web 技术的融合，使服务器承担更多的访问和应用程序的执行，简化了客户机工作。系统开发时，将框架信息组织在 HTML 页面上，通过动态网页与数据库建立连接，就不需要专门开发客户端程序。只要在客户机上安装 WWW 浏览器（如 Internet Explorer、Navigator 等），就可以实现与服务器之间的交互。

（3）逻辑结构

水资源管理信息系统的逻辑结构采用数据库加子系统模块的形式（图 10-1）。其中的数据库按照存储数据内容分为基础资料库、地图数据库、模型库、动态管理库、多媒体库等。各子系统数据库对应着相应的子系统模块，如图 10-1。

水资源管理信息系统总体框架一般由 3 个主体部分构成：水资源管理信息系统数据库系统、水资源管理信息系统平台和水资源管理信息系统应用系统。其中数据库系统主要为水资源管理信息系统提供数据支持，包括数据的获取、空间数据的组织管理等。水资源管理信息系统平台为水资源管理信息系统提供 GIS 基本功能及其开发环境，可由水资源管理属性与空间数据查询、数据编辑、数据分析、数据发布、空间分析、专题制图等部分组成；水资源管理信息应用系统为水资源管理信息系统提供应用功能，主要包括若干个子系统，如水资源监测管理系统、水资源评价系统、水资源费征收管理系统、水政管理系统等，如图 10-1。

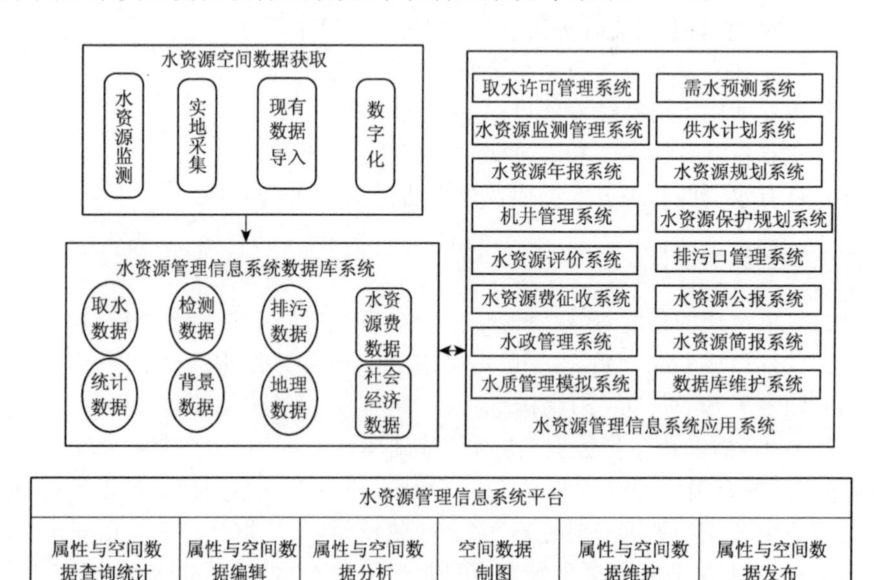

图 10-1 水资源管理信息系统总体框架设计图

资料来源：陈锁忠，常本春，黄家柱，等. 水资源管理信息系统[M]. 北京：科学出版社，2006.

在水资源信息管理系统的系统设计过程中，首先要对系统所管理的各种内容进行分类。根据系统所管理的内容不同可将水资源信息管理系统分为若干个子系统，各子系统之间既相对独立又相互联系，共同组成水资源信息管理系统。通常，水资源信息管理系统包括地表水资源管理子系统、地下水资源管理子系统、水环境管理子系统等。

三、系统功能设计

水资源信息管理系统的功能主要是依据用户对系统的需求，即开发系统的根本目的而确定的。通常，水资源信息管理系统功能的设计以各子系统为单位分别进行，不同的子系统功能不完全相同。

一个水资源管理信息系统的优劣，主要看系统对事务的处理是否满足应用要求，即系统具有哪些功能，以及这些功能处理事务的能力。因此，水资源管理信息系统的功能设计的主要任务是根据系统研制与建设目标来规划系统的规模和确定系统的各个组成部分，并说明它们在整个水资源管理信息系统中的作用与相互关系，以及确定系统的硬件配置，规划系统采用的技术规范，保证系统总体目标的实现。从水资源管理信息系统的总体功能划分，大致可分为数据录入、数据处理、数据输出三大基本功能模块。其中数据录入模块包括属性数据的录入和空间数据的录入两个部分。

一个水资源管理信息系统一般具有以下几个主要功能：

(1) 数据的采集与录入

数据采集与录入功能主要是指新增数据的采集与录入，包括水资源管理属性数据输入、存储与处理，空间数据的输入与编辑。由于存在大量历史数据，因此系统应具有导入已有数据的功能，能够将以不同的格式存储在不同介质上的各类水资源管理数据统一导入到数据库中，以便于统一管理，实现水资源管理数据的整合。

(2) 数据处理、查询

水资源管理业务处于持续不断的动态发展过程之中，水资源管理业务数据库依据的数据编码原则、标准、范围常发生变化，这就要求水资源管理信息系统具备数据代码调整、转换处理功能，以确保数据进入新系统后保持有效、可用、可比。同时，需要考虑水资源管理空间数据与水资源管理业务属性数据的分离/统一存储策略。此外，由于水资源管理数据普遍存在标准化与规范化程度低的问题，需要系统具有进一步处理和转换功能。

水资源管理信息系统应具有从已有数据中获得对管理有用的信息或规律性知识的能力。因此，系统首先需要具备完善的查询和分析功能。要能够按照用户给定的条件，迅速准确地查找到符合条件的相关数据。同时，还要根据不断出现的用户查询新需求，灵活地扩展查询功能。一般地，水资源管理信息系统应支持主题(关键字)条件查询、空间范围条件查询、时间范围条件查询和属性条件查询等。

(3) 数据统计、分析

水资源管理信息系统还需要灵活的统计分析功能。水资源管理数据包含众多属性类别，需要对不同的属性类别进行统计分析，计算各类数据的总值、均值等统计指标，并灵活地生成各种格式的统计报表，从而反映不同类别数据间的相互关系。同时还需要根据数据统计的结果进行统计制图，以直观地体现数据间的相互关系。

水资源管理信息系统还应具备一般 GIS 平台所具有的数据基本分析功能，如叠加分析、缓冲区分析、网络分析等。如利用空间分析功能可帮助选取排污管道的最短路径、确定建设项目的优选位置等。

(4) 数据编辑、维护

以空间数据的编辑为例。水资源管理信息系统运行过程涉及空间图形的自动生成,如某个属性的空间分布等值线图,等值线可能与区域边界不相交,这就需要利用空间数据的编辑功能,进行线段打断、增加结点、拖动操作,使等值线与区域边界相交。

水资源管理空间数据的多样性和应用的广泛性决定了水资源管理信息系统需要较强的数据维护功能。水资源管理空间数据维护主要包括:图层操作功能:处理客户请求功能;数据访问功能等。

(5) 数据备份与复制

随着各种水资源管理数据,特别是水资源动态自动监控数据的海量增长及水资源管理信息系统的分布化、网络化协同趋势的发展,要求对水资源数据的管理具有更完善的访问安全控制、数据备份等功能机制。并提供数据的一致性校验、访问安全性、数据备份、不同层级(如省、直辖市、自治区间)水资源基础数据库之间的数据同步复制、操作日志等功能。

(6) 数据输出、信息发布

水资源管理信息系统应具有数据输出功能,包括各类统计报表、统计图形(饼图、直方图、折线图、立体直方图、立体饼图等)与专题地图的输出。同时,系统能够通过 Internet 或 Intranet 向用户和公众发布有关水资源管理信息,包括水资源管理月报、季报、年报,水资源管理的有关法律与法规,取水许可审批的流程与注意事项等。

四、系统安全设计

水资源管理信息系统的安全主要分系统硬件安全、系统软件安全与系统安全管理三大部分。系统硬件安全主要包括系统主机设备安全、数据备份设备和媒体安全和网络设备安全。

1) 系统硬件安全

(1) 主机设备安全

主机设备安全主要是指主机部分(CPU、内存、硬盘驱动器、接口板等)和数据记录存储设备的运行安全,若发生故障,易造成系统瘫痪和数据丢失。因此,硬件本身的可靠性、容错性、可恢复性就显得尤其重要。

(2) 数据备份设备和媒体安全

数据备份是将计算机系统中软件、数据转存到另外的存储媒介上,常用的是磁带备份。可刻写光盘 CD-RW 为数据的永久备份档案,MO 和 PD,CD-RW 则可以多次读写。大容量软盘和移动硬盘也正在向数据备份的方向发展。

（3）网络设备安全

网络设备安全的基础首先是要规范化、结构化布线，其次是信息交换设备和集成设备要有备份能力。为了信息安全和保密，可采用软硬件结合的防火墙产品，或者带滤波功能的路由器。

防火墙由滤波器和网关组成。滤波器的作用是阻止某些类型的通信传输，而网关的作用是提供中继服务，以补偿滤波器的效应。我国目前水利行业的网络设备安全主要利用各省水利厅内部网安全设施。

2）系统软件安全

（1）应用软件安全

从信息安全和保密角度考虑，软件安全主要有存取控制、信息流向控制、用户隔离及病毒预防等，在软件安全中采取隔离控制是常规手段。应用软件安全主要包括：①基于角色的访问控制；基于角色的访问控制（Role Base Access Control，RBAC）是指由决定一个用户或程序是否对某一特定资源执行某种操作，从而防止用户越权使用，消除系统运行隐患。②隔离控制；隔离是指将本系统的硬件和软件分割成若干互斥部分，每一部分自行执行任务，与其他部分毫不相关，从而为系统提供安全。③软件安全实现。软件安全实现主要是通过赋予用户不同的访问权限实现，用户若想对某一单位的管理数据进行查询或其他操作，必须同时被授予相应的模块操作权和该单位的数据访问权。

（2）Internet 服务安全

Internet 服务安全主要包括：①域名系统的安全策略；②WWW 服务的安全策略；③B/S 访问安全三大部分。

3）数据库系统安全

水资源管理信息和其他信息一样，在计算机中都是以文件或数据库关系表的方式来表示和存储。数据库的安全建立在操作系统的安全之上，在网络化的地理信息生产体系中，数据可以分布在不同机器上，也可以集中到文件服务器或数据服务器中，前者要求分布式数据库，后者要求若干客户/服务器的数据库管理系统。数据库的特点是使得数据具有独立性，并且提供对完整性支持的并发控制、访问权限控制、数据的安全恢复等。

第三节　水资源管理信息系统开发

一、系统开发原则

随着人类观测和记录客观事物的手段和能力的迅速提高，数据和信息的流动速度的大大提高,以及大量信息源逐步向公众开放,使可获得的信息极大地丰富。在时间约束已经成为决策和问题解决过程中的一个重要因素时,如何在有限时间内,在海量数据中获得有用有效的信息,就成为如何做出正确决策的重要基础。

水资源管理作为针对水资源开发、分配、利用和保护的具体组织、协调、监督和调度,是水资源规划的具体实施过程,涉及各类不同数据,如取水数据、监测数据、水资源费数据、社会经济发展数据、基础地理数据等。如何在大量多源分散信息中获取有意义的、能够为决策和问题解决起重要作用的综合信息和知识,就成为快速、准确地做出决策的重要基础。

因此,水资源管理信息系统定位于一个管理信息系统,用于数据和信息的管理。一方面,为满足利用 Intranet 方便地管理和利用属性数据,为用户提供属性数据浏览和分析功能的需要;另一方面,这个信息系统需要基于地理数据解决地理问题,用 GIS 的手段为用户提供空间数据浏览和分析功能的需要。

以流域水资源管理系统开发为例,流域水资源管理信息决策支持系统的建设应遵循以下开发设计原则:

(1) 实用性。紧密结合流域已建工程以及供水管理的现状,研制开发满足实时要求,界面友好直观,操作灵活方便,扩充性好,实用性强,可实际应用的决策支持系统。

(2) 先进性和可靠性。系统的设计要立足于高起点、高要求,借鉴和引用国内相关单位的成功和先进管理经验,确保设计的先进性和系统运行的可靠性。

(3) 经济实用,充分利用现有的软硬件设备。设计时应充分利用现有的软硬件设备,达到节省投资、经济实用的目的。系统开发既要立足于高起点,采用最先进的技术,同时又要结合实际需要,开发一个既高于现行管理水平,又不脱离实际,并具有较高技术含量的实用化系统。

(4) 保证系统的规范化、通用化。根据国家有关规定规范,统一流域各种水情和通信软件中的变量名、标识符、数据格式以及接口。

二、系统开发思想

(1) 面向管理业务

水资源信息化管理必须和业务部门的业务目标、管理要求、流程相适应,否则信息系统的建设对业务部门将是毫无意义的。所以在水资源管理信息系统的开发过程中必须牢牢把握"以满足业务部门的实际需求为第一目标"这一宗旨。在对系统结构划分时,先按业务进行划分,再按具体功能划分。基于这样的系统结构划分思想,可以在各个业务模块中充分反映出该业务的特性,根据该业务的具体业务需求,量身定制业务功能,从而真正成为一个业务信息的管理系统,从而实现水资源管理信息系统的建设目标。

（2）分层次开发

从软件开发与维护的角度出发，在开发复杂的软件系统时，使用最多的技术之一就是分层。当用分层的观点来考虑系统时，可以将各子系统想像成按照“多层蛋糕”的形式来组织，每一层都依托在其下层之上。在这种组织方式下，上层使用了下层定义的各种服务，而下层对于上层一无所知。另外，每一层对自己的上层隐藏起下层的细节。

（3）组件式开发

从系统的灵活性角度考虑，宜采用组件式的软件开发方式，从业务上将系统划分为若干个子系统；在每个子系统的内部功能实现方面，将系统划分为一个个相对独立的功能组件，相互之间基于接口进行通信。这样更好地反映了面向对象的软件开发思想，能够根据用户业务的变化，对系统进行灵活的功能增加或裁剪，以便更好地满足用户的需求。

三、系统开发方案

基于水资源信息管理系统开发的基本思想，基于C/S和B/S架构构建一个应用型地理信息系统，以业务为先导，分层次的，组件式的信息系统设计思想进行水资源管理信息系统的开发。此外，在水资源管理信息系统开发过程中，需考虑系统的先进性、稳健性、安全性、开放性、实用性及其界面的友好性。其中，先进性体现在符合计算机软件技术发展潮流，产品具有技术领先性和强大的可持续发展性，应用系统支持网络应用环境。安全性体现在系统应具有多级安全控制措施和监控措施，保证系统的安全性，并能根据用户要求采用用户级别分级及密码检验机制，保障不同用户具有相应级别权限。开放性体现在系统具有灵活的体系结构，具有良好的可扩充性，能方便将来的升级扩充。系统具有方便和快速的维护性能，实用性体现在充分借鉴已有的成功经验，考虑与现有系统的接口，保护现有投资，系统的建设投资少、开发周期短、操作简单易用。界面友好体现在采用交互式人机会话操作，界面美观、操作简便。

详细开发技术路线如图10-2。

1）系统开发技术路线

水资源信息管理系统的开发通常需要经过资料收集、资料信息化、数据库设计、数据库实现、界面设计、应用程序开发等6个步骤，具体如下：

（1）资料收集。全面收集所建水资源信息管理系统所需要的各种资料。

（2）资料信息化。将收集到的各种资料进行整理，提取出系统所需要的信息，然后对各种信息进行分类，通常先按其存储格式进行分类，然后再按其信息内容进行分类。

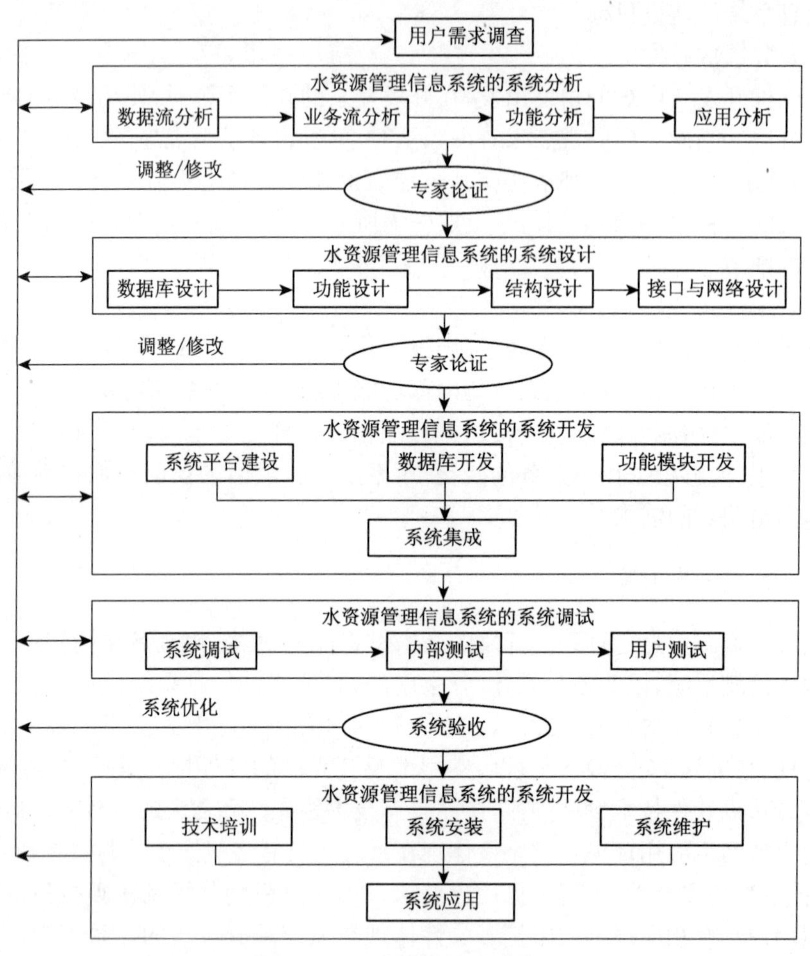

图 10-2　系统开发技术路线图

资料来源：陈锁忠，常本春，黄家柱，等. 水资源管理信息系统[M]. 北京：科学出版社，2006.

（3）数据库设计。根据数据库存储信息的内容，依据最优化原则，将数据库所要存储的信息进行分类，明确各种数据的意义及其与其他数据之间的关系。

（4）数据库实现。根据设计的数据库结构，如在 Microsoft SQL Server 2000 中进行实现，即建立各种表、视图、约束等。建立的数据库，为前台系统开发程序提供数据支持。

（5）界面设计。应用程序界面通常依据系统运行流程和系统功能分类进行设计，在设计阶段需要解决的问题是需要建立几个窗体和如何布置每个窗体。

（6）应用程序开发。应用程序开发即将所设计的程序界面进行实现，并编写相应的代码实现特定的功能，满足系统的功能要求。

2） 系统开发环境平台

系统开发环境包括软件环境和硬件环境。系统软件环境是指支持系统正常运行的软件集合。采用B/S结构的系统软件环境与采用C/S结构的系统软件环境有一定差异，主要体现在：C/S系统的服务端为接收网络数据的应用程序，当接收到网络中的信息调用时进行运算、数据库查询与操作等，然后返回直接的数据给客户端，客户端负责简单功能、人机交互、数据的展示等，服务器端与客户端均需要编写相应的软件，并采用统一的数据结构与通信标准；而B/S结构系统服务器端主要由Web服务器构成，由其完成数据的接收、运算与发送功能，采用标准的HTTP协议实现数据通信，客户端由浏览器（Browser）构成，实现人机交互及成果展示等。因此，B/S结构的系统与C/S结构的系统所需要的软件环境也有所不同。系统所需要的软件环境总体上包括操作系统、数据库管理系统、网络支持、Web服务器、.net运行库、图形生成库、浏览器等方面。其中，绝大多数软件环境都是集中在服务器的软件环境，而对客户端则只考虑浏览器。

计算机硬件是衡量与保证计算机计算速度、运行效率、稳定性、存储数据量、同时接收用户访问数量等的综合性指标。它由CPU、硬盘、内存等技术指标决定。基于B/S部署的系统要考虑的主要硬件环境包括两大部分：服务器端硬件环境与客户端硬件环境。

四、系统集成方案

在水资源管理信息系统开发过程中，基于地理信息系统的集成技术主要有以下几种主要形式：

（1） 同一GIS软件系统不同模块之间或不同系统之间采用Import/Export的文本文件交换形式。这是最简单也是效率最低的一种方式，它适用于任意系统之间的数据和模型集成。

（2） 大型商业GIS软件（如ArcInfo）具有一致的数据模型和数据结构，提供二次开发语言，构成软件开发平台。不同模块之间可以采用二进制进行数据交换（如Arcedit和Arcplot），具有密切关系的不同GIS软件系统之间也可以采用这种方式（如ArcInfo和ERDAS）。在这种模式下用户除了在操作系统的基础上开发应用模型被宿主系统调用外，其他所有的操作只能建立在这个商业软件平台基础上，不同的商业软件平台一般无法直接进行数据共享和功能互补。

（3） 采用应用程序接口（API）的形式进行集成。如ArcInfo提供RPC接口实现客户端与服务器端的通信，提供ArcInfo与ArcView的集成。同时用户可以遵循RPC规范开发应用模块以实现系统集成。ESRI提出的分布式计算环境（Distributed Computation Environment）也是基于API的思想。

(4) 对象连接与嵌入(OLE)的自动化功能(Automation)提供了对象之间的互操作功能,商业 GIS 软件如 MapInfo 公司的 MapInfo Professional 和 Golden Soft 公司开发的 Surfer,都提供 OLE Automation,用户可以将该软件作为一个对象嵌入自己的系统。

(5) 对象关系数据库技术(ORDBMS)将空间数据作为一种数据类型直接集成进入数据库系统,用户可以在这种平台上直接管理矢量空间数据、遥感图像数据和普通关系数据,可以利用这种数据库平台的 API 开发 GIS 应用系统。

五、系统开发的关键技术基础

(1) 数据库技术(DashkBase,DB)

DB 是与应用彼此独立的,它是以一定的组织方式存储在一起的、彼此相互关联的、具有较少冗余以及可以被多个用户共享的数据集合。数据库管理系统(DBMS)是一个通用的软件系统,它是由一组计算机编程所形成的。数据库管理系统能够对数据库进行有效的管理,包括存储管理、安全性管理、完整性管理等。数据库管理系统提供了一个软件环境,使用户能方便快速地建立、维护、检索、存取和处理数据库中的数据信息。数据模型是实现数据抽象的主要工具,它决定了数据库系统的结构、数据定义语言(DDL)和数据操纵语言(DML)、数据库设计方法、数据库管理系统软件的设计与实现。数据模型通常由数据结构、数据操作和数据的完整性约束三部分组成。

(2) Web 技术

Web 技术的定义就是指与网页相关的技术。Web 技术包括 Web 服务器、网页文件、动态网页程序、解释并运行动态网页程序的程序环境、编写网页的语言、浏览器等方面。如果从 Web 服务器来说,特别需要考虑的是网页是否是动态的,否则就无法采用这种编程语言以及解释并运行这种语言的运行环境。

(3) 网络安全技术

当前水资源管理信息系统主要以客户端/服务器(C/S)结构模式构建,即分布式软件体系结构。而分布式水资源管理信息系统很重要的一个方面就是它的安全。从某种意义上说,安全是分布式系统的最重要的基础之一。分布式系统的安全和传统的计算环境安全的最大的不同是,在分布环境下,很难确定所要保护的边界。

在传统的分时系统中,终端即代表着边界,为了能够进入系统,用户必须先登陆,提供账号及口令,但是系统的物理部件,比如硬盘、CPU、内存都不是安全边界。分布式系统好像是一个物理上分开的分时系统。比如把硬盘和 CPU 分开,它们之间通过不能信任的接口连接,通过接口,一个恶意的用户可以访问及篡改所有信息。分布式水资源管理信息系统的网络安全策略：最常用的网络安全技术就是使用防火墙。建造一个防火墙就是在连接该局域网和外部网络的路由器上建立包过滤。只有那些符合规定的包才能从防火墙里边传到防火墙外边。防火墙的关键就是在端口之间进行访问控制。因此，使用防火墙的一个很大的好处是网络管理员可以不用访问组织内的每个用户的计算机就能提高系统的安全性。换句话来说，组织内的用户可以随意配置他们的计算机，防火墙可以保护他们。

（4）Agent 技术

Agent 技术最初来源于分布式人工智能领域。Agent 是处于某个环境中的一个封装好的计算实体，它能够在该环境中灵活主动地接近实现目标，它不但具有自主、交互、动态和反应特性，而且可以直接地耦合环境信息，根据接受与反馈的信息，重新评估已发出行为。Agent 放松了对集中式、非开放式和顺序控制的限制，提供了分布控制、动态应急处理和并行处理。Agent 技术可以将一个大且复杂的问题分解简化为小型模块，它可以简单明了快速地搭建一个复杂的应用系统，较之以往的面向对象的方法具有更强的自我控制，更好地自我封装和模块特性。

（5）GIS 与水资源应用模型集成技术

水资源应用模型通常是独立于 GIS 在各自领域内发展起来的，其规模和复杂程度可能和 GIS 一样复杂而庞大，同时 GIS 的数据模型又缺乏水资源模拟的时空结构，GIS 软件也不具备能同时处理空间和时间数据的结构化可变性及建立和检验过程模型的可变性。因此，尽管集成的重要性众所周知，但 GIS 与水资源应用模型的结合仍然不够。不少结合仅仅将 GIS 作为水资源应用模型的数据输入和输出结果的显示工具。对水资源管理和决策人员而言，对水资源应用模型的物理化学过程并不感兴趣，他们更注重模拟的结果及模式的实际应用效能。而 GIS 正可以发挥其空间分析和空间数据处理的优势，为水资源应用模型提供一套基于 GIS 原理的空间操作规范，用以反映具有空间分布特征的污染物的迁移、扩散和相互作用。GIS 在环境建模的不同阶段发挥着不同的作用，包括定义边界和初始条件、数据准备、模型运行处理和可视化结果表达等，其集成目的就是力求环境建模过程方便、灵活并且获取更多的信息。

参考文献

[1] Allan J. A. Virtual water: a long term solution for water short Middle Eastern economies? [EB/OL] http://www. soas. ac. uk/Geography/WaterIssues/OccasionalPapers/home. html. 2005-03-12.

[2] Brooks R, Harris E. Efficiency gains from water markets: Empirical analysis of Watermove in Australia [J]. Agricultural Water Management, 2008, 95(4): 391-399.

[3] Falkenmark M. Land-water linkages: A synopsis [J]//Land and Water Integration and River Basin Management: Proceedings of an FAO informal workshop[C]. Food and Agriculture Organization of the United Nations, 1995(1): 15-16.

[4] Goodman A S, Edwards K A. Integrated water resources planning[J] // Natural resources forum[C]. Blackwell Publishing Ltd, 1992, 16(1): 65-70.

[5] Schleyer R G, Rosegrant M W. Chilean water policy: The role of water rights, Insitutions and Markets[J]. Water Resources Development, 1996, 12(1): 33-48.

[6] Wong R D C, Eheart J W. Market simulations for irrigation water rights: a hypothetical case study[J]. Water Resources Research, 1983, 19(5): 1127-1138.

[7] 艾学山,李万红. 水科学若干研究领域研究前沿[J]. 水利学报,2002(7): 125-128.

[8] 包涛芳. 浅析水土保持工程措施在丘陵山区小流域治理中的应用[J]. 中国西部科技,2010,9(21):14-15.

[9] 蔡喜明,翁文斌,史慧斌. 基于宏观经济的区域水资源多目标集成系统[J]. 水科学进展,1995,6(2):139-144.

[10] 柴世伟,裴晓梅,张亚雷,等. 农业面源污染及其控制技术研究[J]. 水土保持学报,2006,20(6):192-195.

[11] 陈家琦,钱正英.关于水资源评价和人均水资源量指标的一些问题[J].中国水利,2003,11(21):42-46.

[12] 陈家琦,王浩,杨小柳.水资源学[M].北京:科学出版社,2002.

[13] 陈守煌,赵瑛琪.提高水资源可利用量的一个途径[J].大连理工大学学报,1990,30(2):193-198.

[14] 陈锁忠,常本春,黄家柱,等.水资源管理信息系统[M].北京:科学出版社,2006.

[15] 陈晓宏,陈永勤,赖国友.东江流域水资源优化配置研究[J].自然资源学报,2002,17(3):52-57.

[16] 陈志恺.中国水资源的可持续利用问题[J].水文,2003,23(1):1-5.

[17] 达庆利,何建敏.大系统理论与方法[M].南京:东南大学出版社,1989.

[18] 戴玉海.水资源合理配置基本原则及主要任务[J].内蒙古水利,2006(4):94.

[19] 董增川.水资源规划与管理[M].北京:中国水利水电出版社,2008.

[20] 方创琳.区域可持续发展与水资源优化配置研究——以西北干旱区柴达木盆地为例[J].自然资源学报,2001,16(4):341-347.

[21] 方红远,邓玉梅,董增川,等.多目标水资源系统运行决策优化的遗传算法[J].水利学报,2001(9):22-27.

[22] 方淑秀,王孟华.跨流域引水工程多水库联合供水优化调度[J].水利学报,1990(12):1-8.

[23] 方玉莹.我国地下水污染现状与地下水污染防治法的完善[D].青岛:中国海洋大学,2011.

[24] 冯黎,宋臻.黄河上游梯级水库对水资源调节配置的能力分析[J].西北水电,2004(3):27-33.

[25] 冯尚友,梅亚东.水资源持续利用系统规划[J].水科学进展,1998,9(1):1-6.

[26] 冯尚友.水资源持续利用与管理导论[M].北京:科学出版社,2000.

[27] 冯尚友.水资源系统工程[M].武汉:湖北科学技术出版社,1991.

[28] 冯耀龙,韩文秀,王宏江,等.面向可持续发展的区域水资源优化配置研究[J].系统工程理论与实践,2003,23(2):133-138.

[29] 甘泓,李令跃,尹明万.水资源合理配置浅析[J].中国水利,2000(2):20-23.

[30] 高岗.以水源涵养为目标的低功能人工林更新技术研究[D].呼和浩特:内蒙古农业大学,2009.

[31] 高淑琴,迟宝明,戴长雷,等.水资源信息管理系统[J].东北水利水电,2007,25(8):38-40.

[32] 高彦春,刘昌明.区域水资源系统仿真预测及优化决策研究——以汉中盆地

坪坝区为例[J]. 自然资源学报,1996,11(1):23-32.

[33] 宫伟,吕志刚. 浅析水土保持的工程措施[J]. 水利科技与经济,2009,15(8):701-702.

[34] 郭传金,时丕生,张升堂. 水资源内涵分析[J]. 西北水力发电,2006,22(4):68-70.

[35] 郝建明. 水土保持措施与水资源保护浅议[J]. 山西水利,2002(5):38-39.

[36] 何立惠. 环境与资源保护法学[M]. 北京:经济科学出版社,2009.

[37] 何士华,徐天茂,武亮. 论我国水资源管理的组织体系和管理体制[J]. 昆明理工大学学报(社会科学版),2004,4(1):35-38.

[38] 贺北方,丁大发,马细霞. 多库多目标最优控制运用的模型与方法[J]. 水利学报,1995(3):39-42.

[39] 贺北方,周丽,马细霞,等. 基于遗传算法的区域水资源优化配置模型[J]. 水电能源科学,2002,20(3):10-12,71.

[40] 贺北方. 区域可供水资源优化分配与产业结构调整——大系统逐级优化序列模型[J]. 郑州工学院学报,1989(1):11-15.

[41] 贺北方. 区域水资源优化分配的大系统优化模型[J]. 武汉水利电力学院学报,1988(5):109-118.

[42] 贺伟程. 世界水资源//中国大百科全书·水利[M]. 北京:中国大百科全书出版社,1992.

[43] 贺学海,邵景力. 包头市水资源—环境—经济综合管理模型的研究[J]. 河海大学学报,1998,26(5):57-61.

[44] 黄冠华. 模糊线性规划在灌区规划与管理中的应用[J]. 水利学报,1991(5):36-41.

[45] 黄牧涛,王乘,张勇传,等. 灌区库群系统水资源优化配置模型研究[J]. 华中科技大学学报(自然科学版),2004,32(1):93-95.

[46] 黄强,王增发,畅建霞,等. 城市供水水源联合优化调度研究[J]. 水利学报,1999(5):57-62.

[47] 黄强,晏毅,范荣生,等. 黄河干流水库联合调度模拟优化模型及人机对话算法[J]. 水利学报,1997(4):56-61.

[48] 黄锡荃,李惠明,金伯欣. 水文学[M]. 北京:高等教育出版社,1985.

[49] 黄振平,华家鹏,周振民. 陈垓引黄灌区渠系优化配水的初步研究[J]. 山东水利科技,1995(1):43-46.

[50] 黄忠学. 节约用水与合理用水[J]. 科技资讯,2007(6):87-87.

[51] 江文涛,田依林,张范,等. 对我国水资源权属改革路径的探讨[J]. 水资源管

理,2008(23):40-42.

[52] 姜文来,唐曲,雷波,等. 水资源管理学导论[M]. 北京:化学工业出版社,2005.

[53] 姜文来,于连生,刘仁合,等. 水资源价格上限的研究[J]. 中国给水排水,1993,9(2):58-59.

[54] 姜文来. 水资源价值论[M]. 北京:科学出版社,1998.

[55] 孔祥娟. 国内外节水现状与节水措施[J]. 建设科技,2007(11):48-49.

[56] 李安娜. 浅谈水土保持工程措施及质量控制[J]. 河南水利与南水北调,2012(12):163-164.

[57] 李鹏,周丽娜,韩继山,等. 浅谈在水资源保护中的工程措施[J]. 宁夏农林科技,2009(5):77-77.

[58] 李天军. 落实科学发展观建设节水型社会[J]. 中国房地产业,2011(02):161-161.

[59] 李雪松. 中国水资源制度研究[M]. 武汉:武汉大学出版社,2006.

[60] 李跃勋,徐晓梅,何佳,等. 滇池流域点源污染控制与存在问题解析[J]. 湖泊科学,2010,22(5):633-639.

[61] 李云,范子武,徐世凯,等. 城市水资源管理信息系统的开发与应用[J]//第三届世界水论坛中国代表团论文集[C],2003:111-116.

[62] 廖资生,余国光,张长林. 北方岩溶水源地的基本类型和资源评价方法的选择[J]. 中国岩溶,1990,9(2):130-138.

[63] 林洪孝. 水资源管理理论与实践[M]. 北京:中国水利水电出版社,2003.

[64] 刘丙军,邵东国. 区域水资源承载能力资产负债分析方法[J]. 水科学进展,2005,16(2):250-254.

[65] 刘昌明,陈志恺. 中国水资源现状评价和供需发展趋势分析[M]. 北京:中国水利水电出版社,2001.

[66] 刘昌明,李丽娟. 解决我国水问题的途径[J]. 科学对社会的影响,1999,3(4):4-9.

[67] 刘长生,汤井田,唐艳. 我国地下水资源开发利用现状和保护的对策与措施[J]. 长沙航空职业技术学院学报,2006,6(4):69-74.

[68] 刘福臣,张桂芹,杜守建,等. 水资源开发利用工程[M]. 北京:化学工程出版社,2006.

[69] 刘明光. 中国自然地理图集[M]. 北京:中国地图出版社,2010.

[70] 刘默,赵加敏,蒋福春. 水资源优化配置的分析[J]. 国土与自然资源研究,2005(2):81-82.

[71] 刘正文. 湖泊生态系统恢复与水质改善[J]. 中国水利,2006(17):30-33.
[72] 刘仲桂. 德国、法国、荷兰水资源保护与管理概况[J]. 人民珠江,2002(3):4-6.
[73] 柳长顺,陈献,乔建华. 面向可持续发展的流域水资源合理配置原则探讨[J]. 水利发展研究,2005(4):4-7.
[74] 卢华友,郭元裕,沈佩君,等. 义乌市水资源系统分解协调决策模型研究[J]. 水利学报,1997(6):40-47.
[75] 罗其友,陶陶,宫连英,等. 黄河流域农业水资源优化配置[J]. 干旱区资源与环境,1994,8(2):2-6.
[76] 马育军,李小雁,徐霖,等. 虚拟水战略中的蓝水和绿水细分研究[J]. 科技导报,2010,28(4):47-54.
[77] 马中. 环境与资源经济学概论[M]. 北京:高等教育出版社,2006.
[78] 马柱国. 黄河径流量的历史演变规律及成因[J]. 地理物理学报,2005,48(6):1270-1275.
[79] 面向生态的水资源合理配置与调控[C]//第 158 次香山科学会议简报,2001.
[80] 南水北调工程简介及线路图[EB/OL]. [2008-9-30][2014-04-01]http://www.cnblogs.com/chinhr/archive/2009/05/14/1302642.html
[81] 聂相田,丘林,朱普生,等. 水资源可持续利用管理不确定性分析方法及应用[M]. 郑州:黄河水利出版社,1999.
[82] 齐佳音,李怀祖,陆新元. 中国水资源管理问题及对策[J]. 中国人口、资源与环境,2000,10(4):63-66.
[83] 秦伯强,高光,胡维平,等. 浅水湖泊生态系统恢复的理论与实践思考[J]. 湖泊科学,2005,17(1):9-16.
[84] 邱林,陈守煌,张振伟,等. 作物灌溉制度设计的多目标优化模型及方法[J]. 华北水利水电学院学报,2001,22(3):90-93.
[85] 邱志勇. 我国亟待加强和完善地下水资源保护[A]//2006 年中国可持续发展论坛——中国可持续发展研究会 2006 学术年会经济高速增长与中国的资源环境问题专辑(2006)[C].
[86] 钱冬. 我国水资源流域行政管理体制研究[D]. 昆明:昆明理工大学,2007.
[87] 邵东国. 多目标水资源系统自优化模拟实时调度模型研究[J]. 系统工程,1998,16(5):19-24.
[88] 邵东国. 跨流域调水工程优化决策模型研究[J]. 武汉水利电力大学学报,1994,27(5):500-505.

[89] 邵景力,崔亚莉,李慈君.包头市地下水—地表水联合调度多目标管理模型[J].资源科学,2003,25(4):49-55.
[90] 沈菊琴,孙济惠,薛亚云.水价探析[J].水利经济,2007,25(3):44-47.
[91] 沈佩君,王博,王友贞,等.多种水资源的联合优化调度[J].水利学报,1994(5):1-7.
[92] 生校友.以完善的政策措施严格水资源管理[J].水利发展研究,2011(7):12-15.
[93] 舒俊杰,柯学莎.水资源管理经济手段的选择与运用[J].人民长江,2007,38(11):105-107.
[94] 水利部.关于水生态系统保护与修复的若干意见[J].水利规划与设计,2005(2):2-4.
[95] 水利部水利水电规划设计总院.全国水资源综合规划技术大纲(水规计〔2002〕330号)[Z].北京:水利部水利水电规划设计总院,2002.
[96] 水利电力部水文局.中国水资源评价[M].北京:水利电力出版社,1987.
[97] 水资源总量计算[EB/OL].[2014-04-01]http://www.doc88.com/p-3827374482601.html
[98] 宋立彬.国外水资源管理对我国的启示[J].才智,2012(17):346-347.
[99] 宋先松,石培基,金蓉.中国水资源空间分布不均引发的供需矛盾分析[J].干旱区研究,2005,22(2):162-166.
[100] 宋永平.浅谈辽阳市水资源保护的工程措施[J].科技资讯,2012(3):42-42.
[101] 孙鸿烈.中国资源科学百科全书[M].北京:中国大百科全书出版社,2000.
[102] 孙晓峰.浅谈工业节水措施[J].中国环保产业,2008(12):54-56.
[103] 孙永堂,蒋国雷,刘汉松,等.公主岭市地下水水质水量多目标联合管理模型研究[J].地下水,1996,18(1):32-35.
[104] (英)E.P.汤普森.英国工人阶级的形成[M].钱乘旦,等,译.南京:译林出版社,2013.
[105] (英)爱德华·汤普森.共有的习惯[M].沈汉,王加丰,译.上海:上海人民出版社,2002.
[106] 唐德善,王锋,段力平.水资源综合规划[M].南昌:江西高校出版社,1995.
[107] 唐德善.大流域水资源多目标优化分配模型研究[J].河海大学学报,1992(6):35-43.
[108] 唐德善.黄河流域多目标优化配水模型[J].河海大学学报,1994(1):46-52.
[109] 王静爱,左伟.中国地理图集[M].北京:中国地图出版社,2010.
[110] 王成丽,阮本青,李清杰.黄河流域灌溉工程现状节水措施浅析[J].人民黄

河,1996(11):41-44.

[111] 王光远.工程软件设计理论[M].北京:科学出版社,1992.

[112] 王浩,秦大勇,王建华.流域水资源规划的系统观与方法论[J].水利学报,2002(8):1-6.

[113] 王浩,游进军.水资源合理配置研究历程与进展[J].水利学报,2008,39(10):1168-1175.

[114] 王浩.流域水资源全口径层次化动态评价方法及其应用.江苏南京:全国水文学术讨论会专题,2004.

[115] 王浩.水生态系统保护与修复理论和实践[M].北京:中国水利水电出版社,2010.

[116] 王开章.现代水资源分析与评价[M].北京:化学工业出版社,2006.

[117] 王腊春,史运良,王栋,等.中国水问题[M].南京:东南大学出版社,2007.

[118] 王士武,陈雪,郑世宗.水资源合理配置诠释[J].浙江水利科技,2006(3):54-56.

[119] 王双银,宋孝玉.水资源评价[M].郑州:黄河水利出版社,2008.

[120] 王顺久,张欣莉,倪长健,等.水资源优化配置原理及方法[M].北京:中国水利水电出版社,2007.

[121] 王现国.地下水资源保护研究[M].郑州:黄河水利出版社,2012.

[122] 王亚华.水权解释[M].上海:上海人民出版社,2005.

[123] 王雁林,王文科,杨泽元,等.渭河流域面向生态的水资源合理配置与调控模式探讨[J].干旱区资源与环境,2005,19(1):14-21.

[124] 王忠静,翁文斌,马宏志,等.干旱内陆区水资源可持续利用规划方法研究[J].清华大学学报(自然科学版),1998,38(1):33-36,58.

[125] 维基百科.长江三峡水利枢纽工程.[EB/OL][2014-04-01]http://zh.wikipedia.org/wiki/File:Threegorges zh hans.png

[126] 魏开湄,侯杰.水生态保护与修复[J].中国水利,2012(23):79-86.

[127] 魏艳,阮晨蕾.我国水环境污染现状及处理措施[J].北方环境,2012,3:173-174.

[128] 翁文斌,蔡喜明,史慧斌,等.宏观经济区域水资源多目标决策分析方法与应用[J].水利规划,1995(1):1-11.

[129] 翁文斌,邱培佳.地面水、地下水联合调度动态模拟分析方法及应用[J].水利学报,1988(2):1-10.

[130] 翁文斌,王忠静,赵健世.现代水资源规划——理论、方法和技术[M].北京:清华大学出版社,2004.

[131] 吴险峰,王丽萍.枣庄城市复杂多水源供水优化配置模型[J].武汉水利电力大学学报,2000,33(1):30-32,62.

[132] 吴泽宁,丁大发,蒋水心.跨流域水资源系统自优化模拟规划模型[J].系统工程理论与实践,1997,17(2):78-83.

[133] 吴泽宁,蒋水心,贺北方,等.经济区水资源优化分配的大系统多目标分解协调模型[J].水能技术经济,1989(1):1-6.

[134] 夏军,黄国和,庞进武,等.可持续水资源管理——理论·方法·应用[M].北京:化学工业出版社,2005.

[135] 谢云英,杨喜春.节约型社会建设中水资源管理问题[J].内蒙古水利,2010(5):143.

[136] 辛玉琛,张志君.长春市城市水资源优化管理模型研究[J].东北水利水电,2000,18(1):15-17.

[137] 徐慧,欣金彪,徐时进,等.淮河流域大型水库联合优化调度的动态规划模型解[J].水文,2000(1):22-25.

[138] 薛惠锋,岳亮.可持续发展与水资源的定义和内涵[J].经济地理,1995,15(2):39-43.

[139] 薛松贵,常炳炎."黄河流域水资源合理分配和优化调度研究"综述[J].人民黄河,1996(8):7-9.

[140] 闫小青.内地大量河流因地下水超采而干涸,北京大河已消失一半[N].中国周刊,2013.

[141] 阎战友.浅谈水资源合理配置对海河流域水生态环境改善的作用[J].海河水利,2002(5):11-12.

[142] 杨向辉,张世伟,刘东旭.流域水资源管理信息决策支持系统研究[J].人民黄河,2006,28(3):3-4,7.

[143] 杨小柳,刘戈利,甘乱,等.新疆经济发展与水资源合理配置及承载能力研究[M].郑州:黄河水利出版社,2003.

[144] 杨云峰,金开鑫.水资源决策支持系统研究现状与发展趋势[J].吉林水利,2008(9):4-6, 8.

[145] 杨志峰,曾勇.跨边界区域水资源冲突与协调模型与应用(1)模型体系[J].环境科学学报,2004,24(1):71-76.

[146] 姚荣.基于可持续发展的区域水资源合理配置研究[D].南京:河海大学,2005.

[147] 尹澄清.城市面源污染的控制原理与技术[M].北京:中国建筑工业出版社,2009.

[148] 尤祥瑜,谢新民,孙仕军,等. 我国水资源配置模型研究现状与展望[J]. 中国水利水电科学研究院学报,2004,2(2):131-140.

[149] 于万春,姜世强,贺如泓. 水资源管理概论[M]. 北京:化学工业出版社,2007.

[150] 余明勇. 四湖流域水生态环境保护与修复探讨[J]. 中国水利,2011(13):18-20.

[151] 俞衍升. 中国水利百科全书——水利管理手册[M]. 北京:中国水利水电出版社,2004.

[152] 喻孟良,段红志,付鑫,等. 基于组件技术的中国西部水资源地理信息系统的设计与实现[J]. 首都师范大学学报(自然科学版),2004,25(4):71-75.

[153] 曾赛星,李寿声. 灌溉水量分配大系统分解协调模型[J]. 河海大学学报,1990(1):67-75.

[154] 张会艳. 我国城市生活节水对策及其有效性分析[J]. 北方环境,2004,29(5):12-14.

[155] 张建军,彭勃,郝伏勤,等. 黄河流域水资源保护措施[J]. 人民黄河,2013,35(10):104-106.

[156] 张梁. 甘肃省石羊河流域水资源与环境经济综合规划研究[J]. 地质灾害与环境保护,1995,6(3):14-23.

[157] 张敏,赵金诚. 全局优化神经网络拓扑结构及权值的遗传算法[J]. 大连大学学报,1999,20(6):9-13.

[158] 张肆红,路晓光,叶勇,等. 水资源信息管理系统设计与开发[J]. 测绘与空间地理信息,2010,33(6):82-84,88.

[159] 张宪礼. 浅谈农业综合节水灌溉措施[J]. 中国新技术新产品,2012(21):250-251.

[160] 赵宝璋. 水资源管理[M]. 北京:水利电力出版社,1994.

[161] 赵惠,武宝志. 东辽河流域水资源合理配置对工业用水的影响分析[J]. 东北水利水电,2004(11):37-40.

[162] 郑梧森,顾颖. 用模拟方法计算灌区灌水和排水过程[J]. 水利学报,1986(4):47-54.

[163] 中国水利国际合作与交流网. 都江堰[EB/OL][2014-04-01]http://www.chinawater.net.cn/guojihezuo/cwsarticle view.asp? cwsnewsid=22150.

[164] 钟玉秀. 基于ET的水权制度探析[J]. 水利发展研究,2007,7(2):14-17.

[165] 周琳. 从水的相关权属构想我国水资源的管理体制[J]. 水利科技与经济,2007,13(4):249-252.

[166] 周玉玺,胡继连,周霞.流域水资源产权的基本特性与中国水权制度建设研究[J].中国水利,2003(11):16-18.
[167] 朱党生,建永,李扬.水生态保护与修复规划关键技术[J].水资源保护,2011,27(5):59-64.
[168] 朱贵良.水资源信息管理系统架构与设计要素[J].灌溉排水,2001,20(4):32-36.
[169] 朱亮.水污染控制理论与技术[M].南京:河海大学出版社,2011.
[170] 朱永华,任立良.水生态保护与修复[M].北京:中国水利水电出版社,2012.
[171] 朱永华.流域生态环境承载力分析的理论与方法及在海河流域的应用(博士后出站报告)[R].北京:中国科学院地理科学与资源研究所,2004.
[172] 左其亭,窦明,马军霞.水资源学教程[M].北京:中国水利水电出版社,2008.
[173] 左其亭,窦明,吴泽宁.水资源规划与管理[M].北京:中国水利水电出版社,2005.
[174] 左其亭,王树谦,刘廷玺.水资源利用与管理[M].郑州:黄河水利出版社,2009.
[175] 左新果.论水资源信息管理系统应用及发展现状[J].计算机光盘软件与应用,2012(15):32-33.